高等学校安全工程类系列教材

安全人机工程学

（第二版）

主　编　赵江平

副主编　杨宏刚　杨小妮

西安电子科技大学出版社

内 容 简 介

　　本书以安全科学、系统科学和人体科学为基础，以人、机、环境三要素为研究对象，以人机系统为切入点，以人的特征、机的特性以及可靠性、人机界面设计、人机系统事故与人机系统安全设计为主线展开论述，重点介绍应用人机工程学的原理和方法进行人机系统安全设计、评价及事故预防。

　　本书可作为高等院校理工类安全工程、工业工程、工业设计和人机与环境工程等相关专业的本科教材和教学参考书，也可作为中介服务机构、企业管理人员的参考用书。

图书在版编目(CIP)数据

安全人机工程学 / 赵江平主编. —2 版. —西安：西安电子科技大学出版社，2019.7
(2021.5 重印)
ISBN 978-7-5606-5373-0

Ⅰ. ①安… Ⅱ. ①赵… Ⅲ. ①安全人机学 Ⅳ. ①X912.9

中国版本图书馆 CIP 数据核字(2019)第 119583 号

策　　划　戚文艳
责任编辑　王　静
出版发行　西安电子科技大学出版社(西安市太白南路 2 号)
电　　话　(029)88202421　88201467　　邮　　编　710071
网　　址　www.xduph.com
电子邮箱　xdupfxb001@163.com
经　　销　新华书店
印刷单位　咸阳华盛印务有限责任公司
版　　次　2019 年 7 月第 2 版　　2021 年 5 月第 5 次印刷
开　　本　787 毫米×1092 毫米　1/16　印　张　19
字　　数　450 千字
印　　数　8501～11 500 册
定　　价　43.00 元
ISBN　978-7-5606-5373-0 / X
XDUP　5675002-5
如有印装问题可调换

前　言

近年来，随着经济的快速发展，各行业都处于信息化、智能化、网络化的发展过程中。安全人机工程学科领域也逐渐由人机协同、人机结合向着人机混合的方向快速发展。在此背景下，安全人机工程学受到了越来越广泛的关注。

《安全人机工程学》从2014年出版至今，已有五年时间。该书在使用的过程中得到了国内许多高校安全工程专业师生、专家学者和安全工程从业人员的厚爱，并先后提出了许多宝贵的意见和建议。结合安全人机工程学科领域的发展近况，以及安全人机工程学课程建设和教学环节中的反馈意见，笔者决定对第一版进行修改和完善。

本书对第一版内容进行了整合和调整，主要修订内容为：第3章增加了"人体测量数据的统计处理"，第4章增加了"人体作业时的能量代谢"，第6章做了结构调整，并增加了部分内容。

本书的修订在第一版的基础上完成，由赵江平(西安建筑科技大学)、杨宏刚(西安建筑科技大学)、杨小妮(西安建筑科技大学华清学院)、刘冬华(西安建筑科技大学)负责不同章节的修订工作。西安建筑科技大学的党悦悦、王敏等研究生进行了相关资料的收集及整理。

由于编者的理论水平和实践经验有限，书中难免有不足和欠妥之处，敬请广大读者批评指正！

编　者
2019年4月

目　　录

第1章 绪 论

主要内容

(1) 安全人机工程学的概念。
(2) 安全人机工程学的形成与发展。
(3) 安全人机工程学的主要任务与研究内容。
(4) 安全人机工程学的学科体系及研究方法。

学习目标

(1) 掌握人机系统、人机工程和安全人机工程的概念。
(2) 了解安全人机工程学的形成与发展。
(3) 明确安全人机工程的研究内容及研究方法。

安全人机工程学是从安全和人机工程学的角度出发研究人与机的关系的，是运用人机工程学的原理和方法去解决人机结合面的安全问题的一门新兴学科。安全人机工程学立足于安全，主要阐述保证人身安全所需人与机的相互关系。它是人机工程学的一个应用学科的分支，也是安全工程学的一个重要分支学科。

1.1 安全人机工程学概述

1.1.1 安全人机工程学的基本概念

安全人机工程以人的安全作为立足点，以确保人在活动过程中不受到伤害为目标，它主要阐述人和机之间保持怎样的关系才能保证人的安全。

所谓安全，从某种角度上讲，就是人机环境的协调。人机工程学的发展和应用，促使人们从人机结合的角度解决安全中的相关问题。因此，在讨论安全人机工程之前，必须先了解人机系统及人机工程学的概念。

1. 人机系统

人机系统(Man-Machine Systems)是指由人和机器构成并依赖于人机之间相互作用而完成一定功能的系统。当今世界，没有机器的帮助人们几乎不能达到自己的目的。但没有人的操作，机器也不能独立工作。人机系统的外延相当广泛，如工人用车床加工零件，构成了工人—车床人机系统；人与工具、人与桌椅等都是人机系统。

人机系统之所以能够不断发展，是因为人机系统中人与机器能够互相弥补各自的不足。任何一个人机系统都需要解决人与机器的合理分工问题。既然人与机器在完成系统目标上有分工，随之而来的就是人与机器的信息交换问题——人机界面问题。为了使系统达到预期目标，人机之间的信息交换必须保证准确、迅速。人机系统的改善，不仅依赖工程技术人员对机器进行改进，使机器更适合于人体因素，同时也依赖于选择适当的操作者或对操作者进行有目的的训练(因为某些特定的作业仅适合一部分人，如塔吊作业)。这就是职业选拔和训练对人机系统的贡献。

人的行为特性十分复杂，因此有必要了解人的机能，才能使系统安全、高效地运行。

可见，人机系统是指人为了达到某种预定目标，针对某些特定条件，利用已经掌握的科学技术，组成的人、机、环境共存的体系。这就是广义的人机系统，也称为人—机—环境系统。狭义的人机系统仅指人与机器组成的共存体系。

2. 人机工程学

人机工程学(Ergonomics)是 20 世纪中期发展起来的交叉学科，它运用人体测量学、生理学、卫生学、医学、心理学、系统科学、社会学、管理学及技术科学和工程技术学等学科的理论和知识，研究系统中人、机及其工作环境，特别是人、机与环境结合面之间的关系，其意义在于通过恰当的设计，使人机系统获得高工效和安全。目前，这门学科在国内外尚无公认的定义，国际人类工效学协会(International Ergonomics Association，IEA)最初对人机工程学所下的定义是：研究人在工作环境中的生理学、解剖学、心理学等方面的特点、功能，以进行最适合于人类的机械装置的设计、制造，工作场所布置的合理化，工作环境条件最佳化的实践科学。2000 年 8 月，IEA 理事会又将 Ergonomics 的定义修改为：研究系统中人和系统其他元素之间的相互作用的一门科学，其目的是使人在系统中工作、生活的舒适性与系统总的绩效达到最优。

国内学者一般认为：人机工程学是根据人的心理、生理和身体结构等因素，研究系统中人、机械、环境相互间的合理关系，以保证人们安全、健康、舒适地工作，并取得满意的工作效果的一门学科。

截至目前，人机工程学仍处于迅速发展之中，其中研究层次尚限于技术科学和工程技术(即人机工程学、人机工程)两个层次，而基础科学(即人机学)层次尚缺。此外，学科名称多样、学科边缘模糊、学科内容综合性强、学科定义尚不统一等现象也比较常见。尽管如此，由于本学科与人机工程领域相近名称的其他学科在研究对象、研究方法、理论体系等方面尚不存在根本上的差异，因此，人机工程学能作为一门独立的学科而存在。

3. 安全人机工程学

安全人机工程学(Safety Ergonomics)作为安全工程学的重要分支学科和人机工程学的一个应用学科，其性质是一个跨门类、多学科的交叉科学，它处于许多学科和专业技术的接合部，既有人体科学与工程技术的交叉和渗透，又有社会科学与自然科学等学科的交叉和渗透。

人类社会进步的重要标志，就是创造适合人类生存与发展的劳动条件，使人能够在优美、舒适的环境中生活、生存，即让人类劳动、生活、生存在一个安全、卫生、和谐的社会之中。为了实现这一目的，从安全的角度和着眼点来说，就是要分别以人的活动效率为条件和以人的身心安全为目标，将安全人机工程学从人机工程学中分解出来，并将其作为安全工程学的一个重要分支学科，使其自成体系。这是现代科学技术发展的必然趋势，是文明生产、生活、生存的象征。

可以定义：安全人机工程学是从安全的角度和着眼点出发，运用人机工程学的原理和方法去解决系统中人机结合面的安全问题的一门新兴学科。它是人机工程学的一个应用学科的分支，并成为安全工程学的一个重要分支学科。

1.1.2 其他相关学科的概念

1．人—机—环境系统

人—机—环境系统是由人、机(或计算机)和环境组成的一种复合系统。系统里所称的"人"，是指作为主体工作的人，包括个人和人群；所称的"机"，是指人所控制的一切对象的总称，大至飞机、轮船，小至个人装备和工具；所称的"环境"，是指人、机共处的特定条件，包括自然环境、人造环境和社会环境等。它所研究的基本问题是人、机、环境相互协调与适合，实质上是使机械设备、环境如何适合于人的形态、生理、心理特性的问题，其根本目的是实现系统整体的"效益最大化"。

2．人—机—环境系统工程

人—机—环境系统工程是把人、机、环境看成是一个系统的三大要素，并在深入研究人、机、环境各自性能的基础上，着重强调从全系统的总体出发，通过人、机、环境三者之间的信息流通、信息加工与信息控制，形成一个相互联系、相互作用、相互影响、相互制约的巨系统；要求站在系统整体的高度上去正确处理人、机、环境这三个基本要素的关系，利用系统工程的原理与方法，借助电子计算机进行全系统的数学模拟和优化计算，以确定人、机、环境的最优参数和系统的最佳组合方案，从而使系统的整体效能达到"安全、高效、经济"的最佳状态。

人—机—环境系统工程的研究内容主要包括七个方面(参见图 1-1)：① 人的特性研究；② 机的特性研究；③ 环境的特性研究；④ 人—机关系的研究；⑤ 人—环境关系的研究；⑥ 机—环境关系的研究；⑦ 人—机—环境系统总体性能的研究。

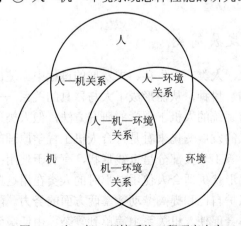

图 1-1 人—机—环境系统工程研究内容

人—机—环境系统工程研究的基本核心问题可概括为：从三个理论(控制论、模型论、优化论)出发，着重分析三个要素(人、机、环境)，历经三个步骤(方案决策、研制生产、工程实用)，去实现整个系统总性能的三个目标(安全、高效、经济)。

1.1.3　安全人机工程学与效率人机工程学的区别

劳动者在劳动过程中是否安全的主要影响因素有三点：

(1) 安全条件。生产环境中的机，也就是劳动者所处的劳动环境是否具备安全条件，即设备是否安全。

(2) 安全状态。劳动者的行为与劳动环境的配合(人机结合面)上是否处于安全的状态。

(3) 安全行为。劳动者的行为是否符合安全的要求。

现代化生产中"机"向着高速化、精密化、复杂化方向发展，这些特性必然要求操纵这些"机"的人具有更高的判断力、注意力和熟练程度。但事实上，人的视力、颈部活动能力、大脑注意力并没有随着"机"的发展而产生明显变化，这就加大了人与"机"之间的不协调、不平衡。其结果是：一方面"机"增大了人类的负担，使人受到了很大的影响；另一方面是人影响和决定着"机"的性能。因此，所设计的"机"若是忽略了操作者的身心特性、生物力学特征，则"机"的功能既不可能充分发挥，而且还会诱发事故。为了实现安全生产，就要把人与"机"结合起来考虑，要求在"机"的设计、制造、安装、运行管理等阶段均应充分考虑人的生理、心理及生物力学特性，把人—机作为一个整体、作为一个系统加以考虑，使"机"与人始终处在安全、卫生、舒适、高效率的状态。由此可见，把安全人机工程学从人机工程学中分离出来，自立"门户"，自成系统，这是现代科学技术发展的必然趋势，是文明生产的象征。因此，人机工程学可分为安全人机工程学和效率人机工程学，它们的区别为：安全人机工程学侧重于安全、卫生，立足于人机结合面上，在最大限度保障人们的安全健康与舒适的前提下，尽量提高工作效率；而效率人机工程学侧重于工作效率，立足于设备的效应，在最大限度发挥设备效应以提高工作效率的前提下，给劳动者创造安全、卫生的劳动环境。

1.2　安全人机工程学的形成与发展

1.2.1　人机工程学发展简史

自人类社会形成以来，人类在求生存、求发展的过程中创造出各种各样的简单器具，并利用这些器具进行狩猎、耕种，从而形成了人与器具的关系——原始人机关系。在古老的人类社会中，尽管没有系统的人机工程学的研究方法，但人类通过实践的启发所创造的各种简单工具，以其形状的发展变化来看是符合人机工程学原理的。例如：旧石器时代的石刀、石枪、石斧、骨针等工具大部分呈直线形状，有利于使用；新石器时代，人类使用的锄头、铲刀及石磨等的形状更适合人使用，那时的人类在用这些工具进行笨重的体力劳动时，就自发存在着在保护自己和提高劳动效率两方面的努力。随着人类社会的发展，人类对工具的使用经验和体会促使人机关系由简单到复杂、由低级到高级、由自发到自觉逐渐发展，并日臻科学化。但是，早期的人机关系及其发展仍只是建立在人类不断积累经验和自发的基础上，因此称为经验人机关系或自发人机关系。

在漫漫的历史长河中，人类通过劳动改造自然，同时也改造人类本身，推动人类社会进步，人类的文明程度和改造客观环境的能力也得以不断提高。产业革命以后，随着科学技术的发展，人们所从事的劳动在复杂程度和载荷量上均起了很大变化，从多方面提高劳动效率便成了当时的研究重点。为此，世界上一些工业发达国家就在客观需要的条件下，研究了有关"操作方法"的课题。他们进行过一些著名的实验，如"铁锹作业实验""砌砖作业实验""肌肉疲劳试验"等，研究如何耗费较少的体力来获得较多的效益。因为当时机器和设备的操作、调整和维修主要由人直接完成，所以为了寻求更好、更简便的手工操作方法，人们进行了大量的研究，如工作分解、过程分解、动作分解、流程图解、瞬间操作分解、知觉与运动信息分析等，同时也提出了多种行之有效的节省动作的原则，其目的是得出耗费最少的体力换取最大的劳动成果的方法。

随着机器的不断改进，人与机器的关系越来越复杂，机器操作者需要接收大量的信息和进行迅速而准确的操纵。特别是第二次世界大战期间，复杂的武器系统要求人们在特殊条件下进行高效率的搜索、控制。当人无法适应武器的操作要求时，就会引发各类事故。例如：飞机的飞行，由于座舱及仪表位置设计不当，造成驾驶员误读仪表盘和使用操作器而发生意外失事；战斗时操作不灵敏、命中率降低等事故也会经常发生。发生这类事故的原因可总结为两方面：一是这些仪器本身的设计没有充分考虑人的生理、心理和生物力学特性，致使仪器的设计和配置不能满足人的要求；二是操作人员缺乏训练，无法适应复杂机器系统的操作要求。这些事故教训给决策者和设计者敲响了警钟，使他们充分意识到"人的因素"在设计中是不可忽视的一个重要条件，同时还认识到要设计好一个先进的设备，要满足高效率的要求，仅有工程技术知识是不够的，还必须有其他学科知识的配合。在这种情况下，人机结合的一门新兴学科——人机工程学应运而生了。但这时的人机工程学主要应用于军事领域。第二次世界大战结束后，人机工程学的研究与应用逐渐从军事领域向非军事领域发展，并且在世界范围内不断扩大，最后成为一门应用极为广泛的技术科学。

综上所述，人机工程学这门学科是随社会的进步而前进，随着科学技术的发展而不断完善的。现代社会正处于工业经济向知识经济过渡的时期，产品的机械化、自动化、电子化的程度都已有所提高，人的因素在生产中的增效作用越来越大，人机协调问题越来越重要，人们对劳动条件和保证人身免受危害的要求也越来越高，由此促进了人机工程学的迅速发展。

1. 学科命名

人机工程学是一门专门研究人与系统其他元素之间相互作用的技术科学。该学科在其自身的发展过程中并未局限于某个学科，而是有机地融合了各相关学科理论，不断地完善着自身的基本概念、理论基础、研究方法、技术标准和操作规范。人机工程学起源于欧洲，形成于美国，发展于日本，作为一门独立学科的历史已有 50 余年。人机工程学的研究和命名，各国有所不同，侧重点也各不相同。在欧洲，人机工程学称为 Ergonomics，这名称最早是由波兰学者雅斯特莱鲍夫斯基提出来的，它是由两个希腊词根组成的。其中，"ergo"的意思是"出力、工作"，"nomics"表示"规律、法则"，因此，Ergonomics 的含义也就是"人出力的规律"或"人工作的规律"，也就是说，这门学科研究的是人在生产或操作过程中合理、适度地劳动和用力的规律问题。人机工程学在美国称为"Human Engineering"(人类工程学)或"Human Factor Engineering"(人类因素工程学);日本称为"人间工学"或采用欧洲的名称,音译为"Ergonomics";俄文音译名为"Эргнотика";我国所用到的名称也不尽相同,有"人类工程学""人体工程学""工效学""机器设备利用学""人机工程学"等。现在大部分人称其为"人机工程学",简称"人机学"。"人机工程学"的确切定义是,把人—机—环境系统作为研究的基本对象,运用生理学、心理学和其他有关学科知识,根据人和机器的条件和特点,合理分配人和机器承担的操作职能,并使之相互适应,从而为人创造出舒适的工作环境。

2. 发展历程

人机工程学在英国、美国、日本、俄罗斯以及西欧各国都得到了广泛的应用,工业发达国家都建立和发展了这门科学。

英国是研究人机工程最早的国家,1950 年成立了人机工程学研究学会(Ergonomics Research Society),该学会 1957 年创办了会刊 Ergonomics,此刊主编由英国剑桥大学人机心理研究所(Psychological Laboratory)的 A. T. Wetford 担任,来自法国、德国、荷兰、瑞士和瑞典等国家的代表也担任了此刊的编辑。现在,Ergonomics 是国际人类工效学协会的会刊。英国劳勃路技术学院(Longhborong College of Technology)开设了世界上最早的人机工程学课程,而且负责对社会进行教育和担负咨询、科研任务。在英国,人机工程学已应用到了国民经济的各个部门。

美国是人机工程学最发达的国家,1957 年成立了美国人因学会(Human Factors Society)。该学会除发行会刊外,还有不少专刊和其他方面的书刊。美国是世界上人机工程学书刊最多的国家之一。E. J. Mcormick 教授 1957 年发表的著作《人因工程》(Human Engineering)已成为美国各大学广泛采用的教材。美国的人因学研究机构大部分设在大学里,如哈佛大学、麻省理工学院、普林斯顿大学、约翰霍普金斯大学、密西根大学、普度大学、俄亥俄州立大学等院校;另一部分设在海、陆、空的军队系统中,其服务对象主要是国防工业,其次才是其他产业部门。

日本于 1964 年成立了"人间工学会",随即大力引进和借鉴欧美各国在人机工程学方面的基础理论和实践经验,并且逐步改造成自己的"人间工学"体系,将其广泛用于工业建设中。由于充分运用了人机工程学原理,日本所生产的照相机、汽车、电器产品、机械设备、日用产品的性能都更加优化,使其成为占领国际市场的一个重要条件。此外,不少大学也开设了这门课程,出版了不少关于"人间工程"与"安全人间工程"的专著。

除了上述国家外,德国、俄罗斯、法国、荷兰、瑞典、瑞士、丹麦、芬兰等国家在20世纪 60 年代初也相继成立了人机工程学学会和专门从事人机学方面研究和教育工作的研究机构。

虽然世界各国对人机工程学研究的侧重点有所不同,但从各国的学科发展过程可以看出,他们对本学科的研究内容有一定的规律。一般工业化程度不高的国家往往是从人体测量、作业强度、疲劳因素等方面着手研究;随着这些问题的解决,才开始感官知觉、作业姿势、运动范围等方面的研究;然后进一步转到操纵器、显示器的研究与设计,人机系统控制等方面的研究;最后进入本学科的理论前沿领域,如人机关系、人与生态、人体特性、模型仿真、人的心理包容，甚至团体行为等方面的研究。

1961 年在瑞士的斯德哥尔摩成立了国际人类工效学协会(IEA)，举行了第一次国际人类工效学大会。以后，每三年召开一次国际大会。1980 年在南斯拉夫尼什尔研究所召开的国际职业安全情报工作会议上，有不少国家的学者介绍了他们研究人机工程学的情况以及在安全工程领域中运用的成果。2009 年在我国北京举行了第 17 届国际人类工效学大会。

工业化时代的人体工程学发展经历了以下几个阶段：

(1) 经验期——机械时代(20 世纪初到第二次世界大战前)。

经验期是人体工程学发展的第一阶段，工业革命带来了新的机械和产品，产生了大量从来没有过的新产品，特别是机械产品，人在使用、操纵这些新产品时出现了以前使用传统产品时所没有遇到的问题，因此，如何在设计新产品时考虑产品与人的物理因素，特别是尺寸因素关系，就成为设计师(当时主要是工程师)考虑的问题之一。这个时期设计的焦点主要是寻找符合使用者的尺度等，即在设计上注重与人体配合的长短、宽窄、大小尺寸，但是，对于真正的适应性，特别是效率性、安全性还没有适当地考虑。这个阶段可以说还没有真正地发展出人体工程学来。该阶段的特点是使人适应"机"。

(2) 创建期——技术革命时期(第二次世界大战期间)。

创建期是人体工程学发展的第二阶段。从 1870 年前后开始，由于工业技术发展，进入了技术革命阶段，这个时期主要的特征是能源的广泛采用，称为能源革命时期。上一个阶段的能源主要是蒸汽能源，而这个时期则产生了采用汽油的内燃机、采用电的电动机等新的能源利用方式，从根本上改变了技术和生产的面貌。新的能源被农业、工业、运输等采用，新的产品也层出不穷，汽车、飞机、内燃机车、电话、电灯、各种新的机器设备、家用电器、农业机械、各种生产机械和工具等在这个阶段被广泛采用，因此，设计问题变得比以前更为复杂。第一个阶段单纯考虑人体尺寸的方式，在该阶段就明显表现出它的不足，人机关系在设计上的重要性也日渐凸显出来。

20 世纪的两次世界大战是刺激人体工程学得以发展的重要因素。战争的需求导致大量的武器设备生产，如何使武器、兵器、军事工具和设备达到最大效应，使这些产品能够最大可能地适应人的使用要求，变成了当时亟待解决的问题。由于军事工业能够得到国家的全力资助，有关人体工程学的研究也就得到了充分发展。

第二次世界大战期间，人体工程学的研究变得更加复杂。这个时期的军队使用的兵器更加复杂化，而战争设备也比第一次世界大战期间的设备复杂得多。飞机、坦克自不必说，新的大型航空母舰、远程轰炸机、雷达设备等都是前所未有的新产品。战争不但在规模上比任何一次战争都要大得多，并且也复杂得多。多兵种协调作战、海陆空立体战争、世界范围的战争计划、世界范围的战争补给协调等都给当时的设计带来了前所未有的新挑战。除了设计出适应人的产品这个问题之外，还有其他方面的安全问题，例如不少战争设备、兵器设备在设计上非常不安全，军用车辆的座椅在颠簸运行中不能保障乘员的安全，空降部队的装备经常出现恶性故障，坦克乘员无法得到比较好的视野，登陆舰艇作业的困难，等等，各种各样的问题层出不穷，通过人体工程学的研究为作战中的人找到更好的设计方法便成为解决这类问题的关键。因此，新的设计开始从以前的为适应"机"的设计转移到为工作的人的设计上。这是人体工程学的一个新的重大进步。由此可见，这一阶段的特点在于重视人的因素，使"机"适合人。

(3) 成熟期——人的思维时期(20 世纪 60 年代至今)。

成熟期是人体工程学发展的第三阶段。1945 年第二次世界大战结束,世界各国的经济逐渐进入了高速发展阶段。科学技术的迅速发展,特别是自动化技术、电脑技术、通信技术、材料技术等的进步,导致大量崭新的产品问世。机械产品不仅可以帮人省力,还同时能够为人节省思维耗费的时间。从技术角度来说,第一和第二阶段都是为了扩展人的肌肉力量设计的,而战后的人体工程学研究转移到扩大人的思维力量设计方面,使设计能够支持、解放、扩展人的脑力劳动。

第二次世界大战结束以后,人体工程学有了一个重要的发展,从比较集中为军事装备设计服务转入为民用设备、生产服务,并开始进入制造业、通信业和运输业。战后大量的自动化设备投入使用,且其控制系统越来越复杂,如何设计出高效率、高准确度的控制系统,包括与之相关的仪表盘、显示设备和按钮设备,逐渐变成了设计界的主要关注点。这使人体工程学进入了一个新的发展阶段,其主要特点是以人为本,人机协调,多学科交叉。

3. 我国人机工程学发展进程

在新中国成立之初,我国开始将人机工程学作为一门独立的学科进行研究,当时杭州大学和中国科学院心理研究所开展了职工择业培训、技术革新、安全事故分析、操作方便省力等劳动心理学问题研究。在 20 世纪 60 年代初,人机工程学从心理学领域转向人机关系研究,如信号显示、仪表表盘设计、船舶水道的航标灯标志、飞机座舱仪表显示等研究,并取得了可喜成果。"文化大革命"期间,这项研究工作处于停顿状态。"文化大革命"结束后,我国进入现代化建设的新时期,工业心理学方面的研究获得很大进展,改革开放也使得人机工程学出现了前所未有的发展。原国家标准局于 1980 年 5 月成立了中国人类工效学标准化技术委员会,同年 9 月召开第二次会议,准备研究制定有关标准化工作的方针、规划等。军工系统还成立了军用标准化委员会,机械工业系统亦于 1980 年成立了工效学学会,还有些城市成立了相应的组织,并相继制订了 100 多个有关民用和军用的基础和专业的技术标准。1984 年,中华人民共和国国防科学技术工业委员会成立了国家军用人机环境系统工程标准化技术委员会。北京航空航天大学开始了人机环境专业的教学和科研;北京医科大学公共卫生学院也开展了包括坐姿作业导致的肌肉骨骼劳损的研究,并进一步将其扩展为作业姿势、作业环境评价等方面的人机工程学的研究。这些研究工作有力地推动了对我国人机工程学的发展。1989 年 6 月 29 日在上海成立了中国人类工效学学会,同年 11月在武汉成立了中国人类工效学学会安全与环境工效学专业委员会;1990 年 3 月在南京成立了中国人类工效学学会管理工效学专业委员会,同年 7 月在哈尔滨成立了中国人类工效学学会人机工程专业委员会。中国人类工效学学会自成立以来,积极地开展工作,发展学会的组织机构,加入了国际人类工效学协会,编印了《中国人类工效学学会简介》,介绍本学会、兄弟学会、国际学术动态和出版信息等方面的最新情况,出版了学会会刊《人类工效学》。另外,中国心理学会、中国航空学会、中国系统工程学会、中国机械工程学会等均在自己的学会中成立了有关人机工程的专业委员会。这些学术团体和学术活动强有力地推动着我国人机工程学向前发展。

目前,我国开设"人机工程学""人因工程学""安全人机工程(学)"等课程的高校和科研机构总共有 100 多所,除教学外,这些高校还在应用方面进行研究和人才培养工作。

开设这方面课程的主要专业是工业工程和安全工程，截至 2006 年，开设这两类专业的高校达 200 多所。其中，"人因工程学"被教育部管理科学与工程指导委员会定为工业工程专业的核心课程，"安全人机工程(学)"被高等学校安全工程学科教学指导委员会定为安全工程专业的必修专业基础课。有更多的教师从事人机工程学方面的教学、科研工作，人机工程学方面的研究队伍不断地发展壮大。

总之，我国的人机工程学这门学科虽然起步较晚，但由于它在提高工效和保障人的安全方面的重要性越来越明显，所以发展的速度很快，形势也非常乐观。

1.2.2 安全人机工程学发展历程

随着机械产品的发展，安全人机学逐渐成为了人机学中的重要研究内容之一。

安全人机工程学的发展分为三个阶段：

(1) 经验人机工程学。第二次世界大战以前，主要进行动作研究和车间管理研究。以机械产品为主体，针对工人熟练操作度、疲劳程度、工作时间设计和残疾人使用设备的设计等问题，研究人如何适应机器生产。

(2) 科学人机工程学。1950 年英国成立了世界上第一个人类工效学会，1961 年国际人机工程协会成立，研究的重点从以人为主体开始转向使机器适应人，机器生产中应采取哪些防护措施确保人的安全生产。

(3) 现代人机工程学。20 世纪 80 年代以前，人机工程学主要集中在航天领域和军事工业，随后逐渐向其他领域扩展，但仍然不为大多数人所知，直至 90 年代各大核电站事故和工厂大型事故频发时，人们才开始把更多的目标转向对人机安全问题的研究。90 年代之后，逐渐形成了人—机—环境系统的科学研究，随之产生了包括药物器械研究、老人产品设计、人的生活和工作质量提高的设计。

在安全人机学发展的初级阶段，主要是人适应机器，进行定性分析后采取最直接的解决办法。工厂和企业中频繁发生事故的原因是人机之间的不正确配合，所以早期解决方法是杜绝人机之间不正确或不应有的交互活动，如在工厂或企业中设有防护网、防护罩、警示牌等。但这仍然不能避免事故的发生，因为人机交互活动是无法停止的。在正常交互过程中，会有各种各样的因素，比如机器的故障、人的疏忽、人对机器不了解等都会造成人机安全事故。

20 世纪 70 年代末 80 年代初，我国开始实施改革开放的政策，各界科学工作者学术思想异常活跃，科学理论研究与传播蓬勃兴起，中国科学技术协会邀请钱学森教授等带头宣传马克思主义哲学思想、系统科学与系统工程方法以及科学学的科学技术体系学、科学能力学与政治科学学的框架和内容，这一系列的高级科普活动，对交叉和综合性的科学学科诞生起到了重要的科学启蒙作用。特别是 1982 年钱学森等著的《论系统工程》一书的出版，对中国安全科学学科理论及其科学技术体系模型以及安全人机工程学分支学科在 1985 年的提出，奠定了至关重要的科学思想和方法论基础。

1983 年 9 月中国劳动保护技术学会成立后，要加入中国科学技术协会成为团体会员，其前提是必须明确学会的学科名称、学术活动范围以及与相邻学科的关系。同年湖南大学衡阳分校安全工程教研室开始了为"工业安全技术"专业的学生开设"人机工程概论"课程的筹备工作。通过 1984 年课程讲授实践和对学科理论的研究，为 1985 年我国提出建立

"安全人机工程学"创造了必要条件。

1985年5月在中国劳动保护科学技术学会召开的青岛会议上，其中的"从劳动保护工作到安全科学之二——关于创建安全科学的问题"(刘潜)和"关于安全人机工程学科体系的探讨"(欧阳文昭)等论文，在我国首次提出并论证了安全科学学科理论与安全科学技术体系结构和安全人机工程学的学科属性及其与安全工程学的关系。由此，安全人机工程学科建设已日渐成熟，学科地位也更加明确。

1.3　安全人机工程学的主要任务和研究内容

1.3.1　人机工程学的主要任务和研究内容

人机工程学是按照人的特性设计和改善人—机—环境的学科，最终使人—机—环境的配合达到最佳状态。其主要任务是使机器的设计和环境条件的设计适应于人，以保证人的操作简便、省力、迅速、准确，使人感到安全舒适、心情愉快，从而充分发挥人、机效能，使整个系统获得最佳经济效益和社会效益。

人机工程学的主要研究对象即为人机系统。从广义上讲，人机系统包含"人"和"机"两大部分。"人"是指活动的人体，人有意识有目的地操纵物(机器、物质)和控制环境，同时又接受其反作用。"机"指的是除了人以外的一切，包括劳动工具、机器(设备)、劳动手段和环境条件、原材料、工艺流程等所有与人相关的物质因素。从狭义上讲，人机系统可理解为"人—机—环境"，这是因为人与机器构成的任何系统都处于一定的环境中。由此可归纳出人机系统的主要研究内容：

(1) 人的因素方面：主要研究人在工作过程中人体生理和心理的特征参数、人的感知特性、人的行为特性和可靠性，为生产系统中与人体相关的机器设备和工具以及人机系统设计提供和人有关的数据资料和要求，更好地符合人的特性，使人可以更舒适、愉悦地工作。

(2) 机的因素方面：主要包括显示器和控制器等物的设计。现代先进制造系统对信息传递和人机交互的要求越来越高，各种控制装置的形状、大小、位置以及作用力都需要考虑人的定向动作和习惯动作等。

(3) 环境因素方面：主要包括采光、照明、尘毒、噪声等对人身心产生影响的因素，同时还包括工作空间设计、座位设计、工作台和操纵台设计以及生产系统的总体布置，这些设计都需要应用人体工程学进行科学考量。

(4) 人机系统的综合研究：研究人机系统的整体设计，作业空间设计、作业方法及人机系统的组织管理等。整个生产系统工作效能的高低取决于人机系统总体设计的优劣，从系统角度考虑，人与机要相适应，根据人机各自的特点，合理分配人、机功能，取长补短，有机配合，更好地发挥各自的特长，保证系统功能最优化。

1.3.2　安全人机工程学的主要任务

安全人机工程学是人机工程学的一个分支，它是从安全工程学的观点出发，为进行系统安全分析、预防伤亡事故和职业病提供人机工程学方面知识的科学体系。

安全人机工程学的任务是为人机系统设计者提供系统安全性设计,特别是确保人员安全的理论、方法、准则和数据。建立合理而可行的人机系统,更好地实施人机功能分配,更有效地发挥人的主体作用,并为劳动者创造安全、舒适的环境,实现人机系统"安全、高效、经济"的综合效能。

1.3.3　安全人机工程学的研究内容

安全人机工程学的研究目的是通过建立合理而可行的人机系统,为劳动者创造安全、舒适的劳动环境和工作条件,其研究内容主要包括以下几个方面:

(1) 人机系统中人的各种特性。它包括人体形态特征参数、人的生物力学特性、人的感知特性、人的反映特性、人在劳动中的心理特征等。

(2) 人机功能分配。其功能分配要根据两者各自特征,发挥各自的优势,达到高效、安全、舒适、健康的目的。

(3) 各类人机界面。研究不同人机界面的特征以及安全标准的依据,研究不同人机界面中各种显示器、控制器等信息传递装置的安全性设计准则和标准。

(4) 工作场所和作业环境。研究工作场所布局的安全性准则,研究如何将影响人的健康安全及功效的环境因素控制在规定的标准范围之内,使环境条件符合人的生理和心理要求,创造安全的条件。

(5) 安全装置。许多设备都有"危区",若无安全装置、屏障、隔板、外壳将危区与人体隔开,便可能对人产生伤害。因此,设计可靠的安全装置是安全人机工程学的任务之一。

(6) 人员选拔问题。研究如何依据人机关系的协调性需求选择合适的操作者的方法。

(7) 人机系统的可靠性,保证人机系统的安全。它主要研究人因事故的预防和人误的控制。

(8) 人机系统总体安全性设计准则和方法以及安全性评价体系和方法。

近期国内外人机工程学研究的方向:

(1) 工作负荷研究:包括体力活动、智力活动、工作紧张等因素引起的生理负荷和心理负荷。

(2) 工作环境的研究:包括各种工作环境条件下的生理效应,以及一般工作与生活环境中振动、噪音、空气、照明等因素的人机工程学的研究。

(3) 工作场地、工作空间、工具装备的人机工程学的研究。

(4) 信息显示的人机工程学问题,特别是计算机终端显示中人的因素研究。

(5) 计算机设计与人机工程学研究。

(6) 工作成效的测量与评定。

(7) 机器人设计的智能模拟等。

(8) 人—机—环境系统中心理学的研究。

1.4　学科体系及研究方法

安全人体工程学可以分为安全生理学(包括劳动生理学与生物力学)、安全心理学(包括劳动心理学)和安全人机工程学(其中包括人机工程学、人体工程学、人类工效学、劳动卫生学和环境学等部分内容)。安全人体工程学不仅为采取安全工程技术措施提供了必要的安全人体理论依据，同时也是一切安全活动的出发点和归宿。

安全人机工程学(Safety Ergonomics)是从安全的角度出发，以安全科学、系统科学与行为科学为基础，运用安全原理以及系统工程的方法去研究在人—机—环境系统中人与机以及人与环境保持什么样的关系，才能保证人的安全。也就是说，在实现一定的生产效率的同时，如何最大限度地保障人的安全、健康与舒适、愉快。因此，安全人机工程学既是安全科学的一个分支，又是系统科学的一个分支，也是人—机—环境系统工程学科的一个分支，它是一个跨门类、多学科交叉的新兴分支学科。

1.4.1 学科体系

人机工程学其性质是一个跨门类、多学科的交叉学科，处于许多学科和专业技术的接合部，由人体科学、工程科学、环境科学三大门类组成。人体科学中涉及的有生理学、心理学、劳动卫生学、人体测量学、人体力学；工程科学中涉及的有工业设计、工程设计、安全工程、系统工程、机械工程、管理工程等；环境科学中涉及的有环境保护学、环境医学、环境卫生学、环境心理学、环境监测学。因此，它属于自然科学与社会科学共同研究的综合科学课题。

在《学科分类与代码》GB/T 13745—2016 中，将安全科学技术(620)分为 620.10 安全科学技术基础学科、620.21 安全社会科学、620.23 安全物质学、620.25 安全人体学、620.27 安全系统学、620.30 安全工程技术科学、620.40 安全卫生工程技术、620.60 安全社会工程、620.70 部门安全工程理论、620.80 公共安全号和 620.99 安全科学技术其他学科。在安全人体学中，划分为 620.25.10 安全生理学、620.25.20 安全心理学、620.25.30 安全人机学、620.25.99 安全人体学其他学科。

1.4.2 人机工程学研究的方法

人机工程学的研究方法除本学科建立的独特方法外，还广泛采用了人体科学和生物科学等相关学科的研究方法和手段，也运用了系统、控制、信息、统计与概率等其他学科的一些研究方法。这些方法包括人体结构尺寸、功能尺寸的测量，人在活动中的行为特征，对人的活动时间和动作分析，人在作业前、后及作业中的心理状态和各种生理指标的动态变化，分析人的活动可靠性、差错率、意外伤害原因等；运用电子计算机模拟或仿真人的作业过程实验；运用统计学的方法找出各变数之间的相互关系等。具体介绍如下：

(1) 测量方法。测量方法是人机工程学中研究人形体特征的主要方法，它包括尺度测量、动态测量、力量测量、体积测量、肌肉疲劳测量和其他生理变化的测量等几个方面。

(2) 模型工作方法。这是设计师的必用工作方法之一。设计师可通过模型构思方案，规划尺度，检查效果，发现问题，有效地提高设计成功率。

(3) 调查方法。人机工程学中许多感觉和心理指标很难用测量的办法获得。有些即使有可能，但从设计师的角度及工作范围来判断也无此必要，因此，他们常以调查的方法获得这方面的信息。如每年持续对 1000 人的生活形态进行宏观研究，收集和分析人格特征、消费心理、使用性格、媒体接触、日常用品使用、设计偏好、活动时间分配、家庭空间运用以及人口计测等，并建立起相应的资料库。调查的结果尽管较难量化，但却能给人以直观的感受，有时反而更有效。

(4) 数据的处理方法。当设计人员的测量或调查对象是一个群体时，其结果就会有一定的离散度，必须运用数学方法进行分析处理，才能将其转化成具有应用价值的数据库，对设计起到一定的指导意义。

1.4.3 人机工程发展新趋势

绿色设计的基本思想是在设计阶段就将环境因素和预防污染措施纳入产品设计中，将环境性能作为产品的设计目标和出发点，力求使产品对环境的影响为最小。绿色设计是指在产品整个生命周期内以产品环境属性为主要设计目标，着重考虑产品的可拆卸性、可回收性、可维护性、可重复利用性等功能目标，并在满足环境目标的同时，保证产品应有的基本功能、使用寿命和经济性等，突出了生态意识和以环境保护为本的设计理念。

虚拟现实技术是指利用多媒体计算机仿真技术构成一种特殊环境，用户可以通过各种传感系统与该环境进行自然交互，从而体验比真实世界更丰富的感受。它主要通过多种传感器与多维的信息环境进行自然的交互，从定性和定量综合集成环境中得到认识，帮助深化概念和萌发新意，进行创新设计。

数字化人机工程研究的课题主要包括数字化的人体态、人机学建模、人机工程分析系统、人机工程咨询系统和人机工程评价系统。

人机智能结合系统是指将人的创造性、预见性等高级智能与计算机低层相结合的系统。它研究的主要内容有人的智能模型、人机智能结合的必要条件、人机交互作用、计算机的智能结构、人机交互的智能化。

习 题

1-1 请解释安全人机工程学诞生的原因。

1-2 简述人机工程学的综合定义和发展史。

1-3 阐述人机工程学与安全人机工程学的联系与区别。

1-4 举例分析你所熟悉的一个人机系统的人、机及其结合面。

1-5 简述安全人机工程学的研究内容和方法。

1-6 简述安全人机工程发展的新趋势。

第 2 章　人 机 系 统

主要内容

(1) 人机系统的类型及其功能。
(2) 人机系统的基本模式和人机关系。
(3) 人机功能分配。
(4) 人机系统的事故模型及应用。

学习目标

(1) 了解人机系统的类型。
(2) 掌握人的功能和机的功能及功能特性比较，能进行简单的人机功能分配设计。
(3) 充分理解人机系统事故模型和安全人机系统事故模型的作用。
(4) 理解人机关系和人机系统基本模型。

　　人、机和环境三者共同组成了人机系统，系统的类型不同，人和机所扮演的角色也有所不同。"人机协调"可保证人机系统的作业顺利完成，如何进行人与机的功能分配是实现"人机协调"的重要影响因素，而对人机事故模型的掌握又是防止事故发生的重要手段。

　　安全人机系统的设计在提高工作效率和系统安全可靠性方面有着很大的促进作用。

2.1　人机系统概述

　　所谓系统，是指由具有相互联系、相互制约的事物，以某种形式结合在一起并具有特定功能的有机整体。把整体系统的组成部分称为子系统。整体系统与子系统之间既有相对性也有统一性。

　　人机系统是由相互作用、相互联系的人和机器两个子系统构成的，且能完成特定目标的一个整体系统。人机系统中的人是指机器的操作者或使用者；机器的含义是广义的，是指人所操纵或使用的各种机器、设备、工具等的总称。研究人机系统时，既要研究子系统各自的特点和功能，还要研究它们之间相互形成有机整体的功能。研究人机系统的设计和改进，都是以具体的人机系统为对象的，例如由人与汽车、人与机床、人与计算机、人与家电、人与工具等构成特定的人机系统。

　　由于人的工作能力和效率随周围环境因素而变化，任何人机系统又都处于特定环境之中，因此在研究人机系统时，环境因素也是其中一项很重要的因素。把人、机、环境三者之间相互联系、相互作用构成的整体系统称为人—机—环境系统。这里所说的环境是一个广义的概念，不仅仅是纯粹的自然环境，还指人类在自然环境中通过技术手段创造出来的作业(生活)环境，例如，在茫茫宇宙中飞行的载人飞行器内，在数百米地下开采矿石、煤炭的采掘工作面等。

2.2 人机系统类型及功能

人机系统的分类方法多种多样，有些简单，有些复杂。下面主要介绍三种分类方法。

2.2.1 按有无反馈控制分类

反馈是指系统的输出量与输入量结合后对系统发生作用。人机系统按反馈分类，有开环人机系统和闭环人机系统。

1. 开环人机系统

开环人机系统是指系统中没有反馈回路或输出过程也可提供反馈的信息，但无法用这些信息进一步直接控制操作，即系统的输出对系统的控制作用没有直接影响。如操纵普通车床加工工件。

2. 闭环人机系统

闭环人机系统是指系统有封闭的反馈回路，输出对控制作用有直接影响。若由人来观察和控制信息的输入、输出和反馈，如在普通车床加工工件时，再配上质量检测构成反馈，则称为人工闭环人机系统。若由自动控制装置来代管人的工作，如利用自动车床加工工件，人只起监督作用，则称为自动闭环人机系统。

2.2.2 按系统自动化程度分类

1. 人工操作系统

人工操作系统包括人和相应的辅助机械及手工工具。人负责提供作业动力，并作为生产过程的控制者。如图 2-1 所示，人直接把输入转变为输出，是影响系统效率的主要因素。

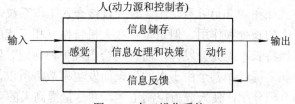

图 2-1　人工操作系统

2. 半自动化系统

半自动化系统由人和机器设备或半自动化机器设备构成，人控制具有动力的机器设备，也可以为系统提供少量的动力，以对系统做某些调整或简单操作。在这种系统中，人与机器之间的信息交换频繁、复杂。在生产过程中，人感知来自机器、产品的信息，经处理后成为进一步操纵机器的依据，如图 2-2 所示。这样不断地反复调整，保证人机系统得以正常运行。

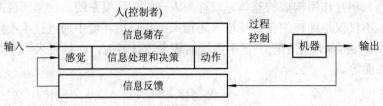

图 2-2　半自动化人机系统

3. 自动化系统

自动化系统由人和自动化设备构成，如图 2-3 所示。机器负责系统中信息的接收、储存、处理和执行等工作；人只起管理和监督作用，只有在发生意外情况时，人才采取强制措施。系统从外部获得所需的能源，人的具体功能是启动、制动、编程、维修和调试等。为了安全运行，系统必须对可能产生的意外情况设有预报及应急处理的功能。值得注意的是，系统的设计不宜过分追求自动化，脱离现实的技术和经济条件，把一些本来适合于人操作的功能也自动化了，反而导致系统的可靠性下降，人与机器不相协调。

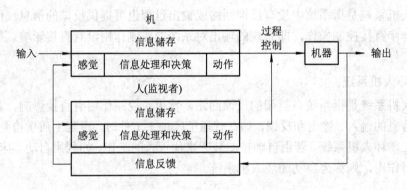

图 2-3　自动化人机系统

2.2.3　按人机结合方式分类

人机系统按人机结合方式可分为人机串联、人机并联和人与机串/并联混合三种方式。

1. 人机串联

人机串联结合方式如图 2-4(a)所示。作业时人直接介入工作系统，操纵工具和机器。人机串联结合突出了人的长处和作用，但是也存在人机特性互相干扰的一面。由于受人的能力特性的制约，机器特长不能充分发挥，而且还会出现种种问题。例如，当人的能力下降时，机器的效率也随之降低，甚至由于人的失误而发生事故。所以，采用串联系统时，必须进行人机功能的合理分配，使人成为控制主体，并尽量提高人的可靠性。

2. 人机并联

人机并联结合方式，如图 2-4(b)所示。作业时人间接介入工作系统，人的作用以监视、管理为主，手工作业为辅。人通过显示装置和控制装置，间接地作用于机器，产生输出。采用这种结合方式，当系统正常时，人管理、监视系统的运行，系统对人几乎无操作要求，人与机的功能有互相补充的作用，如机器的自动化运转可弥补人的能力特性的不足。但是人与机结合不可能是恒定不变的，当系统正常时机器以自动运转为主，人不受系统的约束；当系统出现异常时，机器由自动变为手动，人必须直接介入到系统之中，人机结合从并联变为串联，要求人迅速而正确地判断和操作。

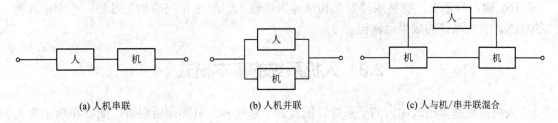

(a) 人机串联   (b) 人机并联   (c) 人与机/串并联混合

图 2-4　人与机的结合方式

3. 人与机串/并联混合

人与机串/并联又称混合结合方式，也是最常用的结合方式，如图 2-4(c)所示。这种结合方式的表现形式很多，实际上都是人机串联和人机并联两种方式的综合，往往同时兼有这两种方式的基本特性。

2.2.4　人机系统的功能

人机系统是为了实现安全与高效的目的而设计的，也是由于能满足人类的需要而存在的。在人机系统中，虽然人和机器各有其不同的特征，但在系统中所表现的功能却是类似的。完整的人机系统都有六种功能，这些功能是连续进行的，是由人和机共同作用实现的，其关系如图 2-5 所示。

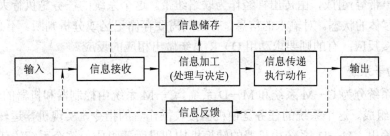

图 2-5　人机系统的功能

(1) 信息接收。人通过感觉器官来完成；"机"通过感受装置(电子、光学或机械的传感装置)来完成。

(2) 信息加工。脑接收感觉器官发来的信息或调用储存的信息，通过一定的过程(如分析、比较、演绎、推理和运算)形成决定或主意。现代化的机器也可以进行一些程序化的信息加工。信息加工的结果是决定下一步是否行动和如何行动。

(3) 信息储存。人的信息储存是靠大脑的记忆能力或借助录像、照相和文字记载等方式来完成的。机器的信息储存一般要靠磁带、磁鼓、磁盘、凸轮和模板等储存系统。

(4) 执行功能。即执行人脑或"机脑"的指令。这种功能一般有两种：一种是由人直接操纵控制器或由机器本身产生控制作用；另一种是传送指令，即借助于声、光等信号，将指令从一个环节送到另一个环节。

(5) 信息反馈。将系统中各过程的信息逐步返回到输入端。返回的信息是继续控制的基础，也是调节的根据。反馈可以弥补系统的不足，纠正偏离作业的动向。在人工调节系统中，反馈可促使操作者及时调节；在自动化系统中，反馈可自动触发调节。例如，当电冰箱内温度高于预定温度时，压缩机就开始运转，否则就自动停机。

(6) 输入与输出。物料或待加工物从输入端输入，经过系统的加工过程，改变输入物的状态，变成系统的成果而输出。

2.3　人机系统的基本模式

人机系统基本模式由人的子系统、机器的子系统和人机界面所组成。图 2-6 所示为人机系统的基本模式。人的子系统可概括为 S—O—R(感受刺激(Stimulus)—大脑信息加工(Organism)—做出反应(Response))；机器的子系统可概括为 C—M—D(控制装置(Controller)—机器运转(Machine)—显示装置(Display))。在人机系统中，人与机器之间存在着信息环路，人机相互具有信息传递的性质。系统能否正常工作，取决于信息传递过程能否持续、有效地进行。

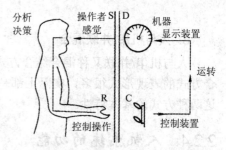

图 2-6　人机系统的基本模式

1．人的子系统

人的子系统又分为 S—O 系统和 O—R 系统。S—O 系统由各种感觉器官(视觉、听觉、触觉等)与大脑中枢组成，由传入神经作为联络纽带。这个系统的任务是收集信息、发现问题，并传递到大脑进行加工整理，即判断和决策。O—R 系统由大脑中枢与运动器官(手、脚、肢体、声带等)组成，由传出神经作为联络纽带。这个系统的任务是执行大脑发出的指令，去改变客体的状态。对输入的信息，有的只需要存储记忆或分析判断，不必启动 O—R 系统做出直接反应；有的则要求动用 O—R 系统做出相应的反应。

2．机的子系统

机器子系统分为 C—M 系统和 M—D 系统。C—M 系统由控制器和机器的转换机构(或计算机主机)组成。这个系统的任务是使机器接收操作者的指令，实现机器运转、调控，把输入转换为输出。M—D 系统由机器的转换机构和显示器组成。这个系统的任务是反映机器运行过程和状态的信息。

有些功能简单的机器子系统不一定都具备 C—M 系统和 M—D 系统，有的只有 C—M 系统，如自行车等；有的只有 M—D 系统，如某种信息显示仪表等。M—D 系统可以看作借助于人的直观感觉或测试工具实现的，C—M 系统可以看作人获得显示信息后的某种反应行为。

3．人机界面

如图 2-6 所示，人与机器之间存在一个相互作用的"面"，所有的人机信息交流都发生在这个作用面上，通常称为人机界面。显示器将机器工作的信息传递给人，人通过各种感觉器官接收信息，实现机—人信息传递。大脑对信息进行加工、决策，然后做出反应，通过控制器传递给机器，实现人—机信息传递。

人机界面的设计主要是指显示器、控制器以及它们之间关系的设计。人机界面设计的目的是实现人机系统优化，即实现系统的高效率、高可靠性、高质量，并有益于人的安全、健康和舒适。因此，人机界面必须符合人机信息传递的规律和特性，设计的主要依据始终是系统中人的因素。

2.4　人机功能分配

在人机系统中，人和机器各自担负着不同的功能，在某些人机系统中，人和机器还通过控制器和显示器联系起来，共同完成系统所担负的任务。为使整个人机系统高效、可靠、安全以及操纵方便，必须了解人和机器的功能特点、优点和缺点，使系统中的人与机器之间达到最佳配合，即达到最佳人机匹配。

2.4.1　人的主要功能

人在人机系统的操纵过程中所起的作用，可通过心理学提出的带有普通意义的规律："刺激(S)→意识(O)→反应(R)"来加以描述，即在信息输入、信息处理和行为输出三个过程中体现出人在操作活动中的基本功能，如图 2-7 所示。

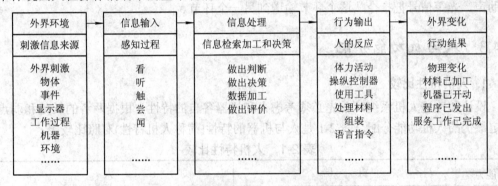

图 2-7　人在操作活动中的基本功能示意图

从图 2-7 可知，人在人机系统中主要有三种功能：

(1) 人的第一种功能——传感器。人在人机系统中首先是感觉功能或叫信息发现器，是联系人与机之间的枢纽和信息接收者。人通过感觉器官接收信息，即用感觉器官作为联系渠道，感知工作情况和机的使用情况。

(2) 人的第二种功能——信息处理器。有关人作为信息处理器的研究还不是很成熟，目前还在持续进行。

人的判断可分为相对判断和绝对判断。相对判断即有条件的判断，是在已有的两种或两种以上事物进行比较后做出的。绝对判断是在没有任何标准或比较对象的情况下做出的。据估计，在相对判断的基础上，大多数人可以分辨出 1 至 30 万种不同的颜色，而绝对判断仅能有 11～15 种，因此，一个系统总是利用相对判断。

(3) 人的第三种功能——操纵器。人的第三种功能是通过机器的控制器进行操纵，控制器的设计就像显示器的设计一样，让使用它的人易于操作和少出差错。

在人机系统中，控制器的作用是对能得到的刺激做出反应。任何显示—反应模式，如果违反原有的习惯，很可能出现差错。不论在什么特殊情况下，设计人员总要求操作者改变其已成为习惯的行为方式都是错误的。

2.4.2　机的主要功能

本书所指的机是广义的，包含机器及人和机器所处的环境。但为了说明问题，此处的机侧重于机器。机器是按人的某种目的和要求而设计的，虽然机器与人的特征不同，但在人机系统工作中所表现的功能都是类似的，自动化的机器更是如此，它具有接收信息、储存信息、处理信息和执行等主要功能。

(1) 接收信息。对机器来说，信息的接收是通过机器的感觉装置，如电子、光学或机械的传感装置来完成的。当某种信息从外界输入系统时，系统内部对信息进行加工、处理，这些加工、处理的信息可能被储存或被输出，也可能反馈到输入端而被重新输入，使人或机器接收新的反馈信息。接收的信息也可不经处理而直接存储起来。

(2) 储存信息。机器一般要靠磁盘、磁带、磁鼓、打孔卡、凸轮、模板等储存系统来储存信息。

(3) 处理信息。对接收的信息或储存信息通过某种过程进行处理。

(4) 执行功能。一是机器本身产生控制作用，如车床自动加深或减少铣削深度；二是借助声、光等信号把指令从这个环节输送到另一个环节。

2.4.3　人与机功能分配

1. 人机特性比较

设计和改进人机系统，首先必须考虑人和机器各自的特性，根据两者的长处和弱点，确定最优的人机功能分配。表 2-1 是人与机器的特性(简称人机特性)对照比较表。

表 2-1　人机特性比较

能力	机　器	人
检测	物理量的检测范围广，而且精确；可检测如电磁波等一些人不能检测的物理量	具有与认知直接联系的检测能力，凭感官接收信号，掌握标准困难，易出错；具有味觉、嗅觉和触觉
操作	在力量、速度、精确、操作范围、耐久性等方面远比人优越；对处理液体、气体和粉状体等比人优越，但处理柔软物体则不如人	肢体具有许多自由度，可在三维空间进行多种运动，可进行微妙的协调，但人的力量、速度有限；可通过获取视觉、听觉、位移和重量感等信息控制运动器官灵活地操作
信息处理	按预先编程可进行快速、准确的数据处理；记忆正确并能长时间储存，调出速度快；反应速度快；学习能力较低，灵活性差	具有抽象、归纳能力以及模式识别、联想、发明创造等高级思维能力；善于积累经验并运用经验判断；记忆力有限；需要反应时间；具有很强的学习能力，灵活性强
持续性	可连续、稳定、长期运转，也需要适当的维修保养；可进行单调的重复性作业	易疲劳，很难长时间保持紧张状态，需要休息、保健和娱乐；不适合从事负荷刺激小、单调乏味的作业

续表

能力	机　　　器	人
可靠性	与成本有关；设计合理的机器对设定的作业有很高的可靠性；无法处理意外事件；特性是固定不变的；不易出错，如出错不易修正	在紧急突发的情况下，可靠性差；可靠性与动机、责任感、身心状态、意识水平等心理和生理条件有关；有个体差异，与经验有关，并受别人影响；应变性强；容易出差错，但易修正错误；如有时间和精力，可处理意外事件
信息交流	与人之间的信息交流只能通过特定的方式进行	人际之间很容易进行信息交流，组织管理很重要
效率	功率可大可小；可以根据目的设计必要的功能，避免浪费；功能简单的机器速度快而且准确；新机器从设计、制造到运转需要一定时间	适于功率小于 100 W 的轻巧的作业；人是综合整体，有多种功能，需要补充能耗，还必须适应处理必要功能以外的时间；必须采取绝对安全措施；需要教育和训练
适应性	专用机械的用途不能改变，只能按程序运转，不能随机应变；比较容易进行改造和革新	通过教育训练，有多方面的适应能力，有随机应变能力；改变习惯定型比较困难
环境	能适应各种环境条件，可在放射性、有毒气体、粉尘、噪声、黑暗、强风暴雨等恶劣和危险环境下工作	要求环境条件对人是安全、健康和舒适的，但对特定环境能较快适应
成本	包括购置费、运转和保养维修费；一旦出现事故，也只失去机器本身价值	包括工资、福利和教育培训费；如果万一发生事故，可能失去宝贵生命
其他		具有特定的动机，渴望在集体中工作和生活，得到集体保护，否则会产生孤独感、疏远感，影响作业效能

2. 人机功能分配的含义

对人机特性进行权衡分析，将系统的不同功能恰当地分配给人或机，称为人机功能分配。人机功能分配就是通过合理的功能分配，将人与机器的优点结合起来，取长补短，从而构成高效与安全的人机系统。从人机特性比较可以看出，人和机各有所长，根据两者特性利弊进行分析，将系统的不同功能合理地分配给人或机器，既能提高人机系统效率，同时又能确保系统的安全性。

人与机器的结合形式，依据复杂程度不同可分为劳动者—工具、操作者—机器、监控者—自动化机器、监督者—智能机器等几种。机器的自动化与智能化使操纵复杂程度提高，因而对操纵者提出了严格要求。与此同时，操纵者的功能限制也对机器设计提出了特殊要求。人机结合的原则改变了传统的只考虑机器设计的思想，提出了同时考虑人与机器两方面因素，即在机器设计的同时把人看成是有知觉有技术的控制机、能量转换机、信息处理机。凡需要由感官指导的间歇操作，要留出足够的间歇时间；机器设计中，要使操纵要求低于人的反应速度，这便是获得最佳效果的设计思想。在这种思想指导下，机器设计(应为广义机器)同工作设计(含人员培训、岗位设计、动作设计等)便结合起来了。

从安全的角度出发，人机匹配主要解决的问题是：信息由机器的显示器传递到人，需要选择适宜的信息通道，避免信息通道过载而失误，以及显示器的设计如何符合安全人机工程学原则；信息从人的运动器官传递给机器，如何考虑人的极限能力和操作范围，控制器如何设计得高效、安全、可靠、灵敏；如何充分运用人和机各自的优势；怎样使人机界面的通道数和传递频率不超过人的能力，以及机器如何适合大多数人的应用。

3. 人机功能分配的一般原则

美国人机学家麦克考米克总结出，人能完成并能胜过机器的工作有：发觉微量的光和声，接收和组织声、光的形式，随机应变和应变程度，长时间大量储存信息并能回忆有关的情节，进行归纳推理和判断并形成概念和创造方法等。

目前机器能完成并胜过人的工作有：对控制信号迅速做出反应，平稳而准确地产生"巨大力量"，做重复和规律性的工作，短暂地储存信息然后删除这些信息，快速运算，同一时间执行多种不同的功能。

在采用机器和采用人时各有其有利点，如表 2-2 所示。

表 2-2　采用人和机器时的有利点

采用机器时的有利点	采用人时的有利点
重复性的操作、计算，大量的情报资料存储	由于各种干扰，需要判断信息时
迅速施加大的物理力时	在图形变化情况下，要求判断图形时
大量的数据处理	要求判断各种各样的输入时
根据某一特定范围，多次重复作出判断	对发生频率非常低时的事态需要进行判断时
由于环境约束，对人有危险或操作容易犯错误时	解决问题需要归纳、判断时
当调节、操作速度非常重要，具有决定意义时	预测不测事件的发生时
控制力的施加要求非常严格时	
必须长时间地施加控制力时	

人机功能分配是一个复杂问题，要在功能分析的基础上依据人机特性进行，其一般原则为：笨重、快速、精细、规律性、单调、高阶运算、支付大功率、操作复杂、环境条件恶劣的作业以及需要检测人不能识别的物理信号的作业，应分配给机器承担；而指令和程序的安排，图形的辨认或多种信息输入，机器系统的监控、维修、设计、创造、故障处理及应付突发事件等工作，则由人承担。

4. 人机功能匹配对人机系统的影响

以前，由于不明白人与机的匹配关系特性，使机的设计与人的功能不适应而造成的失误很多，如作战飞机的高度计等仪表的设计与人的视觉不适应是造成飞机失事的主要原因，这给人们以深刻的教训。过去的设计总是把人和机器分开，认为两者是彼此毫不相关的个体。事实上，机器对人的影响很大，而人又操纵机器，相互之间是一个紧密联系的整体，不能把它们分割开来考虑。因此，我们首先必须掌握人体的各种特性，同时也应明了机的特性，然后才能设计出与此适应的机器。否则，人机作为一个整体(系统)就不可能安全、高效、持续而又协调地进行运转。

随着现代化的发展，操作者的工作负荷已成为一个突出的问题。在工作负荷过高的情况下，人往往出现应激反应(即生理紧张)，导致重大事故的发生。芬兰有一锯木厂，机械化程度较高，但有些工序如裁边，还须手工劳动。工人对每块木块做出选择和判断的时间仅为 4 s，不仅要考虑木板的尺寸、形状，而且要考虑加工质量。这种工作对工人来说，不论是体力还是精神负担都较重。每个工作班到了最后一个阶段，不仅时常出现废品，而且易诱发人身事故。后来把选择和判断的时间从 4 s 又缩短到 2 s，问题就更加突出。1971 年库林卡对锯木机作了一些小改革，收到一些效果。后来，通过重新考虑人和机之间的匹配关系，将这种工作所用的机器重新设计，终于造出了一台全新的自动裁边机。

在设备(机器)的设计中，必须考虑人的因素，如果不考虑人与机器的适应，那么人既不舒适也无法高效工作，图 2-8 所示就说明了这个问题。

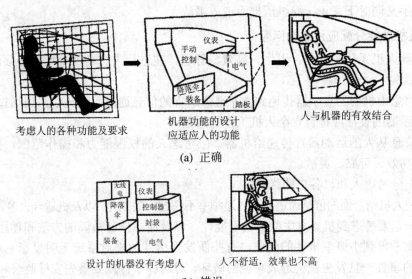

图 2-8　设备设计中人的因素工程

进行合理的人机功能分配，也就是使人机结合面布置得恰当，从安全人机工程学的观点出发，分析人机结合面失调导致工伤事故，进而采取改进措施。

在企业工伤事故原因分析中，不少的事故是人因失误造成的，特别是违章操作，而违章操作的主要原因，有相当一部分是人机结合面失误，即人机系统协调失控而导致事故发生。如一位青年工人操作辊矫直机时，在违背正常操作程序的情况下，擅自打反车，也未与操作台人员联络好应急措施，用手将 ϕ11(公称直径为 11 mm)的钢筋送入矫直辊时竟连手臂也被带入矫直辊之中，造成手臂截断的事故。此事故证明，操作者一方面出自贪多图快、急于完成任务的心理状态，不仅违章打反车，而且双方联系脱节，连人的子系统关系也未处理得当。另一方面存在人机协调性差，人机结合面失调，操作姿势不当，手握钢条位置与机器距离过近导致来不及脱手，致使手臂连同钢条一并卷入。另外，操纵器、显示器、报警器设计上存在问题，未能达到最佳的人机匹配要求。针对这种情况应该特别对人机结合面加以考虑，提出改进措施，以防同类事故重现，最好的办法是建立安全保护系统，如触电保护器的应用等。

5. 人机分工不合理的表现

(1) 把可以由人很好执行的功能分配给机器，而把设备能更有效地执行的功能分配给人。如在公路行驶的汽车驾驶员应分配给人去执行，但若要求人同时记下汽车跑过的千米数，则是不适当的，这项工作应由机器去执行。

(2) 让人承担超过其能力所能承担的负荷或速度。如德国某工厂安装了一台缝纫机，尽管其外形、色彩十分美观，但由于操作速度太快(1 min 可缝 6000 针)，超出大多数人的极限，结果 80 名女工，只有一个能坚持到底，因此其实际效率是不高的。

(3) 不能根据人执行功能的特点而找出人和机之间最适宜的相互联系的途径与手段。如在不少使用压力机的工厂经常发生手指被压断的事故，就是因为在压力机设计中忽视了人的动作反应特点而造成的。当操作者左手在扒料时，除非思想高度集中，否则会由于赶速度，右手又同时下意识压操纵压把而造成事故。

6. 人机功能分配应注意的问题

为达到人机系统的安全、卫生、高效、舒适，在进行人机功能分配时必须注意以下几个问题：

(1) 信息由机器的显示器传递到人，选择适宜的信息通道，避免信息通道过载而失误。同时，显示器的设计应符合安全人机工程的原则。

(2) 信息从人的运动器官传递给机器，应考虑人的权限能力和操作范围，控制器设计要安全、高效、可靠、灵敏。

(3) 充分考虑人和机各自的优势。

(4) 使人机结合面的信息通道数和传递频率不超过人的能力，以及机适合大多数人的应用。

(5) 一定要考虑到机器发生故障的可能性，以及简单排除故障的方法和使用的工具。

(6) 要考虑到小概率事件的处理，有些偶发性事件如果对系统无明显影响可以不必考虑，但有的事件一旦发生就会造成功能的破坏，对这种事件就要事先安排监督和控制方法。

2.4.4 人机系统功能分配方法

目前，在国际比较有影响力的几种人机系统功能分配方法有人机能力比较分配法、Price 决策图法、Sheffield 法、自动化分类与等级设计法、York 法等。

1. 人机能力比较分配法

人机能力比较分配法是最初的功能分配方法，例如著名的 Fitts Lists 分配方法，也是迄今为止应用最为普遍的方法，在早期的简单工业自动化监控系统中得到大量的应用。表 2-3 即为 Fitts 所列出人机各自的优势特性，也称为 MABA-MABA 方法。

表 2-3　Fitts 人机能力对比表

人擅长(Men Are Better At)	机器擅长(Machines Are Better At)
能够探测到微小范围变化的各种信号	对控制信号的快速反应
对声音或光的模式感知	能够精确和平稳地运用能量
创造或运用灵活的方法	执行重复、程序性的任务
长期存储大量的信息并在适当的时候运用	能够存储简短的信息，并能完全删除它们
运用判断能力	计算和演绎推理能力
归纳推理能力	能够应付复杂的操作任务

2. Price 决策图法

Price 决策图法对任意一个功能，从人和机两方面的特性做出比较，然后根据效能、速度、可靠性、技术可行性等做出评估，评估结果为一个复数值(人的绩效值为实部，机器的绩效值为虚部)。这个复数值落在决策图的某一区域，如图 2-9 所示。

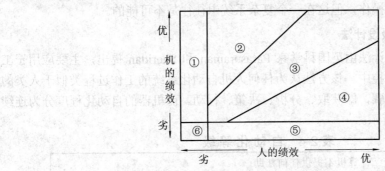

图 2-9　Price 决策图

Price 决策图由 6 个区域组成，每个区域对应于不同的人机绩效和分配方案，其中①表示将功能分配给机器；②表示将功能分配给机器；③表示既可分配给人也可分配给机器，存在一个最佳分配点；④将功能分配给人；⑤将功能分配给人；⑥采用其他的方法重新设计。

Price 决策法虽然在 Fitts Lists 分配法的基础上更进一步地明确了人机功能分配的过程，但是它对于如何计算绩效却没有明确的描述，并且客观上计算人和机器的绩效相当困难。

3. Sheffield 法

Sheffield 法是由英国 Sheffield 大学在对海军的舰艇控制系统进行设计时所开发的一种功能分配方法。它在分配过程中共需要考虑 100 多项决策准则，将其分为 8 组，其中不仅考虑了人机能力特性，而且从工程的角度考虑了人员的作业设计、社会性、训练、安全等因素，另外还包括自动化的精度、费用等。它的主要流程如图 2-10 所示。

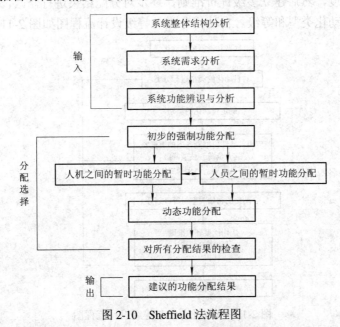

图 2-10　Sheffield 法流程图

　　Sheffield 法的优点是考虑的因素比较全面,而且包含了系统的静态和动态功能分配过程。它主要是针对一个海军舰艇控制系统的设计,所以同时还考虑了舰艇操作人员之间的功能分配。但它也有明显的不足,首先考虑的因素太多,反而使得设计任务由于缺乏相关信息而无法操作;其次由于 Sheffield 法必须将功能分解到能够完全分配给人或机器,也就是足够细的粒度才能实施操作,但这在一个复杂系统中往往是不可能的。

4.自动化分类与等级设计法

　　自动化分类与等级设计法由英国科学家 Parasuraman 和 Sheridan 提出,主要应用于工业自动化系统如核电站监控中。该方法认为任何人机自动化系统的工作过程类似于人类的信息处理,可分为四个步骤,即获取、分析、决策、行动。而机器的自动化程度分为连续的 10 个级别,如表 2-4 所示。

表 2-4　自 动 化 等 级

	计算机不提供任何帮助
	计算机提供整套的决策或行动方案
	缩小选择范围
	建议一个方案
低	如果人同意则执行这个方案
	在执行前允许人在短时间内否决
	自动执行,仅在必要时通知人
	如果人需要则告知他
	是否通知人全由计算机决定
高	计算机决定所有的工作,拒绝人的干预

　　在此基础上对系统功能分别按上述的四个步骤进行分类,并对属于每一个分类的功能确定其自动化程度,然后建立多级评价准则,逐步对分配结果进行修改,直到最终确定系统应该采用的自动化类型和等级。自动化分类与等级设计流程图如图 2-11 所示。

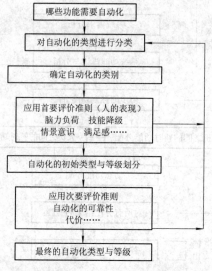

图 2-11　自动化分类与等级设计流程图

5. York 法

York 法是由英国 York 大学 Dearden 等人提出的一种基于场景(Scenario)的功能分配方法，它最初是为海军舰艇的设计而开发的，由于取得了比较好的效果，之后又被成功地用于单座飞机的功能分配设计中。

York 方法完全是一种基于场景(Scenario)的设计方法。系统根据环境、目标和主要功能(任务)的不同，将任务进行分组，并将某一组相关联的功能(任务)放在相应的环境中，这种功能(任务)组和环境的结合体称为场景。一个系统可分为若干个场景，每一个场景中都包含一组相互关联的功能(任务)。这一组功能(任务)在环境条件的约束下，同时对系统的目标和性能产生影响。一般来说，一个场景中至少包含一个功能，同时某一个功能也有可能被包含在多个相关的场景中。但是在不同的场景中，即使是同一个功能其属性参数也是不相同的，它与其所处的场景有关。通过这种场景机制，迫使设计者将功能运行时的环境因素也考虑进去，使得设计者考虑的因素更加全面，设计出来的系统也具有较高的可靠性。

用 York 方法进行功能分配时，其分配过程大致可分为 5 个主要步骤，如图 2-12 所示。

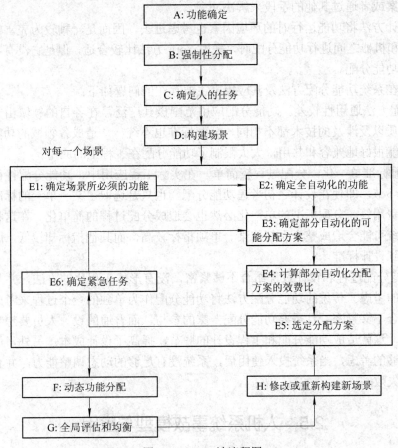

图 2-12 York 法流程图

(1) 初始分配(B)。对功能进行分析，首先将那些比较特殊的功能预先在人或机器之间分配(例如那些计算量大，并需要进行高速的重复计算的功能分配给机器)，此步剩下的功能则交给下一步来进行分配。

(2) 全自动化部分(E2)。在指定的场景中，根据场景以及功能的属性参数，确定哪些功能可采用机器的自动化技术来完成。在做出决策之前需要考虑两个问题：一是采用全自动的技术可行性有多大；二是该功能与人的紧密程度有多少。只有那些技术上完全可行并且与人联系不太紧密甚至没有关系的功能才交给自动系统去完成。此步剩下的功能则交给下一步来进行分配。

(3) 半自动化部分(E3~E5)。对剩下的功能进行详细的分析，采用现在比较通用的DA—S模型，进一步决定剩下的功能是应该由人、机器还是两者合作来完成。

(4) 动态功能分配(F)。通过采用动态功能分配的方法，在系统投入使用后，根据使用条件、使用环境和负荷改变情况，系统自身应能对原来的分配方案进行动态的调整，使系统能在稳定工作的同时又具有尽可能高的性能。

(5) 全局检查(G)。对分配方案进行全面的检查，在指标不满足要求的情况下，返回并对场景进行修改或重新构造新的场景后再进行功能分配。另外，在各个场景中进行功能分配时，还有可能出现对某一个功能的分配出现冲突，这时可根据重要程度而优先选择其中的某一种方案或者通过其他的手段来解决冲突。

这种设计方法将功能运行时的环境因素也考虑进去，因而是一种较为完善的功能分配方法。在人和机器之间进行功能分配时，采用York方法比较合适，但是它没有考虑系统中人员之间的功能分配。

目前，在系统功能分配方法及其应用上主要存在的问题如下：

(1) 分配方法通用性较差。功能分配应用范围极其广泛，在各自的领域由于应用的环境、任务性质以及涉及的技术都不相同，分配标准也不统一，造成各领域的功能分配方法相互之间不能很好地兼容和共用，大大限制了功能分配在工程上的应用。

(2) 分配标准单一化，分配过程较简单。在实际工程应用中，功能分配往往是最容易忽视的一个环节，即使在设计之初考虑功能分配，也只是选取了某一单一的标准，如系统的负荷或者费用等。分配标准的单一化必然也会造成分配过程的简单化。在这种情况下设计出来的系统可能会造成整个系统的某一单项指标较高，而其他指标却较低，因而综合性能往往达不到设计标准。

(3) 功能分配过程和设计过程结合不够紧密，没有形成工程化的方法，并且对环境因素缺乏足够的考虑。传统的功能分配方法将功能分配作为单独的一个过程来考虑，与系统工程设计结合不够紧密，且需要功能分配专家的参与，而普通的设计人员要想参与进来是比较困难的，这就造成功能分配和工程设计的脱节，提高了设计成本。另外，由于对环境因素缺乏足够的考虑，当系统投入使用后，系统没有足够的动态调整能力，并有可能导致系统崩溃或失败。

2.5　人机系统事故模型与应用

2.5.1　人机系统事故模型

人机系统事故模型是指从人机关系上研究事故致因的模型。人是在特定的空间环境里进行生产劳动的。他们在操作岗位上操作由外部供给能量的机械,以达到所要求的目的。在正常条件下,各种能量系统(包括人自身的能量)是相互制约而保持平衡的,随着时间的推移,人机关系也得到了不断的调整。一旦违背了人的意志(意愿),出现了失控状态时,就会破坏这种平衡,导致伤亡事故或财产损失。

　　人所处的空间环境中只要不存在有害物质的污染,也不会发生逆流于人体的情况,人就能在这种空间环境中生存和劳动。反之,若作业条件恶化,如高温作业,人的细胞异常活动,易于产生早期疲劳,发生事故的可能性就会增大;低温作业时,人体热量会流失,由于寒冷而束缚了手脚,行动不便,也易于发生事故。归纳总结人机系统事故模型有以下几种。

1. 以人的行动为主体的(单人—机系统)事故模型

　　在环境不被有害气体污染的情况下,人机系统的事故模型多以人的行为为主体,即以人为本。在这种事故模型中,伤亡事故多次发生在人、机械设备两个子系统相交的斜线区内,如图 2-13 所示。在这种伤亡事故模型中,机械设备和人相交叉的区域的形状与斜线部分的面积取决于机械系统的结构和机械能量的大小以及人自身的行为方式等,因此造成的人身伤害部位、轻重及事故类型也不尽相同。

图 2-13　单人—机系统事故模型

2. 机械—多人系统事故模型

　　在现代化大生产的集体劳动中,单人—机系统的应用范围不是非常广泛,常见到的是机械—多人系统,即在操作过程中,在同一时间内为完成同一目的,由多人操纵一台机器或一个大型设备。

　　这种多人在机器周围劳动的条件,往往由于人多动作不易协调,信息交流不充分、不及时,加之视野局限,极有可能造成机械对人的危害而发生事故。这种机械—多人系统常见于共同修理、清扫、调整大型设备,共同搬运大型重物,在长电路上共同检修高压线路、电气设备等,其事故概率较高,如图 2-14 所示。

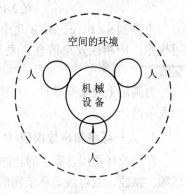

图 2-14　机械—多人系统事故模型

3. 具有运动形态的人机系统事故模型

　　在具有运动形态的人机系统的操作系统中,用到的运输工具不同于厂内加工生产用的机械,而是通过"厂外交通"工具来移动物质。为完成运输任务,当然是速度越快,运输效率越高。但是,这自然会因高速而带来事故频率的显著增加。

　　司机驾驶汽车运行属于人—机一体移动的形态。它和固定安装的机械设备系统大不一样,人和机械(汽车)是直接连在一起而动的,人机系统在移动中又常常受外界条件的影响,而在行车路线上常常被迫改变方向。所以,事故的形成及频率多与运行时间和行车速度呈某种函数关系。时间和速度这两个因素又是由人来操纵和控制的,所以,人还是形成事故的主要原因。

换言之，在环境条件中的同一平面上，多维运动是很复杂的，发生事故的频率比一般人机系统高得多。在运行空间既有固定的对象物，又有运动的对象物，所以，作为主体人(司机)因为机(车)及环境条件的相互外在性，必须进行经常性的信息输入和信息处理，其操纵动作又必须经常调整。

在图 2-15 中，用锁线表示平面空间环境条件，今有 A、B、C、D 四组人机系统，都按各自的箭头方向运动，能形成事故的危险点是 A 车和 C 车为 e；A 车和 B 车为 a；B、C 两车的危险点为 d；C、D 两车的危险点为 c。

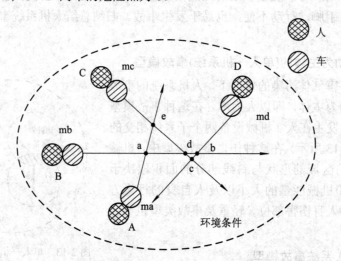

图 2-15　具有运动形态的人机系统事故模型

为控制 a、b、c、d、e 几个交点上不发生交通肇事，则需建立良好的秩序，并遵守交通规则，应相应发出信息来表示各自的行车路线、位置等示意图，以便加强相互的信息交流。

为满足上述安全条件，司机的生理和心理在保持稳定而正常的同时，控制行车速度是一大关键。

4. 人—环境物事故模型

在作业环境中，除了静止物体所具有的潜在势能以外，还有粉尘、毒气、噪声、振动、高频、微波、放射线等环境物的危害，这属于具有流动性质的能量的危害。

生产现场作业环境中，流动着的能量大致有两种：

(1) 为了生产而供给的能量。它包括使作业环境舒适所设计的通风、空调装置等能量供给，也包括采光照明。

(2) 生产设备逸散的能量。如由机器、装置所发出的并在生产现场和附近产生不良影响的噪声和振动；由某种装置泄漏出来的有毒有害气体、蒸汽和粉尘等尘毒危害。与人机系统相反，环境危害不单在操作点(Point of Operation)上发生，而是处于工作区内(Point of Work)，其危害形态也与人机系统不同。在人机系统中，人本身在操作点上行动，由于失误使人成为被动的发生事故的一种机缘(Chance)；但在人、机、环境物系统中，发生在工作区内的危害与人的行动失败无关，人不是发生事故的机缘，而是从对象物返回到人的系统，如图 2-16 所示。

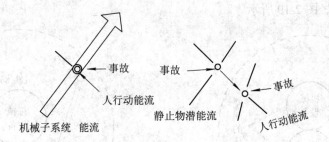

图 2-16　人机系统和人—环境物的系统事故发生的机缘形象

为此，人—环境物系统中发生事故的特性与人机系统有着显著的区别。

在人机系统中，人和机两子系统所处的空间和时间具有各自的轨迹(Route)，在时间、空间上的进展过程中，其交点多发生在单元作业的操作点上，此时能量在发生的瞬间从机器一方传达于人的一方，使人体组成的部分突然受到伤害，即事故发生。由于外来能量比自身的能量大的多，逆流于人体造成伤害的严重度也比较大。人机系统中的事故与人的行动和心理状态有极大的关系。

但是，在人—环境物系统中，在空间上常保持"相互外在性"，从而使人和环境处于整体的接触之中。因而，人与环境两者随时间的推移不会发生突然相交的剧烈变异，而是使人体器官缓慢地发生渐变而形成职业病或职业中毒。这种危害与人为行为和心理状态无关。

从图 2-17 可以看出，噪声和振动、大气污染和车间气象条件等环境系统(E)与人的系统(H)是处于整体接触中(如图 2-17 的 A)，不像人机系统中的事故是发生在人的子系统(H)与机械子系统(M)两系列交点操作岗位间的衡突点上(如图 2-17 中的 B)。

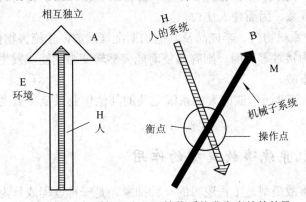

图 2-17　人机系统和人—环境物系统发生事故的差异

5. 化学能传达于人体的事故模型

化学危害来源于生产现场的人工环境污染。它既和机械伤人的条件不同，也和自然环境的条件不同。化学成套设备中有毒有害物质的跑、冒、滴、漏，当然与操作人员失误有密切联系，但它却不取决车间直接受害的个人行为。

危害源如果是无色、无味、无嗅的有毒气体或蒸汽，人的五感是不易察觉的。如果大量毒物侵入人体会造成突然中毒，则属于伤亡事故。

为确知此类危害的存在，除了使用超越人体机能的探测仪器，别无他法。因为人的各种器官未必能查知其存在，更不知其危险程度，所以这种事故的发生是不以人的行动为主体的，如图 2-18、图 2-19 所示。

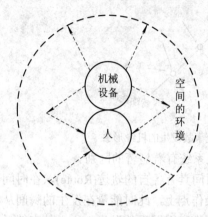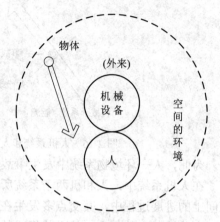

图 2-18　化学能事故模型　　　　　　　　图 2-19　人机系列外事故模型

人机系列外的事故模型在生产现场。在人机关系复杂的作业中，有时会从与自己完成作业过程中全然无关的系统以外"飞来"物体，以致突然使人受到伤害。

人的行动是通过与系统有关系的事物发出的信息流来判断如何进行的，因而系列外与己无关的事件往往不在考虑范围之内。但有时也会从系列外来一些不安全因素，甚至会和人发生关系而导致完全预想不到的伤亡事故，这种事故包含着不能预测的偶然性。

这类事故形成的物理现象多为突如其来的物体飞、落，进一步分析大致有以下三种情况：

(1) 因为风力、水力等自然现象，对生产设备或房屋外加了较大的能量，致使发生倒塌、坠落、飞入等现象，因而使人伤亡。

(2) 作业环境中原材物料、半成品及其他物质乱堆乱放，使施害物体处于不安全状态，如遇振动、与外部力接触等原因，则容易使潜能突然转变为动能，发生了与人有关的飞、落下现象，造成了事故。

(3) 在车间中，与单元作业的人机系统无关的其他作业系统突然飞来有动能的物体打击，如图 2-19 所示。

2.5.2　安全人机系统事故模型的作用

安全人机系统事故模型是工程逻辑的一种抽象，是一种过程或行为的定性或定量的代表。它能探讨形式和内容、原则和结果、归纳和演绎、综合和分析，它是在抽象基础上产生的系统工程重要的工具之一。

安全人机系统的事故模型用来阐明人身伤亡事故的成因，即它被用于阐明事件的事故因果，以便对事故现象的发生与发展有一个明确、概念上一致、因果关系清楚的分析。这对探讨安全防护原理是一种有效的系统安全的方法论。

安全人机系统事故模型的重要意义在于：

(1) 从个别抽象到一般，把同类事故抽象为模型，可以深入研究导致伤亡事故的原因和机理。

(2) 事故模型化可以查明以往发生过的事故和直接原因，找出主要原因，用以预测类似事故发生的可能性。

(3) 根据事故模型可以做出危险性评价以及预防事故的决策，增长安全生产的理论知识，积累安全信息，进行安全教育，指导安全生产。

(4) 各类模型既是一种安全原理的图示，又是应用人机工程、系统工程新科学和系统分析的新方法。

(5) 性能模型可以向数学模型发展，由定性分析逐步向事故预测定量化发展。这可为事故预测和制定技术措施打下基础。

所以，安全人机系统事故模型是事故分析和预测的依据，是实现安全生产的核心，如图 2-20 所示。

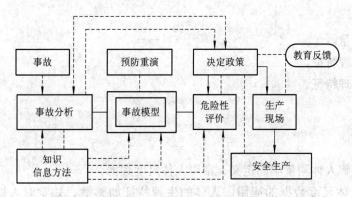

图 2-20　安全人机系统事故模型在人机系统安全中的作用

习　题

2-1　什么是开环系统和闭环系统？

2-2　什么是人机功能分配？为什么要对人和机进行功能分配？

2-3　人和机有哪些优缺点？如何合理分配它们的功能？

2-4　人机功能分配有哪些内容？

2-5　举例说明人与机的不同特点。

2-6　人机系统事故模型有哪些？

2-7　安全人机系统事故模型的重要意义有哪些？

第3章 人的特征

主要内容

(1) 人体测量。
(2) 人的生理特征。
(3) 人的心理特征。

学习目标

(1) 充分理解人体测量学的定义、常用人体尺度数据。
(2) 掌握人体尺度数据的应用，人体的生理特征如感觉、知觉对人机系统安全性的影响。
(3) 掌握人体的心理特征如个体性格、情绪和不安全心理等与安全生产之间的关系。

在人—机—环境系统中，包含着人、机、环境三大要素，它们相互依存、相互制约、相互补偿。在这三大要素中，人是工作的主体，起着主导作用。因此，在设计人—机—环境系统时，都需要对人的特性进行充分考虑，确保机的设计与环境的设计符合人的需要。人是一个有意识活动的极其复杂、开放的巨大系统，随时随地要与外界进行物质交换、能量交换和信息交换。因此，研究与掌握人的基本特征非常必要。人体是一个复杂的机体，人体的人机学参数有多方面的内容，本章将从人体测量学及其应用、人的生理特征、人的心理特征等方面进行介绍。

3.1 人体测量

人体测量是一门新兴的学科，它是通过测量人体各部位尺寸来确定个体之间和群体之间在人体尺寸上的差别，用以研究人的形态特征，从而为各种安全设计、工业设计和工程设计提供人体测量数据。

例如，各种操作装置都应设在人的肢体活动所能及的范围之内，其高度必须与人体相应部位的高度相适应，而且其布置应尽可能设在人操作方便、反应最灵活的范围之内。其目的就是提高设计对象的宜人性，让使用者能够安全、健康、舒适地工作，从而减少人体疲劳和误操作，提高整个人机系统的安全性和效能。

为了设计出符合人的生理、心理、生物力学特点的设备和机构，以及作业空间的布置，使操作者在操作时处于舒适的环境中，就必须考虑人体的各部分尺寸范围。在进行事故分析、安全评价等方面亦应运用人体测量数据。

3.1.1 人体测量数据的统计处理

由于群体中个体与个体之间存在差异，一般来说，某一个体的测量尺寸不能作为设计的依据。为使产品适用于一个群体的使用，设计中需要的是一个群体的测量尺寸。然而，全面测量群体中每个个体的尺寸又是不现实的。通常是通过测量群体中较少量个体的尺寸，经数据处理后而获得较为精确的所需群体尺寸数据。

在人体测量中所得到的测量值是具有离散特性的随机变量，因而可根据概率论与数理统计理论对测量数据进行统计分析，从而获得所需群体尺寸的统计规律和特征参数。人体测量数据统计处理时常用到均值、方差、标准差、抽样误差等概念，其详细内容请参阅相关书籍。此外，在人体测量和数据的分析与应用中涉及百分位数和适应度的概念，下面进行简要介绍。

人体测量数据可大致视为服从正态分布。实际中，即使经过人机工程学严格设计的任何一个机械或产品都不可能适应所有的人使用。工程上常以正态分布的某个百分位 a 处的人体尺寸数据 x_a 作为设计用人体尺度的一个界值，以控制设计的适应范围，该界值称为百分位数。正态分布曲线上，从 $-\infty$（或 $+\infty$）$\sim a$，或两个百分位 $a_1 \sim a_2$ 之间的区域，称为适应度。适应度反映了设计所能适应的身材的分布范围。

一个百分位数将群体或样本的全部测量值分为两部分，有 $a\%$ 的测量值等于和小于它，有 $(100-a)\%$ 的测量值大于它。数据常以百分位数表示人体尺寸等级，在设计中最常用的是 x_5、x_{50}、x_{95} 三种百分位数。其中第 5 百分位数表示"小"身材，是指有 5% 的人群身材尺寸小于此值，而有 95% 的人群身材尺寸大于此值；第 50 百分位数表示"中"身材，是指大于和小于此值的人群身材尺寸各为 50%；第 95 百分位数表示"大"身材，是指有 95% 的人群身材尺寸小于此值，而有 5% 的人群身材尺寸大于此值。

在有些人体测量尺寸资料中，除了给出上述常用百分位数的数据外，还给出其他百分位数的数据。在一般统计方法中，并不一一罗列出所有百分位数，而往往以均值 $\bar{x}$ 和标准差 S 来表示。因此，当已知样本均值和标准差时，百分位数可由式(3-1)计算：

$$x_a = \bar{x} + kS \tag{3-1}$$

式中：x_a 为对应于百分位 a 的百分位数；$\bar{x}$ 为样本均值；S 为样本标准差；k 为与 a 有关的变换系数，设计中常用的百分位与变换系数 k 的关系见表 3-1。

表 3-1　百分位与变换系数

百分位 al/(%)	变换系数 k	百分位 al/(%)	变换系数 k
0.5	−2.576	70	0.542
1.0	−2.326	75	0.674
2.5	−1.960	80	0.842
5	−1.645	85	1.036
10	−1.282	90	1.282
15	−1.036	95	1.645
20	−0.842	97.5	1.960
25	−0.674	99.0	2.326
30	−0.524	99.5	2.576
50	0.000	—	—

3.1.2　人体尺度数据的测量

人体尺度是产品体量和空间环境设计的基础依据，合理的设计首先要符合人的形态和尺寸，使人感到方便和舒适。人体尺度可分为构造尺寸和功能尺寸。构造尺寸是指静态的人体尺寸，它是人体处于固定的标准状态下测量的。它包括不同的标准状态和不同部位，如手臂长度、腿长度、座高等，对与人体直接关系密切的物体有较大关系，如家具、服装和手动工具等，主要为人体各种装具设备的设计提供参考数据。功能尺寸是指动态的人体尺寸，是人在进行某种功能活动时肢体所能达到的空间范围，它是在动态的人体状态下测得的，是由关节的活动、转动所产生的角度与肢体的长度协调产生的范围尺寸，用以解决许多带有空间范围、位置的问题，如室内空间等。之所以要考虑功能尺寸，是因为若是仅把静态下的特性数值引到动态下使用，必然造成差错甚至发生事故。以人的视力和视野为例，实验测试表明：当人体运动速度达到 100 km/h 时，其动态下的视野仅是静视野的五分之一；当运动速度达到 60 km/h 时，其视力由静态的 1.2 降至 0.6。在高速公路上，通常机动车行驶的速度正是在 60～110 km/h 的范围内。可以设想，如果人们按静态视力和视野特性数据来考虑设计各指示标牌，同时再加上标牌的位置、大小、信息量多少以及设立也不尽合理的话，那么产生的后果也是不难预料的。

根据 GB/T 5703—2010《用于技术设计的人体测量基础项目》(替代 GB 3975—1983《人体测量术语》和 GB 5703—1985《人体测量方法》)和 GB/T 5704—2008《人体测量仪器》等我国的国家标准，可以展开人机工程学使用的有关人体尺度的测量。

现行的人体尺寸测量数据仍是自 1989 年 7 月开始实施的我国成年人人体尺度国家标准，即 GB 10000—1988《中国成年人人体尺寸》。该标准根据人机工程学要求提供了我国成年人人体尺寸的基础数据，它适用于工业产品设计、建筑设计、军事工业以及工业的技术改造、设备更新及劳动安全保护。在该标准中共列出 47 项我国成年人人体尺寸基础数据，按男、女性别分开，且分三个年龄段：18～25 岁(男、女)、26～35 岁(男、女)、36～60 岁(男)、55 岁(女)，用七幅图分别表示项目的部位，并用表列出其相应的百分位数。

(1) 人体主要部位及尺寸分别如图 3-1 和表 3-2 所示。

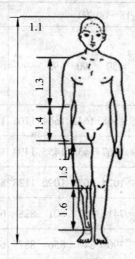

图 3-1 人体主要部位

表 3-2 人体主要尺寸

数据 项 目	年龄分组 百分位 数/(%)	男(18～60 岁)							女(18～55 岁)						
		1	5	10	50	90	95	99	1	5	10	50	90	95	99
1.1 身高/mm		1543	1583	1604	1678	1754	1775	1814	1449	1484	1503	1570	1640	1659	1697
1.2 体重/kg		44	48	50	59	70	75	83	39	42	44	52	63	66	71
1.3 上臂长/mm		279	289	294	313	333	338	349	252	262	267	284	303	302	319
1.4 前臂长/mm		206	216	220	237	253	258	268	185	193	198	213	229	234	242
1.5 大腿长/mm		413	428	436	465	496	505	523	387	402	410	438	467	476	494
1.6 小腿长/mm		324	338	344	369	396	403	419	300	313	319	344	370	375	390

(2) 立姿人体部位及尺寸分别如图 3-2 和表 3-3 所示。

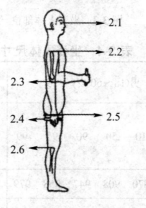

图 3-2 立姿人体部位

表 3-3　立姿人体尺寸

数据　项目	男(18~60岁)							女(18~55岁)						
百分位数/(%)	1	5	10	50	90	95	99	1	5	10	50	90	95	99
2.1　眼高/mm	1436	1474	1495	1568	1643	1664	1705	1337	1371	1388	1454	1522	1541	1579
2.2　肩高/mm	1244	1281	1299	1367	1435	1455	1494	1166	1195	1211	1271	1333	1350	1385
2.3　肘高/mm	925	954	968	1024	1079	1096	1128	873	899	913	960	1009	1023	1050
2.4　手功能高/mm	656	680	693	741	787	801	828	630	650	662	704	746	757	778
2.5　会阴高/mm	701	728	741	790	840	856	887	648	673	686	732	779	792	819
2.6　胫骨点高/mm	394	409	417	444	472	481	498	363	377	384	410	437	444	459

(3) 坐姿人体部位及尺寸分别如图 3-3 和表 3-4 所示。

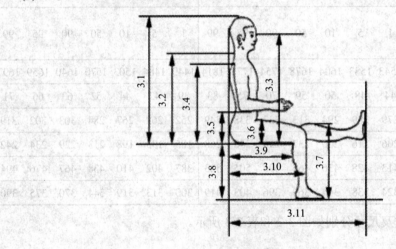

图 3-3　坐姿人体部位

表 3-4　坐姿人体尺寸

数据　项目	男(18~60岁)							女(18~55岁)						
百分位数/(%)	1	5	10	50	90	95	99	1	5	10	50	90	95	99
3.1　坐高/mm	836	858	870	908	947	958	979	789	809	819	855	891	901	920
3.2　坐姿颈椎点高/mm	599	615	624	657	691	701	719	563	579	587	617	648	657	675

续表

数据 项目	年龄分组 百分位 数/(%)	男(18～60 岁)							女(18～55 岁)						
		1	5	10	50	90	95	99	1	5	10	50	90	95	99
3.3 坐姿眼高/mm		729	749	761	798	836	847	868	678	695	704	739	773	783	803
3.4 坐姿肩高/mm		539	557	566	598	631	641	659	504	518	526	556	585	594	609
3.5 坐姿肘高/mm		214	228	235	263	291	298	312	201	215	223	251	277	284	299
3.6 坐姿大腿厚/mm		103	112	116	130	146	151	160	107	113	117	130	146	151	160
3.7 坐姿膝高/mm		441	456	461	493	523	532	549	410	424	431	458	485	493	507
3.8 小腿加足高/mm		372	383	389	413	439	448	463	331	342	350	382	399	405	417
3.9 坐深/mm		407	421	429	457	486	494	510	388	401	408	433	461	469	485
3.10 臀膝距/mm		499	515	524	554	585	595	613	481	495	502	529	561	570	587
3.11 坐姿下肢长/mm		892	921	937	992	1046	1063	1096	826	851	865	912	960	975	1005

(4) 人体水平部位及尺寸分别如图 3-4 和表 3-5 所示。

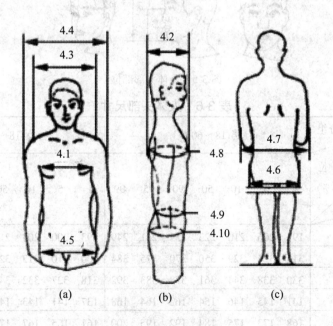

图 3-4　人体水平部位

表3-5　人体水平尺寸

数据 项目	年龄分组 百分位 数J/(%)	男(18~60岁)							女(18~55岁)						
		1	5	10	50	90	95	99	1	5	10	50	90	95	99
4.1	胸宽/mm	242	253	259	280	307	315	331	219	233	239	260	289	299	319
4.2	胸厚/mm	176	186	191	212	237	245	261	159	170	176	199	230	239	260
4.3	肩宽/mm	330	344	351	375	397	403	415	304	320	328	351	371	377	387
4.4	最大肩宽/mm	383	398	405	431	460	469	486	347	363	371	397	428	438	458
4.5	臀宽/mm	273	282	288	306	327	334	346	275	290	296	317	340	346	360
4.6	坐姿臀宽/mm	284	295	300	321	347	355	369	295	310	318	344	374	382	400
4.7	坐姿两肘间宽/mm	353	371	381	422	473	489	518	326	348	360	404	460	478	509
4.8	胸围/mm	762	791	806	867	944	970	1018	717	745	760	825	919	949	1005
4.9	腰围/mm	620	650	665	735	859	895	960	622	659	680	772	904	950	1025
4.10	臀围/mm	780	805	820	875	948	970	1009	795	824	840	900	975	1000	1044

(5) 人体头部部位及尺寸分别如图3-5和表3-6所示。

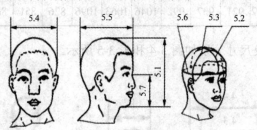

图3-5　人体头部部位

表3-6　人体头部尺寸

数据 项目	年龄分组 百分位 数J/(%)	男(18~60岁)							女(18~55岁)						
		1	5	10	50	90	95	99	1	5	10	50	90	95	99
5.1	头全高/mm	199	206	210	223	237	241	249	193	200	203	216	228	232	239
5.2	头矢状弧/mm	314	324	329	350	370	375	384	300	310	313	329	344	349	358
5.3	头冠状弧/mm	330	338	344	361	378	383	392	318	327	332	348	366	372	381
5.4	头最大宽/mm	141	145	146	154	162	164	168	137	141	143	149	156	158	162
5.5	头最大长/mm	168	173	175	184	192	195	200	161	165	167	176	184	187	191
5.6	头围/mm	525	536	541	560	580	586	597	510	520	525	546	567	573	585
5.7	形态面长/mm	104	109	111	119	128	130	135	97	100	102	109	117	119	123

(6) 人体手部部位及尺寸分别如图 3-6 和表 3-7 所示。

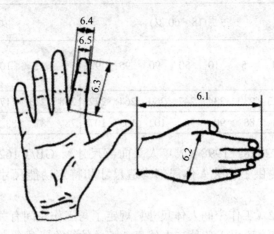

图 3-6   人体手部部位

表 3-7   人体手部尺寸

年龄分组 百分位 数据 数/(%) 项目	男(18～60 岁)							女(18～55 岁)						
	1	5	10	50	90	95	99	1	5	10	50	90	95	99
6.1 手长/mm	164	170	173	183	193	196	202	164	170	173	183	193	196	202
6.2 手宽/mm	73	76	77	82	87	89	91	67	70	71	76	80	82	84
6.3 食指长/mm	60	63	64	69	74	76	79	57	60	61	66	71	72	76
6.4 食指近位指关节宽/mm	17	18	18	19	20	21	21	15	16	16	17	18	19	20
6.5 食指远位指关节宽/mm	14	15	15	16	17	18	19	13	14	14	15	16	16	17

(7) 人体足部部位及尺寸分别如图 3-7 和表 3-8 所示。

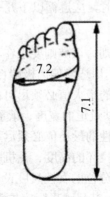

图 3-7   人体足部部位

表 3-8 人体足部尺寸

年龄分组 百分位 数据 数/(%) 项目	男(18~60 岁)							女(18~55 岁)						
	1	5	10	50	90	95	99	1	5	10	50	90	95	99
7.1 足长/mm	223	230	234	247	260	264	272	208	213	217	229	241	244	251
7.2 足宽/mm	86	88	90	96	102	103	107	78	81	83	88	93	95	98

此外，还有 GB/T 2428—1998《成年人头面部尺寸》、GB/T 16252—1996《成年人手部号型》等国家标准提供了相关人体局部构造尺寸和特定功能尺寸的数据，可供设计时参考。

GB/T 13547—1992《工作空间人体尺寸》规定了与工作空间有关的中国成年人基本静态姿势人体尺寸的数值，可用于各种与人体尺寸相关的操作、维修、安全防护等工作空间的设计及其工效学评价。

在设计中，许多尺寸还应考虑人的重心问题。重心是考虑全部重量集中作用的点，例如，栏杆设计的高度应该高于人的重心。理论上，如果人身高为 100 cm，人体重心则为 56 cm；如果平均身高为 163 cm，重心高度则为 92 cm。考虑到栏杆必须高于最高身材的人的重心，应取高百分位的数据，因此取 110 cm 较好。一般来说，每个人的重心位置不同，主要是受身高、体重和体格的不同的影响。此外，重心还随人体位置和姿态的变化而不同。

3.1.3 人体尺度数据的应用

产品及设备的设计是否合理，与正确使用人体数据有着很大的关系。数据使用不当，会造成很严重的设计失误。同时，所测得的各种人体测量数据，只是为设计提供了基础数据，并未给出明确的设计思路。因此，熟知数据适用条件、百分位数选择等方面的知识，是正确应用数据的前提。GB/T 12985—1991《在产品设计中应用人体尺寸百分位数的通则》对此进行了详细规定。

1. 运用准则

在运用人体测量数据进行设计时，应遵循以下几个准则：

1) 最大最小准则

最大最小准则又称极端设计原则，该准则要求在不涉及使用者健康和安全时，设计应该尽量适合于尽可能多的使用者，选用适当偏离极端百分位的第 5 百分位和第 95 百分位作为界限值较为恰当。当某设计特性的最大值必须尽可能满足所有人时，应按照人体尺度的最大值进行设计，如门的高度、公共过道的宽度、承重设施的载重量等，通常按照第 95 百分位的男性尺度设计；当某设计特性的最小值必须尽可能满足所有人时，应按照人体尺度的最小值进行设计，如公共汽车上拉环的高度、飞机舱内座位到控制器的距离、操作门把手所需的力量等，通常按照第 5 百分位的女性尺度设计。当人体尺度在上述界限值之外时可能会危害其健康或增加事故危险，其尺寸界限应扩大到第 1 百分位和第 99 百分位，如运转着的工业机械旁的作业空间、操作者到紧急制动杆的距离等。

2) 可调性准则

对与健康安全关系密切或减轻作业疲劳的设计应按可调性准则设计，即在使用对象群体的 5%～95%可调。为了使设计适合于尽可能多的使用者，有时会使设计对象的特定性质在一定范围可以调整，如头盔、汽车驾驶室内座椅的前后位置和靠背倾角等，此时通常使用从第 5 百分位的女性尺度到第 95 百分位的男性尺度作为可调整的范围。由于男性和女性的身体尺寸存在重叠部分，这一可调范围能满足 95%的人的尺度。

3) 平均准则

虽然在大部分产品、用具设计中使用平均数这一概念不太合理，但诸如锁孔离地高度、锤子和刀的手柄等，常用平均值进行设计更合理。同理，在设计肘部平放高度时，如办公桌的高度，主要考虑是能使手臂得到舒适的休息，故选用第 50 百分位数据是合理的。

GB/T 12985—1991《在产品设计中应用人体尺寸百分位数的通则》将产品按所用百分位数的不同分为 Ⅰ 型、Ⅱ 型、Ⅲ 型三类，如表 3-9 所示。

表 3-9　人体尺寸百分位数选择

产品类型	产品类型定义	说　明
Ⅰ 型产品尺寸设计	需要两个百分位数作为尺寸上限值和下限值的依据	属双限值设计
Ⅱ 型产品尺寸设计	只需要一个百分位数作为尺寸上限值或下限值的依据	属单限值设计
Ⅱ A 型产品尺寸设计	只需要一个人体尺寸百分位数作为尺寸上限值的依据	属大尺寸设计
Ⅱ B 型产品尺寸设计	只需要一个人体尺寸百分位数作为尺寸下限值的依据	属小尺寸设计
Ⅲ 型产品尺寸设计	只需要第 50 百分位数作为产品尺寸设计的依据	平均尺寸设计

如 Ⅰ 型产品设计中，在设计汽车驾驶员的可调式座椅的调节范围时，为了使驾驶员的眼睛位于最佳位置、获得良好的视野以及方便地操纵驾驶盘及踩刹车，高身材驾驶员可将座椅调低和调后，低身材驾驶员可将座椅调高和调前，因此对于座椅高低调节范围的确定可取眼高的 x_{95} 和 x_5 为上、下限值的依据，对于座椅前后调节范围的确定可取臀膝距的 x_{95} 和 x_5 为上、下限值的依据。在 Ⅱ A 型产品设计中，在设计门的高度、床的长度时，只需考虑到高身材的人的需要，那么对低身材的人使用时必然不会产生问题，所以应取身高的 x_{90} 为上限值的依据；为了确定防护可伸达危险点的安全距离时，应取人相应部位的可达距离的 x_{99} 为上限值的依据。在 Ⅱ B 型产品设计中，在确定工作场所采用的栅栏结构、网孔结构或孔板结构的栅栏间距时，网、孔直径应取人的相应肢体部位的厚度的 x_1 为下限值的依据。在 Ⅲ 型产品设计中，在进行门的把手或开关在房间墙壁上离地面的高度设计时，都分别只确定一个高度供不同身材的人使用，所以应平均地取肘高的 x_{50} 为产品尺寸设计的依据。

4) 使用最新人体数据准则

所有国家的人体尺度都会随着年代、社会经济的变化而不同。因此，应使用最新的人体数据进行设计。

5) 地域性准则

一个国家的人体参数与地理区域分布、民族等因素有关，设计时必须考虑产品使用区域和民族分布等因素。

6) 功能修正与最小心理空间相结合准则

有关国家标准公布人体数据是在裸体或穿单薄内衣的条件下测得的，且测量时不穿鞋。而设计中所涉及的人体尺度是在穿衣服、穿鞋甚至戴帽条件下的人体尺寸。因此，在考虑有关人体尺寸时，必须给衣服、鞋、帽留下适当的余量。于是，产品的最小功能尺寸可由下式确定：

$$S_{min} = S_a + \Delta_f \tag{3-2}$$

式中：S_{min} 为最小功能尺寸；S_a 为第 a 百分位人体尺寸数据；Δ_f 为功能修正量。

功能修正量与产品的类别有关，大部分为正值，有的也可能为负值。通常用实验方法去求得功能修正量，但也可以通过统计数据获得。对于着装和穿鞋修正量可参照表 3-10 中的数据确定。姿势修正量的常用数据是：立姿时的身高、眼高减 10 mm；坐姿时的坐高、眼高减 44 mm。考虑操作功能修正量时，应以上肢前展长为依据，而上肢前展长是后背至中指尖点的距离。此外，对操作不同功能的控制器应做不同的修正，如对按钮开关可减 12 mm；对推滑板推钮、搬动搬钮开关则减 25 mm。

表 3-10　正常人着装身材尺寸和穿鞋修正量值

项　目	尺寸修正量/mm	修正原因
站姿高	25～38	鞋高
坐姿高	3	裤厚
站姿眼高	36	鞋高
坐姿眼高	3	裤厚
肩宽	13	衣
胸宽	8	衣
胸厚	18	衣
腹厚	23	衣
立姿臀宽	13	衣
坐姿臀宽	13	衣
肩高	10	衣（包括坐高 2 及肩 7）
两肘肩宽	20	
肩—肘	8	手臂弯曲时，肩肘部衣物压紧
臀—手	5	
大腿厚	13	
膝宽	8	
膝高	33	
臀—膝	5	
足宽	13～20	
足长	30～38	
足后跟	25～38	

另外，为了避免人们在心理上产生"空间压抑感""高度恐惧感"等心理感受，或者为了满足人们"求美""求奇"等心理需求，在产品最小功能尺寸上附加一项增量，称为心理修正量。如在护栏高度设计时，对于 3000～5000 mm 高的工作平台，只要栏杆高度略为高过人体重心，就不会发生因人体重心高所致的跌落事故，但对于高度更高的平台来说，操作者在这样高的平台栏杆处时，因恐惧心理而导致足部发"酸、软"，手掌心和腋下出"冷汗"，患恐高症的人甚至会晕倒，因此只有将栏杆高度进一步加高才能克服上述心理障碍。这项附加的加高量便属于"心理修正量"。考虑了心理修正量的产品功能尺寸称为最佳功能尺寸：

$$S_{opm} = S_a + \Delta_f + \Delta_p \tag{3-3}$$

式中：S_{opm} 为最佳功能尺寸；S_a 为第 a 百分位人体尺寸数据；Δ_f 为功能修正量；Δ_p 为心理修正量。

心理修正量可用实验方法求得，一般是通过被试者主观评价表的评分结果进行统计分析求得的。

例 3-1 由于巷道高 3.5 m，软分层又发育在 2.8～3.1 m 之间，如图 3-8 所示，为了在软分层中进行预测预报(效检)工作，必须在巷道前方留一个台阶，而合理的台阶高度应在充分考虑安全人机的前提下进行设计。

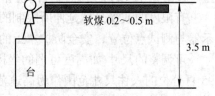

图 3-8 打钻台阶高度预测示意图

解 根据人体数据运用准则应选用中国男子立姿肘高第 99 百分位数和肩高第 99 百分位数为基本参数，由表 3-2 可知，两者分别为 $S_{a1} = 1.13$ m，$S_{a2} = 1.49$ m。功能修正量主要考虑鞋跟高的修正量，一般为 1.0～2.5 cm，取 1.0 cm。心理修正量主要考虑预测员肘部和手臂的活动取 10.0 cm。综上考虑，预测员的合理打钻高度应为

$$S_{肘} = S_{a1} + \Delta_f + \Delta_p = 1.13 + 0.01 + 0.10 = 1.24 \text{ m}$$

$$S_{肩} = S_{a2} + \Delta_f - \Delta_p = 1.49 + 0.01 - 0.10 = 1.40 \text{ m}$$

那么，合理的台阶高度就应为

$$S_{台 min} = S_{总} - S_{软} - S_{肩} = 3.5 - 0.4 - 1.40 = 1.70 \text{ m}$$

$$S_{台 max} = S_{总} - S_{软} - S_{肘} = 3.5 - 0.4 - 1.24 = 1.86 \text{ m}$$

7) 标准化准则

使用标准数据可以使设计规范化，简化设计工作、生产工艺，提高零部件的互换性。

8) 姿势与身材相关联准则

劳动姿势与身材大小要综合考虑、不能分开。如坐姿或蹲姿的宽度设计要比立姿的大。

9) 合理选择百分位和适用度准则

设计目标不同，选用的百分位和适应度也不同。常见设计的人体数据百分位选择归纳如下：

(1) 间距类设计：一般取较高百分位数据，常取第 95 百分位的人体数据。

(2) 净空高度类设计：一般取高百分位数据，常取第 99 百分位的人体数据以尽可能适应 100% 的人。

(3) 属于可及距离类设计：一般应使用低百分位数据。如伸手够物、立姿侧向手握距

离、坐姿垂直手握高度等设计皆属此类问题。

(4) 座面高度类设计：一般取低百分位数据，常取第 5 百分位的人体数据。原因是座面太高，大腿会受压使人感到不舒服。

(5) 隔断类设计：如果设计目的是为了保证隔断后面人的秘密性，应使用第 95 或更高百分位数据；反之，如果是为了监视隔断后的情况，则应使用低百分位(第 5 百分位或更低百分位)数据。

(6) 公共场所工作台面高度类设计：如果没有特别的作业要求，一般以肘部高度数据为依据，百分位常取从女子第 5 百分位(88.9 cm)到男子第 95 百分位(111.8 cm)数据。

2. 人体测量数据选用的注意事项

设计和确定作业空间尺寸的根据，必须保证至少 90%的用户的适应性、兼容性、操作性和维护性，即人体主要尺寸的设计极限应根据第 5~95 百分位数的值确定。

必须适应或允许身体某些部分通过的空间尺寸(如通道、出入口、防触及危险部位的安全距离等)，应以第 95 百分位的值作为适用的人体尺寸。

有限度的或受身体延伸所限制的空间尺寸(如抓握物体的可及距离、控制器的位移、显示器与测试点位置、安全防护罩上的空隙等)，应以第 5 百分位的值作为适用的人体尺寸。

可调整的尺寸(如高度可调的坐椅、工作台、控制器、安全带等)应以第 5 百分位至第 95 百分位的人体尺寸范围作为高速范围适用的人体尺寸；当只能用一种中等尺寸供群体使用时(如墙壁上的开关高度、门上把手尺寸等)，应以第 50 百分位数作为适用的人体尺寸。

明确尺寸的适用范围，如适用的国家、地区、民族、年龄、性别、职业及社会阶层等；否则，盲目选用，设计出的产品适用性较差。

人体测量数据应用应注意人体尺寸的变化。一方面从事某种工作的劳动人群的身材有变化时，其最佳适应尺寸也应随之改变；另一方面，世界各国人体身高有增加的趋势，近20 年来，世界各国人体的身高平均每 10 年增加 1 cm，我国的人体身高增加更快，因此，在收集或选用人体尺寸资料时，应注意这种现象。

3. 人体尺度在工程设计中的应用

人体尺度应用的原则(从工程设计应用角度讲)。上面已经介绍了人体测量尺度运用原则，下面再从工程设计应用角度做进一步介绍。

(1) 满足度：满足度是产品设计尺寸满足特定使用者群体的百分率。也就是说从人体工程学角度看，所设计的产品适合多少人。

(2) 产品尺寸设计任务的分类：

① Ⅰ型产品尺寸设计(就是上面已介绍的可调准则)：尺寸在上限值和下限值之间可调，上限和下限百分位分别为 5%和 95%时，满足度为 90%。

② Ⅱ型产品尺寸设计(最大最小准则)：为了使人体测量数据能有效地被设计者利用，从以上各节所介绍的大量人体测量数据中，精选出部分工业设计常用的数据，并将这些数据的定义、应用条件、选择依据等列于表 3-8 中。

4. 人体尺寸的应用方法和程序

1) 确定所设计对象的类型和适应度

涉及人体尺寸的设计、确定设计对象的功能尺寸的主要依据是人体尺寸百分位数，而人体百分位数的选用又与设计对象的类型密切相关。因此,凡涉及人体尺寸的设计,首先应确定所设计的对象是属于哪一类型。在 GB/T 1985—1991 标准中,依据使用者人体尺寸的设计上限值(最大值)和下限值(最小值)对产品尺寸设计进行了分类,产品类型的名称及其定义如表 3-11 所示。

表 3-11 产品尺寸设计分类

设计类型	产品重要程度	百分位数的选择	适应度
Ⅰ 型		选用户 x_{99} 和 x_1 作为尺寸上、下限值的依据; 选用 x_{99} 和 x_5 作为尺寸上、下限值的依据	98%, 90%
Ⅱ A 型	涉及人的安全、健康的一般用途	选用 x_{99} 和 x_{95} 作为尺寸上限值的依据; 选用 x_{90} 作为尺寸上限值的依据	99%或95%, 90%
Ⅱ B 型		选用户 x_1 和 x_5 作为尺寸下限值的依据; 选用 x_{10} 作为尺寸下限值的依据	99%或95%, 90%
Ⅲ型产品	一般用途	选用 x_{50} 作为产品尺寸设计的依据	通用
成年男、女通用产品		选用男性 x_{99}、x_{95} 或 x_{90} 作为尺寸上限值的依据; 选用女性 x_1、x_5 或 x_{10} 作为尺寸下限值的依据	通用

2) 选择人体尺寸百分位数

对表 3-11 中尺寸设计类型,又按产品的重要程度分为涉及人的安全、健康的产品和一般用途两个等级。在确认所设计的产品类型及其等级之后,选择人体尺寸百分位数的依据是适用度。人机工程学设计中的适用度,是指所设计产品在尺寸上能满足多少人使用,通常以适合使用的人数占使用者群体的百分比表示。产品尺寸设计的类型、等级、适用度与人体尺寸百分位数的关系参见表 3-11 和人体数据运用准则。

表 3-11 中给出的适应度指标是通常选用的指标,特殊设计其适应度指标可另行确定。设计者总是希望设计的产品能满足特定使用者总体中所有的人使用,尽管这在技术上是不可行的,但在经济上往往是不合算的。因此,适应度的确定应根据所设计产品使用者总体的人体尺寸差异性、制造该类产品技术上的可行性和经济上的合理性等因素进行综合优化。

需要进一步说明的是,在设计时虽然确定了某一适应度指标,但用一种尺寸规格的产品却无法达到这一要求,在这种情况下,可考虑采用产品尺寸系列化和产品尺寸可调节性设计解决。

5. 确定产品的功能尺寸

产品功能尺寸是指为了确保实现产品某一功能而在设计时规定的产品尺寸。该尺寸通常是以设计界限值确定的人体尺寸为依据,再加上为确保产品某项功能实现所需的修正量。产品功能尺寸有最小功能尺寸和最佳功能尺寸两种,分别由式(3-2)和式(3-3)计算。

例 3-2 试合理确定适用于中国男人使用的固定座椅座面高度。

解 确定座椅座面高度属于一般用途设计。根据人体数据运用准则,座椅座面高度应取第 5 百分位的"小腿加足高"人体数据 $S_a = 38.3$ cm 为基本设计数据,以防大腿下面承受压力引起疲劳和不舒适。功能修正主要应考虑两方面：一是鞋跟高的修正量，一般为 2.5～3.8 cm，取 2.5 cm；另一方面是着装(裤厚)修正量，一般为 0.3 cm。即 $\Delta_f = 2.5 + 0.3 = 2.8$ cm。由公式(3-2)可得固定座椅座面高度的合理值应为

$$H_{opm} = S_a + \Delta_f = 38.3 + 2.8 = 41.1 \approx 41.0 \text{ cm}$$

6. 人体身高在设计中的应用方法

为了简化设计，并实现人机系统操作方便、舒适宜人，各种工作面的高度、建筑室内通道空间高度、设备及家具高度，如操纵台、仪表盘，操纵件的安装高度以及用具的设置高度等，常根据人的身高来概算确定。以身高为基准确定工作面高度、设备和用具高度的方法，通常是把设计对象归成各种典型的类型，并建立设计对象的高度与人体身高的比例关系，以供设计时选择和查用。图 3-9 所示是以身高为基准的设备和用具的尺寸概算图，图中各代号的含义如表 3-12 所示。

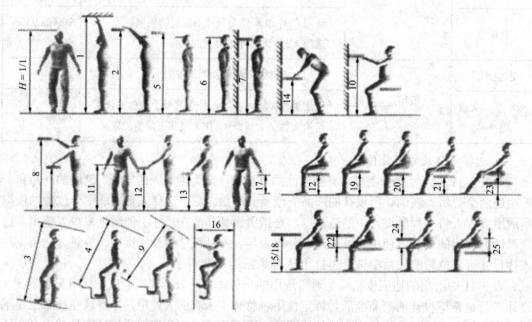

图 3-9　以身高 H 为基准的设备和用具尺寸概算图

表 3-12　设备、用具及通道高度与身高的关系

代号	定　义	设备高与身高之比
1	举手达到的高度	4/3
2	可随意取放东西的搁板高度(上限值)	7/6
3	倾斜地面的顶棚高度(最小值，地面倾斜度为 5°～15°)	8/7
4	楼梯的顶棚高度(最小值，地面倾斜度为 25°～35°)	1/1
5	遮挡住直立姿势视线的隔板高度(下限值)	33/34
6	直立姿势眼高	11/12
7	抽屉高度(上限值)	10/11

代号	定　义	设备高与身高之比
8	使用方便的搁板高度(上限值)	6/7
9	斜坡大的楼梯的天棚高度(最小值，倾斜度为 50° 左右)	3/4
10	能发挥最大拉力的高度	3/5
11	人体重心高度	5/9
12	采取直立姿势时工作面的高度	6/11
	坐高(坐姿)	
13	灶台高度	10/19
14	洗脸盆高度	4/9
15	办公桌高度(不包括鞋)	7/17
16	垂直踏棍爬梯的空间尺寸(最小值，倾斜 80°～90°)	2/5
17	手提物的长度(最大值)	3/8
	使用方便的搁板高度(下限值)	
18	桌下空间(高度的最小值)	1/3
19	工作椅的高度	3/13
20	轻度工作的工作椅高度*	3/14
21	小憩用椅子高度*	1/6
22	桌椅高差	3/17
23	休息用的椅子高度*	1/6
24	椅子扶手高度	2/13
25	工作用椅子的椅面至靠背点的距离	3/20

说明：上述尺寸均未考虑着装和穿鞋袜修正量，若穿鞋袜 +2.5 cm；* 为座位基点的高度。

3.1.4　人体模板

根据人体尺度进行人机工程设计和检测时，经常使用人体模板。人体模板是根据标准人体尺寸，按照 1∶1、1∶5 或其他实际需要的比例，用塑料板等材料制成的各关节均可活动的裸体穿鞋二维人体模型。《人体模板设计和使用要求》(GB/T 15759—1995)标准提供了设计用人体外形模板的尺寸数据和图样，成套的标准人体模板也已作为一种设计的辅助工具出售。《坐姿人体模板功能设计要求》(GB/T 14779—1993)标准规定了三种身高等级的成年人坐姿模板的功能设计基本条件：功能尺寸、关节功能活动角度和使用条件。目前在美国、德国、日本等国家，人体模板作为一种有效的辅助设计手段，已被广泛应用于人机系统设计中，如图 3-10 所示。

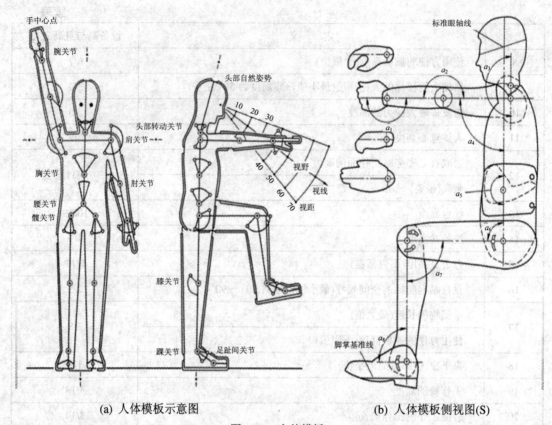

(a) 人体模板示意图　　　　　　　　(b) 人体模板侧视图(S)

图 3-10　人体模板

　　人体模板可在侧视图上演示关节的多种功能，但不能演示侧向外展和转动。各肢体上标出的基准线(参见图中的细实线)，用以确定关节角，这些角度可由人体模板相应位置的刻度盘上读出。人体模板上带有角刻度的人体关节活动范围(调节范围)，包括健康人在韧带和肌肉不超过负荷的情况下所能达到的位置。

　　人体模板主要用于辅助工程制图、辅助设计、辅助演示或模拟测试。使用时根据需要，可将选定的人体模板放置于实际的作业空间或设计图样的相关位置上，用以确定人体有关部位在纵平面内的可及范围。例如，对于坐姿安装工作系统的设计，借助于人体模板，即可方便地得到适合不同人体尺寸等级的人在生产区域中的工作面高度、坐平面高度、脚踏板高度这样一组相互关联的尺寸数据，进而为工作台、座椅、脚踏板的设计提供可靠依据。

　　显然，借助于人体模板亦可演示操作形态，校核、测试设计的可行性与合理性。在小汽车、载重汽车、拖拉机等驾驶室的设计中，均可利用人体模板演示座椅、操纵装置、显示装置与人体操作姿势的配合是否处于最佳状态，校核驾驶室空间尺寸以及各种装置的安装位置是否合适。

　　随着计算机技术的进步，目前的人体模板已经发展为三维数字人体模型，三维数字人体模型不但可以储存大量人体尺度的详细数据，自动计算生成处于特定百分位的使用者的三维模型，还可以在虚拟环境中模拟真实情况下人的运动和操作，按照不同的透视角度加以观察。另外，结合生物机械学原理，还可以分析控制的力量、人体关节的应力等，如图3-11 所示。

图 3-11　虚拟人系统 IACK

美国宾夕法尼亚大学人体仿真与建模中心(Centre for Human Modeling and Simulation)研制的虚拟合成软件系统 IACK 具有完全关节化的虚拟人体,可以在三维环境中实时控制其运动,虚拟人具有真实的运动自由度,每个关节的运动范围有真实的解剖学模型;有不同精度的虚拟人体模型;可以对虚拟人体模型进行动力学分析;有完全关节化的虚拟人手,可以实现接触与抓取等手的精细行为;可以快速生成事件或人体行为的动画并实时预览……该软件可以将导入设计好的 CAD 模型作为虚拟世界,并在其中放入多个虚拟人,控制他们的行动,以此在图形工作站上支持虚拟人的定义、定位、动画以及人的因素分析。

3.2　人的生理特征

人体是由各种器官组成的有机整体,各种器官具有各自的功能。机体在生存过程中表现出的功能活动称为生命现象。从形态和功能上将机体划分为运动系统、消化系统、呼吸系统、泌尿系统、生殖系统、循环系统、内分泌系统,感觉系统和神经系统共九个子系统。

3.2.1　神经系统的组成及其功能

全身各器官、系统都是在神经系统的统一控制和调节下,互相影响、互相协调,保证机体的整体统一及其与外界环境的相对平衡。人体神经系统分为两个部分。一部分是中枢神经,它由脑和脊髓组成;另一部分是周围神经。其具体组成如图 3-12 所示。

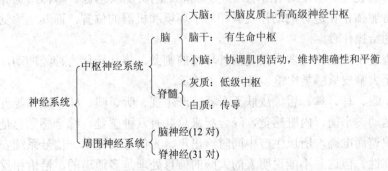

图 3-12　人体神经系统图

在人机系统中,人与机的沟通主要是通过感觉系统、神经系统和运动系统,人体的其他六个子系统起辅助和支持作用。机的运行状况由显示器显示,经人的眼、耳等感觉器官感知,经过神经系统的分析、加工和处理,将结果由人的手、脚等运动器官传递给机器的控制部件，使机在新的状态下继续工作。机的工作状态再次被显示器显示，再由人的感觉器官感知，如此循环直至中间任何环节中断而停止。人和机的沟通还受外界环境的影响。人机系统如图 3-13 所示，在人机系统中，人与机器及环境相互适应，显示器、控制器的设计符合人的感觉器官、运动器官的生理特性，才能建立安全高效的人机系统。

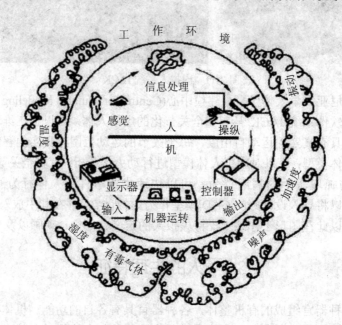

图 3-13　人机系统

3.2.2　感觉和知觉

1. 感觉

感觉是人脑对直接作用于感觉器官的事物个别属性的反映，感觉是人们了解外部世界的渠道，也是一切复杂心理活动的基础和前提。

感觉类型分为视觉、听觉、化学感觉(嗅觉和味觉)、皮肤感觉、本体感觉等。本体感觉能告知操作者躯体正在进行的动作及其相对于环境和机器的位置，而其他感觉能将外部环境的信息传递给操作者。

感觉的过程是指人的感觉器官接受内外环境的刺激，将其转化为神经冲动，通过传入神经，将其传至大脑皮质感觉中枢，便产生了感觉。

人的感觉由眼、耳、鼻、舌、皮肤五个器官产生视、听、嗅、味、触觉等五种感觉。除此以外还有运动、平衡、内脏感觉，综合起来总共有八种感觉。综合感觉总是比单一的某种感觉反应快速而准确，所以生产中同时给出声、光信号要比单一信号系统安全得多，因而提高了可靠性。但这并不能说明人的大脑的信息处理是多通道的，恰恰相反，它是单通道的。正如一个人不可能同时用左手画方、右手画圆或同时思考两件事一样。

感觉量(心理量)E 和刺激量 R 之间有下列对数关系：

$$E = k \lg R \tag{3-4}$$

其中，k 为常数。该式称为 Weber-Fechner 定律(韦伯-费其诺定律)。

2. 感觉的基本特性

1) 适宜刺激

外部环境中有许多物质的能量形式，人体的一种感觉器官只对一种能量形式的刺激特别敏感，能引起感觉器官有效反应的刺激称为该感觉器官的适宜刺激。如眼的适宜刺激为可见光，而耳的适宜刺激则为一定频率范围的声波，如表 3-13 所示。

表 3-13 人体感觉器官对刺激的反应及作用

感觉类型	感觉器官	适宜刺激	刺激起源	识别外界的特征	作用
视觉	眼	可见光	外部	色彩、明暗、形状、大小、位置、远近、运动方向等	鉴别
听觉	耳	一定频率范围的声波	外部	声音的强弱和高低，声源的方向和位置等	报警、联络
嗅觉	鼻腔顶部嗅细胞	挥发的和飞散的物质	外部	香气、臭气、辣气等挥发物的性质	报警、鉴别
味觉	舌面上的味蕾	被唾液溶解的物质	接触表面	甜、酸、苦、咸、辣等	鉴别
皮肤感觉	皮肤及皮下组织	物理和化学物质对皮肤的作用	直接和间接接触	触觉、痛觉、温度觉和压力等	报警
深部感觉	机体神经和关节	物质对机体的作用	外部和内部	撞击、重力和姿势等	调整
平衡感觉	半规管	运动刺激和位置变化	内部和外部	放置运动、直线运动和摆动等	调整

2) 感受性和感觉(感受)阈限

(1) 绝对感受性和绝对感受阈限：

① 产生感觉需要有达到一定强度的适宜刺激。刚刚能引起感觉的最小刺激量称为绝对感觉阈限的下限；感觉出最小刺激量的能力称为绝对感受性。

② 绝对感受性与绝对感觉阈限值成反比，即引起感觉所需要的刺激量越小也就是绝对感觉阈限的下限值越低，绝对感受性就越高，感觉越敏锐。

③ 若刺激量过大，超过了正常限度，将使感觉消失而引起痛觉，甚至造成感官的损伤。刚刚能产生正常感觉的最大刺激量称为绝对感觉阈限的上限。刺激量在上、下阈限之间才能引起感觉。例如：人眼只对波长 380~780 nm 的光波刺激产生反应，380 nm 和 780 nm 即为视觉的下、上阈限，波长在 380 nm 以下和 780 nm 以上的光波都不能引起视觉。

(2) 差别感受性和差别感觉阈限：

① 当两个不同强度的同类型刺激同时或先后作用于某一感觉器官时，它们在强度上的差别必须达到一定程度，才能引起人的差别感觉。

② 差别感觉阈限为刚刚能引起差别感觉的刺激之间的最小差别量，对最小差别量的感受能力则为差别感受性，两者成反比关系。

(3) 感受性应用。人的各种感觉器官感受能力的发展是不平衡的，而不同的职业又有各自不同方面的感受能力，如对音乐工作者，要求其具有较高的听觉分辨能力；对美术工作者及其某些行业的检验人员，要求其具有较高的视觉颜色分辨能力；而对自动化系统的监控人员，则要求视觉和听觉都有较高的感受性。

感受性对于职业的选择和工种的分配具有实际的价值和意义。

人的感觉能力又具有很大的发展潜力，经过训练后，某些方面的感受性可以获得极大的提高。

3) 感觉的适应

在同一刺激物的持续作用下，人的感受性发生变化的过程称为感觉的适应。这种适应现象，除痛觉外，几乎在所有感觉中都存在，但适应的表现和速度是不同的。除暗适应外，其余各种感觉适应大都表现为感受性逐渐下降乃至消失。

视觉适应中的暗适应约需 45 min 以上；明适应约需 1～2 min；听觉适应约需 15 min；味觉和嗅觉适应分别需约 30 s 和 2 s。

4) 相互作用

相互作用是指在一定的条件下，各种感觉器官对其适宜刺激的感受能力都将受到其他刺激的干扰影响而降低，由此使感受性发生变化的现象。

5) 对比

对比是指同一感受器官接受两种完全不同但属于同一类的刺激物的作用，而使感受性发生变化的现象。对比又分为同时对比(彩色对比、无彩色对比)、继时对比。

6) 余觉

余觉是指在刺激取消后，感觉可存在一极短时间的现象。

3. 知觉及知觉的基本特性

知觉(Consciousness)是人脑对直接作用于感觉器官的客观事物和主观状况整体的反映。

客观事物的各种属性分别作用于人的不同感觉器官，引起人的各种不同感觉，经大脑皮质联合区对来自不同感觉器官的各种信息进行综合加工，于是在人的大脑中产生了对各种客观事物的各种属性、各个部分及其相互关系的综合、整体的印象，这便是知觉。

不同的人对同一事物可能产生不同的知觉，在产品设计的过程中，设计师不仅要考虑人在知觉上的共性，还要考虑到人的知觉的差异性。

1) 知觉的整体性

把知觉对象的各种属性、各个部分认识看成一个具有一定结构的有机整体，这种特性称为知觉的整体性。

知觉的整体性可使人们在感知自己熟悉的对象时，只根据其主要特征可将其作为一个整体而被知觉。如见到建筑群中的冷水塔，电力工程师立即会将该建筑群知觉为一个热电厂。

2) 知觉的理解性

根据已有的知识经验去理解当前的感知对象，这种特性称为知觉的理解性。由于人们的知识经验不同，因此对知觉对象的理解也会有不同，与知觉对象有关的知识经验越丰富，对知觉对象的理解也就越深刻，如图 3-14 所示。

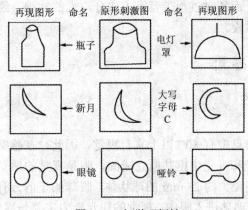

图 3-14　知觉理解性

3) 知觉的选择性

作用于感官的事物很多，但人不能同时感知作用于感官的所有事物或清楚地认识事物的全部。人们总是按照某种需要或目的，主动、有意识地选择其中少数事物作为认识对象，对它产生突出、清晰的知觉映像，而对同时作用于感官的周围其他事物则呈现隐退、模糊的知觉映像，从而成为烘托知觉(认识)对象的背景，这种特性称为知觉的选择性。

影响知觉选择性的因素：

(1) 对象和背景的差别。知觉对象与背景之间的差别越大，对象越容易从背景中区分出来。

(2) 运动的对象。在固定不变或相对静止的背景上，运动着的对象最容易成为知觉对象，如在荧光屏上显示的变化着的曲线。

(3) 人的主观因素。若任务、目的、知识、兴趣、情绪不同，则选择的知觉对象也不同。

4) 知觉的恒常性

人们总是根据已往的印象、知识、经验去知觉当前的知觉对象，当知觉的条件在一定范围内改变时，知觉对象仍然保持相对不变，这种特性称为知觉的恒常性。

(1) 大小恒常性：在天空中飞行的飞机，在视网膜中的映像是近大远小，但在知觉中它的大小是不变的。

(2) 形状恒常性：开启了不同角度的门。

(3) 明度、颜色恒常性：儿童画册中的太阳。

知觉的恒常性保证了人在变化的环境中，仍然按事物的真实面貌去知觉，从而更好地适应环境。

4. 感觉和知觉的关系和区别

从知觉的过程得知，客观事物是首先被感觉，然后才能进一步被知觉，所以知觉是在感觉的基础上产生的，感觉的事物个别属性越丰富、越精确，对事物的知觉也就越完整、越正确。感觉和知觉都是客观事物直接作用于感觉器官而在大脑中产生对客观事物所作用的反映。在生活和生产活动中，人都是以知觉的形式直接反映事物，而感觉只作为知觉的组成部分存在于知觉之中，很少有孤立的感觉存在，在心理学中称为感知觉。

感觉反映的是客观事物的个别属性，而知觉反映的是客观事物的整体。感觉的性质较多取决于刺激物的性质，而知觉过程带有意志成分，人的知识、经验、需要、动机、兴趣等因素直接影响知觉的过程。

3.2.3 视觉和本体感觉

1. 人的视觉及其特性

1) 人眼的构造

机体从外界获得的信息中有 80%以上来自视觉，因此，在感觉器官中视觉占有重要地位。视觉是由眼、视神经和视觉中枢共同完成的，眼是视觉的感受器官，眼睛的解剖如图3-15 所示，眼球是一个直径大约 23 mm 的球状体，眼球的正前方有玻璃体和一层透明组织叫角膜。光线从角膜和玻璃体进入眼内，视觉的屈光能力主要是靠角膜的弯曲形状形成的。眼球外层的其余部分是不透明的虹膜。虹膜在角膜的沿面，与睫状肌相连接。虹膜中央有一圆孔，叫瞳孔。瞳孔借虹膜的扩瞳肌和缩瞳肌的作用能够扩大和缩小。瞳孔后面是晶体。睫状肌控制晶体的薄厚变化，以改变屈光率。视网膜位于眼球后部的内层，是眼睛的感光部分，有视觉感光细胞——锥体细胞与杆体细胞。视网膜中央密集着大量的锥体细胞，呈黄色，叫黄斑。黄斑中央有一小凹，叫中央窝，它具备最敏锐的视觉，在视网膜中央窝大约 3 视角范围内只有锥体细胞，几乎没有杆体细胞。在黄斑以外杆体细胞数量增多，而锥体细胞大量减少。视网膜中央锥体细胞的数量决定了视觉的敏锐程度，视网膜边缘的杆体细胞主要在黑暗条件下起作用，同时还负责察觉物体的运动。来自物体的光线通过角膜、玻璃体、瞳孔、晶体聚焦在视网膜的中央窝。视网膜的锥体细胞及杆体细胞接受光刺激，转换为神经冲动，经由视神经传导到各视觉中枢。

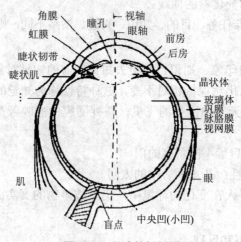

图 3-15　眼睛的解剖图

2) 人的视觉功能和特征

人能够产生视觉是由三个要素决定的，即视觉对象、可见光和视觉器官。可见光的波长范围在 $380 \times 10^{-9} \sim 780 \times 10^{-9}$ m，小于 380×10^{-9} m 为紫外线，大于 780×10^{-9} m 为红外线，均不引起视觉，除满足波长要求外，要引起人的视觉，可见光还要具有一定的强度。在安全人机工程设计中经常涉及人的视觉功能和特征有以下几个方面。

(1) 空间辨别。视觉的基本功能是辨别外界物体。根据视觉的工作特点，可以把视觉能力分为察觉和分辨。察觉是看出对象的存在；分辨是区分对象的细节，分辨能力也叫视敏度。两者要求不同的视觉能力。察觉不要求区分对象各部分的细节，只要求发现对象的存在。在暗背景上察觉明亮的物体主要决定于物体的亮度，而不完全决定于物体的大小。黑暗中的发光物体，只要有几个光量子射到视网膜上就可以被察觉出来。因此物体再小，只要它有足够的亮度就能被看见。因此为了察觉物体，在物体与背景的亮度相差大的条件下，刺激物的面积可以小些；反之，若刺激物的面积大时，它与背景的亮度差就可以小些，两者成反比关系。

视角是确定被观察物尺寸范围的两端光线射入眼球的相交角度。视角的大小与观察距离及被观测物体上两端点直线距离有关，可以用下式表示：

$$\alpha = 2\arctan \frac{D}{2L} \tag{3-5}$$

式中：α 为视角，用(°)表示，即$(1/60)°$；D 为被观测物体上两端点直线距离，单位为 m；L 为眼睛到被看物体的距离，单位为 m。

视敏度是能够辨出视野中空间距离非常小的两个物体的能力。为能够将两个相距很近的刺激物区分开来时，两个刺激物之间有一个最小的距离，这个距离所形成的视角就是这两个刺激物的最小区分阈限，又称为临界视角；其倒数即为视敏度。在医学上把视敏度叫做视力。视力单位为 $1/(')$。

$$视力 = \frac{1}{能够分辨的最小物体的视角} \tag{3-6}$$

检查视力就是测量视觉的分辨能力。一般将视力为 1.0 称为标准视力。在理想的条件下，大部分人的视力要超出 1.0，有的还可达到 2.0。

(2) 视野与视距。视野是指当头部和眼球固定不动时，所能看到的正前方空间范围，又称为静视野，常以角度表示。眼球自由转动时能看到的空间范围称为动视野。视野通常用视野计测量，正常人的视野如图 3-16 所示。

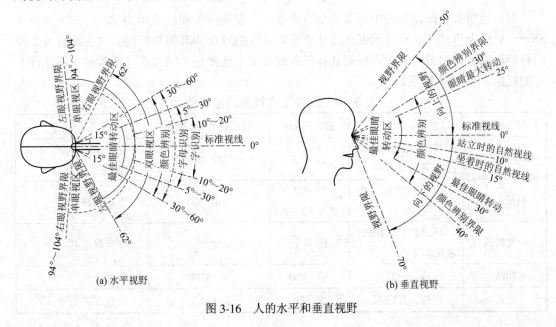

(a) 水平视野　　　　(b) 垂直视野

图 3-16　人的水平和垂直视野

在水平面内的视野是：双眼视区大约在左右 60°以内的区域，在这个区域里还包括字、字母和颜色的辨别范围，辨别字的视线角度为 10°～20°；辨别字母的视线角度为 5°～30°，在各自的视线范围以外，字和字母趋于消失。对于特定的颜色的辨别，视线角度为 30°～60°。人的最敏锐的视力是在标准视线每侧 1°的范围内；单眼视野界限为标准视线每侧 94°～104°，参见图 3-16(a)。

在垂直平面的视野是：假定标准视线是水平的，若定为 0°，则最大视区为视平线以上 50°、视平线以下 70°。颜色辨别界限为视平线以上 30°、视平线以下 40°。实际上人的自然视线是低于标准视线的，在一般状态下，站立时自然视线低于水平线 10°，坐着时低于水平线 15°；在很松弛的状态中，站着和坐着的自然视线偏离标准线分别为 30°和 38°。观看展示物的最佳视区在低于标准视线 30°的区域里，参见图 3-16(b)。

在同一光照条件下，用不同颜色的光测得的视野范围不同。白色视野最大，黄蓝色次之，再其次为红色，绿色视野最小。这表明不同颜色的光波能够被不同的感光细胞所感受，而且对不同颜色敏感的感光细胞在视网膜的分布范围也不同。人对不同颜色的视野如图 3-17 所示。

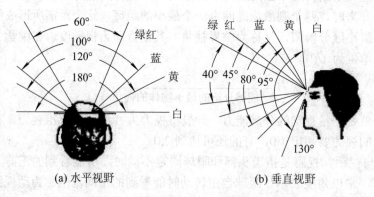

(a) 水平视野　　　　　　　　　(b) 垂直视野

图 3-17　人对不同颜色的视野

视距是指人在操作系统中正常的观察距离，一般操作的视距范围为 38～76 cm，而在 58 cm 处最为适宜。视距过远或过近都会影响认读的速度和准确性，而且观察距离与工作的精确程度密切相关，因而应根据具体任务的要求来选择最佳的视距。推荐使用的几种工作的视距如表 3-14 所示。

表 3-14　几种工作视距的推荐值

任务要求	举　例	视距离/cm	固定视野直径/cm	备　注
最精确工作	安装最小部件（表、电子元件）	12～25	20～40	完全坐着，部分地依靠视觉辅助手段
精细工作	安装收音机、电视机	25～35（多为 30～32）	10～60	坐着或站着
中等粗活	印刷机、钻井机、机床旁工作	50 以下	至 80	坐着或站着
粗活	包装、粗磨	50～150	30～250	多为站着
远看	黑板、开汽车	150 以上	250 以上	坐着或站着

(3) 暗适应和亮适应。当人们在光亮处停留一段时间后再进入暗室时，开始视觉感受性很低，然后才逐渐提高，经过 5～7 min 才逐渐看清物体，大约经过 30 min 眼睛才能基本适应，而完全适应大约需要 1 h。这种在黑暗中视觉感受性逐渐提高的过程叫暗适应。当人从黑暗处到光亮处，也有一个对光适应的过程，称为亮适应。亮适应在最初的 30 s 内进行很快，大约 1～2 min 就能基本上完成。暗适应和亮适应曲线如图 3-18 所示。

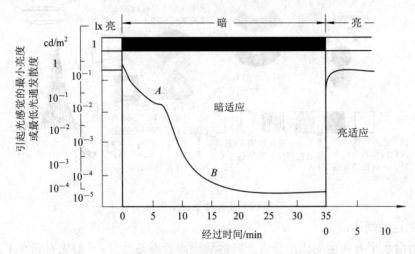

图 3-18　暗适应和亮适应曲线

视觉虽然具有亮暗适应特征，但如果亮暗变化过于频繁，眼睛需要频繁调节，也不能很快适应。这样不仅增加了眼睛的疲劳，而且观察和判断物体也容易出现错误，从而导致事故的发生。因此，必须要求工作面的亮度均匀，避免产生阴影；环境和信号的明暗差距变化平缓；工厂车间的局部照明和普通照明相差不要太过悬殊；从一个车间到另一个车间要经历一个车间到车间外面空旷地带由暗变亮的过程，再到另一个车间即由车间外的较亮处到较暗处，眼睛有由亮到暗的适应期。如果经常出入于两车间的工人应配给墨镜，特别是太阳光线很强的时候，更要加强对眼睛的防护。

(4) 对比感度。当物体与背景有一定的对比度时，人眼才能看清物体形状。对比的方式可以采用颜色，也可以采用亮度。人眼刚刚能辨别到物体时，背景与物体之间的最小亮度差称为临界亮度差。临界亮度差与背景亮度之比称为临界对比。临界对比的倒数称为对比感度。其关系式如下：

$$S_c = \frac{1}{C_p} \tag{3-7}$$

式中：C_p 为临界对比；S_c 为对比感度。

对比感度与照度、物体尺寸、视距和眼的适应情况等因素有关。在理想情况下，视力好的人临界对比约为 0.01，也就是其对比感度达到 100。

(5) 视错觉。视错觉是人观察外界物体形象和图形，所得的印象与实际形状和图形不一致的现象。这是视觉的正常现象。人们观察物体和图形时，由于物体或图形受到形、光、色干扰，加上人的生理、心理原因，会产生与实际不符的判断性视觉错误。美国亚利桑那州科罗拉多大峡谷的"魔鬼公路"之所以得此命名，就是因为在出事时段内公路与太阳光几乎平行，护栏前端受太阳光照射，护栏后部分是阴影，而且前方公路也恰好为黑色，导致司机无法注意到护栏的存在,直接冲向悬崖造成惨剧。常见的几种视觉错误如图 3-19 所示。

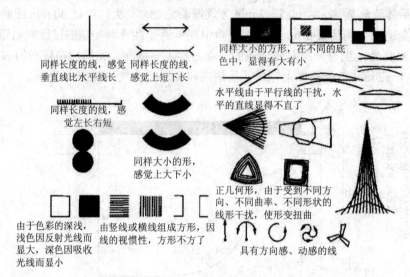

图 3-19　几种常见视觉错误

(6) 视觉运动规律:

① 眼睛沿水平方向运动比沿垂直方向运动快而且不易疲劳;一般先看到水平方向的物体,后看到垂直方向的物体。

② 视线的变化习惯从左到右、从上到下和顺时针方向运动。

③ 人眼对水平方向尺寸和比例的估计比对垂直方向尺寸和比例的估计要准确得多。

④ 当眼睛偏离视中心时,在偏移距离相等的情况下,人眼对左上限的观察最优,依次为右上限、左下限,而右下限最差。

⑤ 两眼的运动总是协调、同步的,在正常情况下不可能一只眼睛转动而另一只眼睛不动;在操作中一般不需要一只眼睛视物,而另一只眼睛不视物。

⑥ 人眼对直线轮廓比对曲线轮廓更易于接受。

⑦ 颜色对比与人眼辨色能力有一定关系。当人们从远处辨认前方的多种不同颜色时,其易于辨认的顺序是红、绿、黄、白。当两种颜色相配在一起时,易于辨认的顺序是:黄底黑字、黑底白字、蓝底白字、白底黑字。

2. 听觉

1) 听觉刺激

刚刚被健康人耳所听到的声音能量 E_0,在频率为 1000 Hz 时是 10^{-16} W/cm^2。刚刚被人耳区别开的差别阈值是 $\Delta E/E_0 = 1.26$。两个声音的差别阈值定义为一个分贝(dB)。E_0 是声能的参考水平,定义为 0 dB(分贝),则上述关系可写成下式:

$$1 \text{ dB} = 1.26E_0, \quad 10 \text{ dB} = (1.26)^{10}E_0, \quad 100 \text{ dB} = (1.26)^{100}E_0$$

单一振动频率的声音称为纯音。频率和谐的几个纯音的合成称为乐音;频率不和谐或杂乱无章组成的声音称为噪声。但是,在日常生活和生产中噪声的定义是"不需要的声音"。

2) 耳的结构

人耳的构造如图 3-20 所示。耳骨的杠杆构造有机械放大作用,可把振动放大 30 倍。

如果头部和声源相接触，则声音不经外耳和中耳直接由头骨传至内耳。

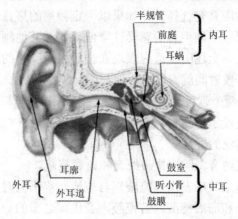

图 3-20 耳的构造

3) 听觉现象

(1) 听觉阈值。人耳的鼓膜不是对于一切振动都做出响应的。人耳一般只能听到 20～20 000 Hz 的声音，有些年轻人能听到 24 000 Hz 的声音。

人耳对 1000 Hz 的声音感受性最强。在 500 Hz 以下和 5000 Hz 以上的声音则需要更大的声强才能被感受到。当声强超过 140 dB 时，人耳将感到疼痛，叫痛阈。

声压是由于声波的存在而引起的压力增值，单位为 Pa。声波在空气中传播时形成压缩和稀疏交替变化，所以压力增值是正、负交替的。

响度是人耳判别声音由轻到响的强度等级概念，它不仅取决于声音的强度(如声压级)，还与它的频率及波形有关。响度的单位为"宋"。

声压级定义为将待测声压有效值 $p(e)$ 与参考声压 $p(\mathrm{ref})$ 的比值取常用对数，再乘以 20。其单位为分贝(dB)。

某一声音的响度级，是在人的主观响度感觉上与该声音相同的 1000 Hz 纯音的声压级。响度级的单位是方(phon)。声音的响度级由其声压和频率决定，反映它们关系的图线叫等响线。响度级和响度之间有确定的关系，根据大量的实验得到，响度级每改变 10 方，响度加倍或减半。人耳的等响曲线如图 3-21 所示。

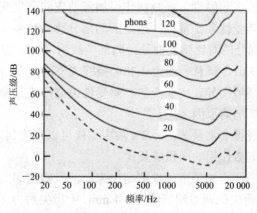

图 3-21 等响曲线

(2) 听觉的适应和疲劳。听觉适应和视觉适应相比所需的时间短得多，而且很快恢复，所以不易觉察。听觉的适应具有选择性。如果以一定频率的声音作用于听觉器官，则适应表现为对该频率及其相邻频率的声音的感受性降低，而对其他频率的声音则影响不大。响度加大，适应的范围也大。上述听觉适应表现在作业中对噪声的耐受限度有所增加。开始时对噪声极度敏感，过一段时间就习惯了，但却引起了疲劳。

(3) 声音掩蔽现象。两个强度相差很大的声音同时作用于人耳，那么只能感受到一个声音，而另一个声音则淹没了，这种现象称为掩蔽现象。它在生产、通信和军事中有重要的实际意义，因此受到广泛的注意。

掩蔽可分为纯音掩蔽纯音、噪声掩蔽纯音和语言掩蔽。

所谓时域掩蔽是指掩蔽效应发生在掩蔽声与被掩蔽声不同时出现时，又称异时掩蔽。异时掩蔽又分为导前掩蔽和滞后掩蔽。若掩蔽声音出现之前的一段时间内发生掩蔽效应，则称为导前掩蔽；否则称为滞后掩蔽。产生时域掩蔽的主要原因是人的大脑处理信息需要花费一定的时间。异时掩蔽随着时间的推移很快会衰减，是一种弱掩蔽效应。一般情况下，导前掩蔽只有 3～20 ms，而滞后掩蔽却可以持续 50～100 ms。声音的掩蔽示意图如图 3-22 所示。

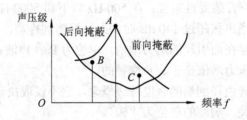

图 3-22　声音的掩蔽

3. 肤觉

皮肤感觉是由物体的温度或机械的作用到达皮肤表面而引起的。它分为触压觉、痛觉和温度觉。皮肤上每平方厘米有 10～15 个冷点，1～2 个热点，100～200 个痛点，25 个触点。

1) 触压觉

刺激物触及皮肤表面引起触觉，刺激物作用加强使皮肤产生变形便产生压觉。在身体的不同部位，触压处的感受性差别很大，越是活动部分感受越强。如以背部中线的最小感受性为 1，则身体其他部分的对比感受性是：胸部中线为 1.39，腹部中线为 1.06，肩部上表面为 3.01，上眼皮为 7.61，脚背表面为 3.38，挠腕关节区为 3.80。

触压觉的感受性因环境而异。皮肤变热，感受性提高；皮肤变冷，感受性下降，这就是冷敷可以止痛或减轻疼痛的原因之一。

触压觉的适应性表现得非常显著，经 3 s 触压觉就可以下降到原水平的1/4。适应时间与刺激强度成正比，与刺激作用的面积成反比。

触压觉的敏感性可用两点阈值准确地测定出来。两点阈值即人的皮肤能感受到两点刺激的最小距离值。例如，舌尖的两点阈值约为 1.1 mm，手指尖约为 2.2 mm，手掌约为 9 mm，背部则可达 67 mm。在人疲劳、饮酒后或睡眠不足时，两点阈值加大。

2) 温度觉

冷觉和热觉统称温度觉，是各自独立的冷点和热点和各自特殊的感受器。身体各部位温度觉是不一致的，具有最大的温度感受性，但因为经常裸露在外，所以其适应性也最强。人体经常被遮盖的部分对冷的感受性最强，肢的皮肤感受性最差。这也是人若疏于防冷，容易导致下肢关节炎的重要原因。

温度觉的适应现象是十分明显的。如果一只手放在 30℃ 水中，另一只手放在 45℃ 水中，稍待片刻，待手已适应后，把两手同时放在 37℃ 水中，则来自冷水的手有热感，来自热水的手有冷感。

电、机械或化学的因素也可引起温度觉神经末梢的兴奋。如薄荷作用于冷点可引起冷觉；条件反射可引起温度觉；同时以光和热辐射作用于人体，经多次后，单独的光照射也可引起受试部位产生热觉。

4. 味觉和嗅觉

味觉和嗅觉器官担负着一定的警戒任务，因为它们处在人体沟通内、外部的入口处。过去，矿井深处不易联系，就使用过嗅味向矿工报警，以便及时撤退，躲避水、火灾害。至今，管道煤气或液化气中仍然加入少量的恶臭物质—硫醇，用来作煤气泄漏的报警气体。

1) 味觉

凡能溶于水的物质都能向人提供味觉刺激。味觉感受器是分布于舌的表面、咽的后部、腭及舌头上的味蕾，其中以舌上分布得最多。味觉的感受性用不同浓度溶液的阈值加以表示。舌尖对甜的感受性大，舌尖和舌侧对酸的感受性大，而舌根对苦的感受性大。

2) 嗅觉

人的嗅觉感受性是很强的。1 L 空气中只要有 0.00004 mg 的人造麝香，人就可以嗅到香味。影响嗅觉感受性的因素有环境条件和机体条件两方面。温度有助于嗅觉感受，最适宜的温度是 37~38℃。在清洁空气中，嗅觉感受性也会提高。当伤风时，由于鼻咽黏膜发炎，感受性显著降低。

嗅觉的适应比较快，但有选择性。对于某种气味，经过一段时间后感受性就下降。"久居兰室而不闻其香"就是这个道理。对碘酒，只要 4 min 就可以完全适应；对大蒜气味需40 min 才能完全适应，所以，发现异常气味应立即寻找原因。利用嗅觉，可以早期发现危险品泄漏、火灾等事故的发生。

3.3 人的心理特征

3.3.1 人的心理过程

心理学是研究人的心理活动规律和心理机制的科学。心理规律是指认识、情感、意志、气质、情绪等心理过程和能力、性格、需要、动机等心理特征等规律。

心理学是从人的心理过程和人的个性心理特征两个方面来研究人的心理特性，弄清楚人的心理活动的质和量的事实，揭示心理活动规律性。心理学发展到今天，已形成许多分支学科，研究心理的一般形式和一般规律的称为普通心理学；研究不同社会实践领域内的心理活动规律的则称为某领域心理学，如教育心理学、儿童心理学、体育心理学、安全心理学、艺术心理学、医学心理学、创造心理学、管理心理学、犯罪心理学等。

人类享受着科学技术带来的益处，然而又憎恶由此产生的不良后果，即在工业生产中由于意外事故带来的灾害。通过大量的事故统计分析，除由生产设备造成的事故以外，大部分事故是由人的不安全行为造成的。在美国工厂的事故统计中，有88%是由人的不安全行为造成的。那么，又是什么原因造成人的不安全行为呢？安全心理学将告诉我们：不安全行为是由不安全心理因素引起的。

人的心理过程可以分为认识过程、情感过程和意志过程。在这三个过程中，认识过程是最基本的心理过程，情感过程与意志过程均是在认识过程的基础上产生的。认识过程主要包括感觉、知觉、记忆和思维过程。

(1) 感觉。感觉是人脑对直接作用于感觉器官的客观事物个别属性的反映。感觉按其刺激的来源可分为外部感觉与内部感觉两种。外部感觉是人对外界环境刺激源的反映，主要包括视觉(眼)、听觉(耳)、嗅觉(鼻)、味觉(舌)和触觉(皮肤)在接受外界的光、声、化学成分和压力等理化因素的刺激，并转换为神经冲动传入人脑，从而做出反映；内部感觉是人对自身环境刺激的反映，主要包括运动感、平衡感和机体感(又称内脏感觉)。所谓运动感，是对人体各部位的位置、张力和相对运动状况的反映；而平衡感是人体整体做直线变速运动或者旋转运动时的反映，人类的平衡感受器或神经末梢通常分布于脏器的壁上，将内脏的状态信息传递给中枢神经系统。

(2) 知觉。知觉是人脑对直接作用于感觉器官的客观事物整体属性的反映。知觉过程建立在感觉过程的基础上，是对多个或多种感觉信息的整合。知觉又分为三种：空间知觉、时间知觉和运动知觉。

(3) 记忆。记忆是个复杂的心理过程，它由识记、保持和重现三个环节构成。另外，按照记忆过程的时间特征，记忆又可分为感觉记忆、短时记忆和长时记忆。正是由于外界信息和人自身行为的多样性，决定了人的记忆形式也是多样的，如形象记忆、情景记忆、情绪记忆、运动记忆和语义记忆等。

(4) 思维。思维是人脑对现实事物间接的和概括的加工形式。思维过程的主要特征是间接性和概括性，这与感觉和知觉有本质的不同。思维又可分为动作思维、形象思维、抽象思维三种类型；根据概括思维的创新程度不同，又可将思维分为常规性思维和创造性思维。当然，还可以有其他统一分法，这里就不予赘述。

情感过程是人对外界事物所持态度的体验。情感与情绪是情感过程的两个层面，情感是同人的高级社会性需要相联系的体验方式，兼具有情景性和稳固性；情绪是较低层次的情感过程，是情感产生的基础。人的情绪是多样性的，例如，我国古代学者就将情绪归分为七情(喜、怒、爱、惧、哀、恶、欲)；现代心理学中将情绪分为8种基本类型，即高兴、悲伤、愤怒、恐怖、警戒、惊愕、憎恶与接受。大量的实验研究表明，情绪对人的工作效率和身体健康有很大影响。

意志是大脑的机能，表现于人的行动中。人的意志活动的实质，不仅在于意志行动是自觉的确定行动的目的，而且在于积极调节行动以实现目的。意志对行动的调节作用表现在激动与抑制两个方面，而意志的行动过程主要体现在决策阶段与执行阶段。另外，意志具有自觉性、坚韧性、果断性和自制力等基本品质，而且意志过程与人的情绪过程以及人的认识过程关系密切，它是人的三个基本心理过程之一。

3.3.2　个性心理与安全生产

个性是人所具有的个人意识倾向性和比较稳定的心理特点的总称。人的个性是受家庭、社会潜移默化的影响，并在长时间过程中逐渐形成的。个性主要包括个性倾向和个性心理特征两大方面。其中个性的心理特性主要包括气质、能力与性格三个方面。

1. 气质

孔子把人分为"中行""狂""狷"三类。"狂者进取，狷者有所不为"。

在古希腊将人分为血液、黏液、黄胆汁和黑胆汁四种体液。机体状态决定于四种体液混合的比例。

现代心理学认为，气质是人典型、稳定的心理特点。这些特点以同样方式表现在对各种事物的心理活动的动力上，而且不以活动的内容、目的和动机为转移。

(1) 气质主要表现为人的心理活动动力方面的特点。

① 心理过程的速度和稳定性(知觉的速度、思维的灵活程度、注意力集中时间的长短等)。

② 心理过程的强度(情绪的强弱、意志努力的程度)。

③ 心理活动的指向性特点(外向型或内向型等)。

(2) 气质的形成既有先天因素，又有后天因素。先天因素是主要的，表现为气质的稳定性；后天因素表现为教育和社会影响。

(3) 构成气质类型的特性有以下几种：

① 感受性，是人对外界影响产生感觉的能力。

② 耐受性，是人对外界事物的刺激作用在时间上、强度上的耐受能力。它表现为注意力的集中能力，保持高效率活动的坚持能力，对不良刺激(冷、热、疼痛、噪声、挑逗等)的忍耐能力。

③ 反应的敏捷性，一方面表现为说话的速度、记忆的快慢、思维的敏捷程度、动作的灵活性等，另一方面表现为各种刺激可以引起心理各方面的指向性。

④ 可塑性，是人根据外界事物的变化而改变自己适应性行为的可塑程度，表现在对外界适应的难易、产生情绪的强烈程度、态度上的果断或犹豫等方面。

⑤ 情绪兴奋性，是神经系统强度和平衡性。有的人情绪极易兴奋但抑制力弱，这就是兴奋性强而平衡性差。

⑥ 外倾性和内倾性。外倾性的人其心理活动、言语、情绪、动作反应倾向表现于外。内倾性则相反。

(4) 传统的气质类别分为以下几种：

① 多血质。这种气质的人一般活泼好动，反应速度快，体现了反应的敏捷性和外倾性。他们喜欢与人交往，注意力不容易集中，兴趣变化快，体现了可塑性强和情绪兴奋性高。

② 胆汁质。具有这种气质的人往往直率热情、情绪易于冲动、心境变化比较剧烈，表现在外倾性和情绪兴奋性高，反应速度快但不灵活。

③ 黏液质。该类气质的人表现为安静、稳重，沉默寡言、反应缓慢，情绪不外露；注

意力稳定难以转移，善于忍耐。他们这种人感受性低，耐受性高，不随意反应性和情绪兴奋性都较低，内倾性明显，稳定性高。

④ 抑郁质。感受性高而耐受性低。不随意反应性低，行为孤僻，观察细致，多愁善感，可塑性很差，具有明显的内倾性。

不同气质的人在不同工作上的工作效率有着显著差异，在选择职业人才时，要考虑人的气质。此外，为达到安全生产的目的，在劳动组织管理中，也要充分考虑人的气质特征的作用。

2. 能力

能力是指一个人完成一定任务的本领，或者说，能力是人们顺利完成某种任务的心理特征。它并不是先天具有的，而是在一定的素质基础上经过教育和实践锻炼逐步形成的。能力标志着人的认识活动在反映外界事物时所达到的水平。

(1) 能力的特点：

① 能力总是和人的某种活动相联系，并表现在活动中的。人只有从事某种活动，才能表现出其所具有的某种能力。

② 能力的大小也只能在活动中进行比较。

③ 在活动中表现出的心理特征不全是能力。例如性格开朗、脾气急躁等心理特征会对顺利完成任务造成不良的影响。

④ 能力是保证活动取得成功的基本条件，但不是唯一条件。活动的成功还受到其他条件影响，如知识、机能、工作态度等。

(2) 能力的差异。人与人之间的能力差异主要表现在三个方面。

① 能力类型的差异。它表现为完成同一活动采取的途径不同，不同的人可能会采用不同的能力组合去实现。例如考虑问题时有人善于分析，关注细节；有人善于概括，把握整体性。

② 能力表现早晚差异。受生理素质、后天条件、受教育程度和社会实践等因素影响，会出现"人才早熟"和"大器晚成"的现象。

③ 能力发展水平的差异。有的人能力超常，有的人能力低下，多数人的能力都属于中等。

(3) 由于人的能力存在差异，就需要在劳动组织中合理安排作业，发挥人的潜能，人尽其才，同时也能在一定程度上保证安全生产。

① 人的能力与岗位职责要求相匹配。管理者在任用、选拔人才时，不但要考察其知识和技能，还应考察其能力及其所长，使他们能够胜任工作，无心理压力，不影响作业安全。

② 发现和挖掘职工潜能。管理者能善于发现和挖掘职工的潜能，就能充分调动人的积极性和创造性，激发职工的工作热情，避免人才浪费，有利于安全生产。

③ 通过培训提高人的能力。培训和实践可提高人的能力，因此，应对职工提供与岗位要求一致的培训和实践，提高他们的能力。

④ 注重团队合作。在人事安排时注意人员能力的相互弥补，使团队的能力系统更全面，提高作业效率，促进安全生产。

3. 性格

性格是指人对事物的态度和形成个人习性的行为方式，是人的稳定的个性心理特征之

一。性格特征表现为

① 态度(对公、私、人、己)。

② 意志(自觉性、自制性、果断性和坚韧性)。

③ 情绪(情绪的强度、稳定性和持久性等)。

④ 理智(注意、想象、记忆、思维)等。

多方面特征集中于某人,结合为独特的整体,就形成某人特有的性格。

性格并不是各种性格特征的机械组合或堆砌,各种性格特征在每个人身上总是相互联系、相互制约的。有的学者将性格分为冷静型、活泼型、急躁型、轻浮型和迟钝型。前两种性格属于安全型,后三种属于非安全型。性格在个性心理特征中占核心地位,起主导作用。性格决定人的行为和思维方式,与安全生产有着密切的联系。例如,急躁型性格的人比冷静型性格的人更容易引发事故。

3.3.3 情绪与安全

产生事故的心理因素之一是心理机制失调,包括人的动机、情绪、个体心理特征等因素失调。其中,情绪是变化最大、影响最深的因素。

情绪是对客观事物所持态度的体验。快乐、悲哀、愤怒、恐惧是最基本的情绪。情绪是由客观事物与人的需要(自然的、社会的、物质的、精神的)是否符合而产生的心理反应。情绪是有情景性和短暂性的,并有明显的表情,只有存在相应的客观刺激才产生这种情绪。情景消失,情绪也会消失或减弱。

情绪具有两面性,总是存在积极和消极、肯定和否定、紧张和轻松、满意和不满意、喜悦和悲哀、兴奋和冷静、热爱和憎恶等两个方面。

古代医学认为:人有喜、怒、忧、思、悲、恐、惊的情志变化,亦称"七情"。其中怒、喜、思、忧、恐为五志,五志与五脏有着密切的联系。《内经》有"喜伤心,恐胜喜;怒伤肝,悲胜怒;思伤脾,怒胜思;忧伤肺,喜胜忧;恐伤肾,思胜恐"等理论。

情绪既然影响行为,那么一定的行为也要求一定的情绪水平与之相适应。不同性质的劳动要求不同的情绪水平。从事复杂劳动或抽象劳动时要求情绪激动水平较低,这样才有利于安全操作和发挥劳动效率;而从事快速、紧张的劳动,较高的情绪激动水平有利于发挥劳动效率。

3.3.4 社会心理与安全生产的关系

人自出生起就处于一定的社会环境之中,也必然会刻上特定的社会印记。人的成长则是一个社会化的过程。

美国心理学家梅约曾在霍桑工厂进行了一系列试验。1932 年得出一个对今天各国都有现实意义的重要结论:职工的士气、生产积极性主要取决于社会因素、心理因素、群体心理、人际关系及领导关系的好坏;而物质刺激、工作的物理环境只是次要因素。

1) 需要和动机

动机产生于需要,而需要是个体的生理或心理的某种缺乏或不平衡状态,需要的满足是一个动态平衡的过程,而且它是机体自身或外部生产条件的要求在大脑中的反映。一般情况下，有什么样的需求就会有什么样的动机。

按照需要的起源分类，可分为生理性需要和社会性需要。前者是先天具有的，是保存和维持有机体生命或延续种族的需要，例如饮食、睡眠、觉醒、排泄等。社会性需要是后天形成的，是人类在社会化过程中通过学习而形成的需要，例如交往、成就、奉献、劳动等。

从需要所指的对象分类，可分为物质需要和精神需要。前者是对社会物质生活条件的需要，如对衣、食、住、行等的需要；后者是指个体参与社会精神文化生活的需要，如对审美、道德、创造等的需要。

人的需要是受到各方面社会因素制约的，它是人们的一种主观状态，具有对象性、动力性、社会性等特征。正是这些原因，人的所有需要都带有一定的社会性，而且需要也是人类从事各种活动的基本动力。

美国心理学家马斯洛提出了需要层次理论，如图3-23所示。他认为人的需要可分为生理需要到自我实现需要共五大类，并依次由低级到高级。一旦生理需要这一最基本的要求得到满足，人类对安全的需要就会产生和逐渐加强。在安全的需要得到满足后，人类就会对社会的需要逐渐产生和加强。以此类推，人类总是在较低一级的需要得到满足后，较高一级的需求才会产生和逐渐加强。研究表明，人的需要层次与其所接受的教育程度密切相关。在安全领域，从业者对化工厂有毒、有害气体危险性的了解越多，对管道跑、冒、滴、漏的控制的需要程度也就越高。

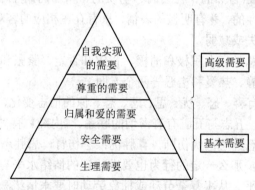

图3-23　马斯洛的需求层次理论

近几年来，随着社会的不断发展，人类对安全的需要程度已经越来越高。一旦安全需要无法满足，就不可避免地影响下一更高级需要的满足，进而影响人类的社会交往、对社会的贡献及社会的稳定发展。因此，各行业的安全管理工作者应充分认识到安全的重要性，不断探索，寻求更有效、更可靠保证安全的方法，满足劳动者对安全的基本需求。

动机是激发、指引并维持人们从事某项活动，并使活动朝着某个目标进行的内部动力。它是直接推动个体活动的动力，可以是兴趣、爱好、价值观等。

动机的功能有以下三类：

(1) 激发功能：使有机体产生某种活动，即活动性。

(2) 指向功能：使有机体的行为指向一定的目标，即选择性。

(3) 维持和调节功能：使有机体坚持或放弃某种活动，即决策性。

人们的需要多种多样，动机也同样如此。根据动机的性质可分为生理性动机和社会性动机；根据动机的起因可分为外在动机和内在动机；根据动机的意识水平可分为有意识的动机和无意识的动机；从动机造成的后果可分为安全性动机和危险性动机。

如果人类对客观事物的某些方面不甚了解，就不会在这些方面产生爱好、兴趣及动机，也很难从事这方面的工作，更不会在这方面有出色的表现。因此，在安全管理过程中，应该设法提高职工在工作方面的积极性，强化安全行为，预防不安全事故的发生。

2) 群体心理因素

群体内无论大小都有群体自己的标准，也叫规范。这个规范有正式规定的，如小组安全检查制度等；也有不成文、没有明确规定的标准，人们是通过模仿、暗示、服从等心理因素互相制约的。若有人违反这个标准，就受到群体的压力和"制裁"。

群体中往往有非正式的"领袖"，他的言行常被别人效法，因而有号召力和影响力。如果能做好这些"领袖"的思想工作，使他们的行为积极向上，就会对其他人产生积极的影响。

群体中总有一种内聚力。这种内聚力给予成员的影响常常大于家庭、教师和父母。例如普通职工在遇到工作问题时往往不愿意跟领导沟通，而情愿去找群体内的同辈谈心。考虑到群体的这种心理特征，如果能在群体中培养一些骨干员工，使其正确引导，便可产生积极的效果。

3) 不安全心理状态

大量的事故调查和统计分析表明，许多事故是由于明知故犯、违章作业引起的，这些心理因素可以归纳为以下几点：

(1) 侥幸心理。这种心理习惯造成事故的概率较大。一般情况下，虽然工作岗位存在危险有害因素，但只要严格遵守作业规范，阻断事故链，就不会发生事故。或者对一些事故，很多年从未发生，人们心理上的危险感就会降低，容易产生麻痹心态，认为事故根本不会发生。但往往这种情况下事故反而容易发生。例如，某施工人员不戴安全帽进入工地现场而没发生事故，就抱着侥幸心理养成了每次上工不戴安全帽的坏习惯，认为没必要，戴上又闷又累还不方便，把工地门口的安全提醒标志不当回事，这样就会给自己和他人的安全带来很大的安全隐患。

(2) 省能心理。人们总是希望以最小的付出获得最大的回报，虽然这种心理在促进工作技术方法革新方面有着积极的促进作用，但如果在安全操作方面，往往容易引发事故。许多事故是在职工抄近路、嫌麻烦等心理状态下发生的，例如，拆除脚手架的高处作业人员，必须戴安全帽和系安全带，但有些施工人员为了图一时方便，不系安全带就开始工作，这种心理必然会给自己带来损害的隐患。

(3) 逆反心理。由于环境的影响，某些个人会在好奇心、求知欲、偏见和对抗情绪等心理状态下，产生一种反常的心理反应，往往会去做一些不该做的事情。有些施工人员认为自己工作经验丰富，用不着别人指手画脚，在他们看来那些过多的安全预防管理措施是小题大做、故意找茬，因此产生了"你要我这样，我偏要那样；越不许干，我偏要这样干"的逆反心理。

(4) 凑兴心理。凑兴心理是人在群体中产生的一种人际关系的心理反应，凑兴既可以给予同伴友爱和力量，但如果通过凑兴行为来发泄剩余精力，就会导致一些不理智的行为。凑兴心理多见于精力旺盛而又缺乏经验的青年人。例如上班期间嬉笑打闹，汽车司机开飞车等。他们的违章行为难以预料，应该用更加生动的方式加强安全培训教育，控制无节制凑兴行为的发生。

(5) 从众心理。从众心理是人们在适应群体生活中产生的一种反映，不从众容易引发一种社会精神压力。由于人们具有从众心理，因此，不安全行为容易被效仿。假设有几个工人不按规章操作，未发生事故，同班的其他工人也会违章操作，因为他们怕被别人取笑怕死、技术差等。这类从众心理严重威胁着安全生产。

3.3.5　注意与不注意

注意是指心理活动指向或集中于某一事物，它是伴随一切心理活动而存在的一种心理状态。不注意存在于注意状态之中，它们具有同时性。

人若总是聚精会神地工作，当然可以防止由于不注意而产生的失误。但试验研究证明，这是不可能的。除了玩忽职守外，不注意不是故意的。不注意是人的意识活动的一种状态，是意识状态的结果，不是原因。在安全管理过程中，单纯的提倡"注意"并不能确保抓好安全工作，而是应了解"不注意"这种自然的生理现象，有效地加以预防。

1. 注意的机理

1) 注意的定义

(1) 注意是对某种特定刺激所产生的明确的意识状态，具有能动作用。

(2) 注意具有选择性，可对某种刺激产生高意识状态，而对其他刺激处于低意识状态。大量试验结果表明，耳刺激比眼刺激强。新而强的刺激具有更大的被选择性。注意某件强刺激或新刺激的事，对其他事的注意就下降，甚至视而不见，听而不闻。

2) 唤起注意模型

进入大脑皮质的刺激与已往形成的模型相对照，然后输向效果器。与已往模型不一致的新鲜刺激经过通路进入中脑网状体的放大器，加工后输入到效果器，引起定位反应。

容易引起注意的事情：

(1) 新鲜刺激。

(2) 有趣的事情。

(3) 不明白的问题。

(4) 惦念的事情。

(5) 恐惧的事情。

(6) 困难的问题。

3) 注意的范围

很短时间就能处理的刺激量叫做注意范围(Span of Attention)(注意跨度)。

试验的方法是采取向受试者提供瞬间显示的文字、图形、点，令其读下个数。

用 0.5 s 时间，显示 4 个可完全读出；当显示 6 个时，读出的大体是正确的；当显示 7 个以上时，错误就多了，那么 6 个就是该受试者的注意范围。

比特相当于发生概率各为 0.50 的两个互相独立的等概论事件之一发生时所提供的信息量。例如投掷一枚匀质硬币，出现正面和出现反面的概率相等，各为 0.50，投掷硬币不论出现正面还是出现反面，这时它所提供的信息量就是 1 比特。信息论中用以 2 为底的对数计算事件发生所提供的信息量，如果有几个等概率发生的事件，每个事件所包含的信息量计算式如下：

$$H = \text{lb}\, n \tag{3-8}$$

式中：H 为每个事件包含的信息量；n 为等概率事件数。

若每个事件发生的概率不相等，各事件所包含的信息量按下式计算：

$$H_i = \text{lb}\, \frac{1}{P_i} \tag{3-9}$$

式中：H_i 为事件 i 包含的信息量；P_i 为事件 i 发生的概率。

4) 注意的持续

对任何事物不可能长期、持久地注意下去，对单一不变的刺激保持明确意识的时间一般不超过几秒钟。所以人在注意某事物时，总是存在无意识的瞬间。

自 1950 年 Mackworth N.H.进行著名的警觉性的典型试验以来，许多学者均进行了研究。他在视觉方面采用"钟表试验"，听觉采用耳机试验的方法。

设计一个直径为 30 cm 的白色表盘，等分成 100 个格，表面安装一支黑色指针，每秒钟走动 1 个或 2 个格(区别于一般钟表而不造成熟悉的刺激)。受试者被提问题，读出表盘上的数字。20 min 为一提问周期，提问 12 次，每次提问间隔 45～300 s。以后休息 10 min，2 h 内提问试验进行 4 个周期。

试验结果表明，人在试验 30 min 后看错信号的比例显著增大，但在信号出现间隔时间加大时错误率下降。以后各家研究结果都是如此，可见，30 min 可能是人的注意力下降的临界值。

2. 注意的生理机制

不注意(心不在焉)是大脑正常活动的一种状态。注意和不注意总是很频繁地反复交替出现。人失误发生的内在条件是意识水平(警觉度)的降低，意识水平越低，大脑的信息处理系统的可靠性越差。大脑的意识水平可分为以下 5 个等级：

(1) 0 状态时，脑计算机不工作，失去意识。

(2) Ⅰ是醉酒、困倦时的状态，脑计算机只是硬件的结合，软件几乎不工作，是不注意状态，容易出现错误。

(3) Ⅱ是家庭生活中的轻松状态，心不在焉，不能预测和创造。

(4) Ⅲ是明快意识，前脑叶的软件可做高效率的工作，几乎不出错。可靠性为 0.999 999。

(5) Ⅳ是过分紧张和激动状态，大脑活动力虽强但注意力凝结在一点上，信息处理系统不工作，容易出现错误。过分喜悦也属于这一状态。

综上所述可知：

(1) 从生理上、心理上不可能始终集中注意力于一点。

(2) 不注意的发生是必然的生理和心理现象，不可避免。不注意就存在于注意之中。

自动化程度越高，监视仪表等工作最容易发生不注意。预防不注意产生差错的方法如下：

(1) 建立冗余系统，为确保操作安全，在重要岗位上，可多设 1～2 个人平行监视仪表的工作。

(2) 为防止下意识状态下失误，在重要操作之前，如电路接通或断开、阀门开放等采用"指示唱呼"，对操作内容确认后再动作。

(3) 改进仪器、仪表的设计，使其对人产生非单调刺激或悦耳、多样的信号，避免误解。

习　题

3-1　人体测量学的定义是什么？

3-2　人体尺度数据的应用是什么？

3-3　使用人体尺度数据的原则是什么？

3-4　常用的百分位数有哪些？分别代表的意义是什么？

3-5　感觉的适应性有哪些？研究此特性对安全生产有何作用？

3-6　知觉的基本特性是什么？

3-7　声音掩蔽效应是什么，具体有哪些类别？

3-8　不安全的心理状态有哪些？

3-9　预防不注意产生差错的方法有哪些？

第 4 章　人的作业疲劳与可靠性

人是人机系统的主要组成要素之一，每时每刻都与系统及外界进行着信息交换。人的特性很大程度上影响着信息交换的有效性，因此，对人的作业疲劳及可靠性进行研究，可防止信息交换过程中的差错产生。安全人机系统的设计在提高工作效率和系统安全可靠性方面有着很大的促进作用。

4.1　人体作业时的能量代谢

人体能量产生和消耗称为能量代谢。人体代谢所产生的能量等于消耗与体外做功的能量和在体内直接、间接转化为热的能量的总和。在不对外做功的条件下，体内所产生的能量等于由身体散发出的热量，从而使体温维持在相对恒定的水平上。

能量代谢分为三种，即基础代谢、安静代谢和活动代谢。

1. 基础代谢

人体代谢的速率随人所处的条件不同而异。生理学将人清醒、静卧、空腹(食后 10h 以上)、室温在 20℃左右这一条件定为基础条件。人体在基础条件下的能量代谢称为基础代谢。单位时间内的基础代谢量称为基础代谢率(Basal Metabolic Rate，BR)。它反映单位时间内人体维持最基本的生命活动所消耗的最低限度的能量，通常以每小时每平方米体表面积消耗的热量来表示。

我国正常人基础代谢率平均值见表4-1。健康人的基础代谢率是比较稳定的，一般不超过平均值的 15%。基础代谢率一般是男性高于同龄女性，儿童和少年高于同性的成年人，中青年高于老年人。此外，温度、精神状态、训练等也在一定程度上影响基础代谢率。

表 4-1　我国正常人基础代谢率平均值　　　　　　　kJ/(m² · h)

年龄	11～15	16～17	18～19	20～30	31～40	41～50	51 以上
男性	195.5	193.4	166.2	157.8	158.7	154.1	149.1
女性	172.5	181.7	154.1	146.5	146.9	142.4	138.6

2. 安静代谢

安静代谢是作业或劳动开始之前，仅为了保持身体各部位的平衡及某种姿势条件下的能量代谢。安静代谢量包括基础代谢量。测定安静代谢量一般是在作业前或作业后，被测者坐在椅子上并保持安静状态，通过呼气取样采用呼气分析法进行的。安静状态可通过呼吸次数或脉搏数判断。通常也可以把常温下基础代谢量的 120% 作为安静代谢量。安静代谢率用 RR(Resting Metabolic Rate)表示。

3. 活动代谢

活动代谢亦称劳动代谢、作业代谢或工作代谢。它是人在从事特定活动过程中所进行的能量代谢。体力劳动是使能量代谢量亢进的最主要的原因。因为在实际活动中所测得的能量代谢率(Actual Metabolic Rate，AR)，不仅包括活动代谢率，也包括基础代谢率与安静代谢率，所以活动代谢率(Movement Metabolic Rate，MR)应为

$$MR = AR - RR \tag{4-1}$$

活动代谢率用每分钟内每平方米体表面积所消耗的能量表示，单位为 kJ/(min · m²)。

4. 相对能量代谢率

体力劳动强度不同，所消耗的能量不同。由于劳动者性别、年龄、体力与体质存在差异，即使从事同等强度的体力劳动，消耗的能量亦不同。为了消除劳动者个体之间的差异因素，常用活动代谢率与基础代谢率之比，即相对能量代谢率来衡量劳动强度的大小。相对能量代谢率用 RMR(Relative Metabolic Rate)表示，计算式为

$$RMR = \frac{MR}{BR} = \frac{AR - RR}{BR} \tag{4-2}$$

表 4-2 为不同活动类型的 RMR 的实测值。

表 4-2　不同活动类型的 RMR 实测值

活 动 类 型	RMR	活 动 类 型	RMR
慢走(45 m/min)、散步	1.5	焊接作业	3.0
快走(95 m/min)	3.5	造船的铆接作业	3.6
跑走(150 m/min)	8.0	汽车轮胎的安装作业	4.5
骑自行车	2.9	铸造型芯清理作业	5.2
擦地板	3.5	齿轮切削机床作业	2.2

除了利用实测方法之外，还可以用简易方法近似计算人在体力劳动中的能量消耗，其计算公式为

$$AR = RR + MR = 1.2 \times BR + RMR \times BR = (1.2 + RMR) \times BR \qquad (4-3)$$

总能耗　$M_\Sigma = (1.2 + RMR) \times BR \times 体表面积(B) \times 活动时间(t)$ 　　　　　(4-4)

4.2　劳动强度分级

4.2.1　劳动强度

劳动强度可以理解为，作业中人在单位时间内做功和机体代谢能力之比。我们日常所说的轻、重劳动是另有含义的。如作业密度高，作业虽少但劳动量较大；作业强度虽不大、不费力气，但是站着作业(如教师、营业员、理发师、厨师等)；作业姿势是强制的，精神非常紧张等，都会被评为重劳动或劳累的工作。

劳动强度的影响因素有以下几个方面：

1．劳动对象因素

劳动对象因素包括工作性质与工作量密度。

(1) 工作性质。工作性质主要由生产系统的岗位或工种来决定，它与劳动能力的相容性决定着劳动者外部环境的优劣，决定着体力劳动者的动作力度、速度和技巧难度，决定着脑力劳动者遵循的思维方法和逻辑处理程序等，因而在很大程度上决定着劳动强度。

(2) 工作量密度。工作量密度的提高意味着恶化了劳动者原有的外部环境，从而提高了劳动强度。劳动者的体力输出功率可以近似反映出人体肌肉和神经的运动强度。以工人操作机器为例，体力输出功率主要由机器的控制器的活动阻力和活动频率、控制器与操作者的相容性等来决定。脑力劳动者和生理力劳动者的劳动强度比较难以确定，通常只能根据劳动者的主观感觉、工作量的完成情况以及补偿劳动耗费的生活资料量来粗略地估计。

2．劳动工具因素

劳动工具因素包括机器的操作力度、速度、技术难度、容错性能、宜人特性等。劳动工具的发展通常体现在劳动工具越来越适合于人的使用，意味着劳动的外部环境得到了改善，从而降低了劳动强度。例如，提高机器的容错性能和宜人特性，降低因操作失误而给生产和人身所带来的危害程度，简化机器的控制程序，改进机器运转的控制设备和监视设备等，可有效地降低劳动强度。

3．劳动环境因素

劳动环境因素是指劳动者在劳动过程中所处的外部环境，分为劳动的自然环境和社会环境两方面。

(1) 劳动的自然环境。它包括气候条件、温/湿度、噪音、照明以及空气中的氧、灰尘和有毒物质的含量等。对于同一劳动内容，在不同自然环境下将会产生不同生理、心理和精神效应，体现出不同的劳动强度：在恶劣的自然环境下，劳动强度较大；在宜人的自然环境下，劳动强度较小。例如，环境温度在 20～30℃范围时，人体感觉最为舒适；当环境

温度低于 20℃或高于 30℃时，劳动者都将表现出较高的劳动强度。环境的湿度太大(高于90%)或太小(低于 10%)、亮度太大或太小、色彩太鲜艳或太暗淡等都将有损于劳动者的身体健康，提高了劳动强度。

(2) 劳动的社会环境。它包括人际关系、生产管理制度、工资待遇、思想潮流等。例如，当人际关系处于紧张状态时，劳动者在劳动过程中的心理和精神紧张程度就会增加，从而产生额外的劳动强度。同样，工厂的生产管理制度、社会的思想潮流等也会影响劳动者的心理和精神状态，从而影响劳动强度。由此可见，劳动条件优良本身就意味着劳动强度低，劳动条件恶劣本身就意味着劳动强度高。

4. 劳动者因素

影响劳动者的因素(也可称为内部因素)可分为生理、心理和精神状态特征三个方面。

(1) 生理状态特征。人作为一种高级的生物，有其固有、普遍的生物规律，在劳动环境的布置、生产资料的设计、作息时间和作息率的安排中应考虑人体一般的生理状态特征，都应符合人类的一般生物规律。如果违背其生物规律，机体的内环境就无法适应劳动过程的要求，从而体现出较大的劳动强度。一般来说，夜里劳动比白天劳动体现出较大的劳动强度；持续进行同一劳动比交替进行不同劳动体现出较大的劳动强度；不断变更作息时间，会打乱人体生物钟，从而体现出较大的劳动强度。不过，人与人的生理状态特征及其变化规律存在着一定的差异。例如，有些人(特别是脑力劳动者)在夜里劳动比在白天劳动体现出较小的劳动强度。

(2) 心理状态特征。影响劳动强度的心理因素主要有兴趣与爱好、气质与性格等。人在从事与自己喜欢的事物、爱好的行为和感兴趣的知识相关的劳动时，就会表现出较低的劳动强度。不同气质的人所具有的内部心理环境适应于不同性质的工作，从而体现出不同的劳动强度。例如，多血质和抑郁质的人在从事复杂而多变的工作时体现出较低的劳动强度，而胆汁质和黏液质的人则会体现出较高的劳动强度；性格外向的人在从事社交活动时体现出较低的劳动强度，而性格内向的人在从事具体业务工作时体现出较低的劳动强度；理智占优势的人在从事科学技术工作时体现出较低的劳动强度，而情绪占优势的人在从事文学艺术工作时体现出较低的劳动强度；而独立性强的人在独立开展工作时体现出较低的劳动强度，顺从性强的人在配合别人工作时体现出较低的劳动强度。

(3) 精神状态特征。影响劳动强度的精神因素有情感、认识与意志。当人的情感(即情绪、欲望与感情)处于良好状态时，干什么工作都会觉得轻松自如，干完后也不觉得疲倦。当人正确认识某一工作的重要意义时，就会对这一工作表现出较高的兴趣，从而体现出较低的劳动强度；相反，如果认为某一劳动无益于自己，或者认为是低人一等的事情，是承受惩罚的一种方式，那么他就会体现出较高的劳动强度。

5. 劳动时间

随着劳动时间(或作息率)的不断增长，由附加劳动量建立和维持的机体内环境就会逐渐衰竭，如果不能及时地进行生活资料的补偿，就会逐渐加速主劳动量的耗费，使部分主劳动量转化为附加劳动量，这就必然提高劳动者的劳动强度。

4.2.2 作业分类

本节将作业分为静力作业和动力作业两种。

1．静力作业

对于脑力劳动、计算机操作人员、仪器监控者等所从事的作业都可归纳为静力作业或叫静态作业(Static Work)。这种作业主要是依靠肌肉的等长收缩来维持一定的体位，即身体和四肢关节保持不动时所进行的作业。体力劳动中也包含静力作业，如坐姿或立姿观察仪表、支持重物、把握工具、压紧加工物件等。当肌肉的等张力收缩的肌张力在最大随意收缩的 15%～20%以下时，不管此时参与的肌肉有多少，只要收缩的张力是相对稳定的，这种静力作业就可以维持较长的时间。坐姿的腰部肌肉和立姿的腰、腿部肌肉的收缩，即属于上述作业状态。这时，虽然心血管反应加强，但不能维持收缩肌肉中被压迫血管的稳定血流，而使局部肌肉缺氧、乳酸堆积并引起疼痛。静力作业的特征是能耗水平不高，但却容易疲劳。

2．动力作业

动力作业是靠肌肉的等张收缩来完成作业动作的，即经常说的体力劳动。本章主要是讨论体力劳动及其分级。

4.2.3　劳动强度的分级

劳动强度的大小可以用耗氧量、能消耗量、能量代谢率及劳动强度指数等加以衡量。为了区分强度的大小，划分成等级是必要的。

1．国际劳工局分级标准

一种划分劳动强度的方法是基本按氧耗量划分为 3 级：中等强度作业、大强度作业及极大强度作业。

中等强度作业，氧需不超过氧上限。中等强度又分为 6 级：很轻、轻、中等、重、很重和极重。各级指标如表 4-3 所示。(资料来源于国际劳工局，1983)

表 4-3　中等强度作业分级

劳动强度等级	很轻	轻	中等	重	很重	极重
氧需上限的/(%)	< 25	25～37.5	37.5～50	50～75	>75	～100
耗氧量/(L · min^{-1})	～0.5	0.5～1.0	1.0～1.5	1.5～2.0	2.0～2.5	> 2.5
能耗量/(kJ · min^{-1})	～10.5	10.5～21.0	21.0～31.5	31.5～42.0	42.0～52.5	> 52.5
心率/(beats · min^{-1})	～75	75～100	100～125	125～150	150～175	> 175
直肠温度/℃	—	<37.5	37.5～38	38～38.5	38.5～39.0	39.0
排汗率/(mL · h^{-1})①	—	—	200～400	400～600	600～800	800～

说明：① 排汗率是工作日内每小时的平均数。

大强度作业，氧需超过氧上限，即在氧债大量积累的情况下作业，如爬坡负重、手工挥镐或锻打。这种作业只能持续 10 余分钟，不会更长。

极大强度作业，完全在无氧条件下的作业，氧债可能等于氧需。只在短跑、游泳比赛时才出现这类情况，持续时间不超过 2 min。

2．日本劳动研究所分级标准

表 4-4 所示是日本劳动研究所做的分级。它把劳动强度分为 5 级。

表 4-4　日本对劳动的分级

劳动强度分级	RMR	耗能量/kJ			作业特点	工种
		性别	8 h	全天		
A 级 极轻劳动	0~1.0	男	2300~3850	7750~9200	手指作业，脑力劳动，坐位姿势多变，立位重心不动	电话员、电报员、制图、修理仪表
		女	1925~3015	6900~8040		
B 级 轻劳动	1.0~2.0	男	3850~5230	9290~10 670	长时间连续上肢作业	司机、车工、打字员
		女	3015~4270	8040~9300		
C 级 中等劳动	2.0~4.0	男	5230~7330	10 670~12 770	立位工作，身体水平移动，步行速度，上肢用力作业，可持续作业	油漆工、邮递员、木工、石工
		女	4270~5940	9300~10 970		
D 级 重劳动	4.0~7.0	男	7300~9090	12 770~14 650	全身作业，全身用力 10~20 min 需休息 1 次	炼钢、炼铁、土建工人
		女	5940~7450	10 970~29 800		
E 级 极重劳动	>7.0 (7.0~11)	男	9090~10 840	14 650~16 330	全身快速用力作业呼吸急促、困难，2~5 min 即需休息	伐木工(手工)、大锤工
		女	7450~8920	12 480~13 940		

3. 我国分级标准

我国在 1983 年颁布了《体力劳动强度分级标准》(GB 3896—1983)。该标准在 1997 年进行了修订，即目前所用的《体力劳动强度分级标准》(GB 3896—1997)，自 1998 年 1 月 1 日起实施。我国体力劳动强度分级如表 4-5 所示；常见职业体力劳动强度分级如表 4-6 所示。

表 4-5　我国体力劳动分级表

劳动强度级别	劳动强度指数
Ⅰ	≤15
Ⅱ	>15~20
Ⅲ	>20~25
Ⅳ	>25

表 4-6　常见职业体力劳动强度分级表

体力劳动强度分级	职 业 描 述
Ⅰ (轻劳动)	坐姿：手工作业或腿的轻度活动(正常情况下，如打字、缝纫、脚踏开关等)；立姿：操作仪器，控制、查看设备，上臂用力为主的装配工作
Ⅱ (中等劳动)	手和臂持续动作(如锯木头等)；臂和腿的工作(如卡车、拖拉机或建筑设备等运输操作)；臂和躯干的工作(如锻造、风动工具操作、粉刷、间断搬运中等重物、除草、锄田、摘水果和蔬菜等)
Ⅲ (重劳动)	臂和躯干负荷工作(如搬重物、铲、锤锻、锯刨或凿硬木、割草、挖掘等)
Ⅳ (极重劳动)	大强度的挖掘、搬运，快到极限节律的极强活动

体力劳动强度指数计算公式为

$$I = T \cdot M \cdot S \cdot W \cdot 10 \tag{4-5}$$

式中：I 为体力劳动强度指数；T 为劳动时间率，%；M 为 8 h 工作日平均能量代谢率，kJ/(min·m^2)；S 为性别系数：男性 = 1，女性 = 1.3；W 为体力劳动方式系数：搬 = 1，扛 = 0.40，推/拉 = 0.05；10 为计算常数。

平均能量代谢率 M 计算方法：根据工时记录，将各种劳动与休息加以归类(近似的活动归为一类)，按《体力劳动强度分级标准》(GB 3896—1997)中表 A1 的内容及计算公式求出各单项劳动与休息时的能量代谢率，分别乘以相应的累计时间，最后得出一个工作日各种劳动休息时的能量消耗值，再把各项能量消耗值总计，除以工作日总时间，即得出工作日平均能量代谢率(kJ/(min·m^2))。

劳动时间率 T 计算方法：每天选择接受测定的工人 2～3 名，按《体力劳动强度分级标准》(GB 3896—1997)中表 A2 的格式记录自上工开始至下工为止整个工作日从事各种劳动与休息(包括工作中间暂停)的时间。每个测定对象应连续记录 3 天(如遇生产不正常或发生事故时不作正式记录，应另选正常生产日，重新测定记录)，取平均值，求出劳动时间率。

$$T(\%) = \frac{工作日内纯净劳动时间(min)}{工作日总时间(min)} \times 100 = \frac{\sum\left[各单项劳动占用的时间(min)\right]}{工作日总时间(min)} \times 100$$

$$\tag{4-6}$$

4.3　作业疲劳及其测定

什么是疲劳？至今尚无统一的确切定义。它是一个很难准确解释的概念，目前常见的有以下两种说法：一、疲劳就是作业者在作业过程中，产生作业机能衰退，作业能力明显下降，有时并伴有疲倦等主观症状的现象；二、疲劳就是指人体内的分解代谢和合成代谢不能维持平衡。

在劳动卫生学中，疲劳一般是指因过度劳累(体力或脑力劳动) 而引起的一种劳动能力下降现象，具体表现为反应迟钝、动作灵活性和协调性降低、工作差错率增多，并伴有主观感觉疲乏、无力等。换言之，疲劳是机体处于警觉和睡眠两个极端情况之间的一个中间机能状态，是许多生理变化的最后结果。严重疲劳可出现生理功能失调或紊乱。

4.3.1　疲劳产生的机理

1. 疲劳物质积累机理

作业者短时间内从事高强度体力劳动，该过程要消耗较多的能量，能量代谢时需要的氧供应不充分，机体就会进行无氧代谢，产生乳酸，乳酸在肌肉和血液中大量累积，使人感到身体不适，即产生疲劳感，便不能进行有效的作业。

奥博尼(D.J.Oborne)对此又做了进一步分析，由于乳酸分解后会产生液体，滞留在肌肉组织中而未被血液带走，使肌肉肿胀，进而压迫肌肉间血管，使得肌肉供血越发不足。倘若在紧张劳动之后能够及时休息，液体就会被带走。若休息不充分，继续劳动又会促使液体增加。若在一段时间内持续使用某一部分肌肉，肌肉间液体积累过多而使肌肉肿胀严重，结果是肌肉内纤维物质的形成，这将影响肌肉的正常收缩，甚至造成永久性损伤。

2. 糖原耗竭机理

劳动者在从事脑力劳动和体力劳动的过程中，都需要不断消耗能量。轻微劳动，能量消耗较少，反之亦然。人体的能量供应是有限的，随着劳动过程的进行，体能被不断消耗。此时，由于一种可以转化为能量的能源物质"肌糖原"储备耗竭或来不及加以补充，人体就产生了疲劳。

3. 中枢系统变化机理

强烈或单调的劳动刺激会引起大脑皮层细胞储存的能源迅速被消耗，这种消耗会引起恢复过程的加强，当消耗占优势时，会出现保护性抑制，以避免神经细胞进一步损耗并加速其恢复过程，即中枢系统变化机理。比如人体疲劳时，尽管想看书，却不能自制地瞌目而睡。在这种意义上，疲劳是对机体起保护作用的一种"信号"。

4. 生化变化机理

全身性疲劳是由于作业及环境引起体内平衡紊乱状态而产生的。引起紊乱的原因除包含局部肌肉疲劳外，还有其他许多原因，如血糖水平下降、肝糖原耗竭、体液丧失、体温升高等，此机理称为生化变化机理。

5. 局部血流阻断机理

静态作业(如持重、把握工具等)时，通过肌肉等长收缩来维持一定的体位，虽然能耗不多，但易发生局部疲劳。这是因为肌肉收缩的同时产生肌肉膨胀，且变得十分坚硬，内压很大，将会部分或全部阻滞通过收缩肌肉的血流，于是形成了局部血流阻断。例如，股四头肌张力达到最大收缩力的70%时，血液流动完全停止。

4.3.2 疲劳的种类

1. 疲劳的种类

疲劳的定义难以确定，分类亦是如此。一种划分方法是分为急性、亚急性和慢性疲劳。慢性疲劳常伴有心理因素，长期劳累以致心力交瘁，实际上已超出疲劳的概念范畴。它还可以分为局部肌肉疲劳和全身性(中枢性)疲劳。前者是由于短时间大强度体力劳动引起的肌肉和血液中乳酸大量蓄积的结果，这时糖原并未枯竭，是局部的。长时间的中等劳动或轻劳动引起的疲劳并不是乳酸蓄积所致，这时既有局部肌肉疲劳(与糖原储备耗竭有关)，也有全身性疲劳。对于全身(中枢)性疲劳，西方学者认为是由于劳动引起平衡紊乱所致的，除肌肉疲劳外还有血糖水平下降，肝糖原枯竭(极度疲劳)、体液丧失(脱水)、电解质(Na^+、K^+)丧失、体温升高等。总而言之，具有周身疲倦感。详细区分可将疲劳分为5种类型。

(1) 个别器官疲劳：如计算机操作人员的肩肘痛、眼疲劳；打字、刻字工人的手指和腕疲劳等；电焊工经常面对着焊光，虽然戴着防护眼镜，但长时间对着强光，眼睛很容易"打眼"。

(2) 全身性疲劳：全身动作进行较繁重的劳动，表现为关节酸痛、困乏思睡、作业能力下降、错误增多、操作迟钝等。如砌砖工每天要完成2000多块砖的砌筑，普通的砖块都有 3 千克重，合计每天砌砖 6000 千克，再加上铺灰压实等动作，一天的劳动量非常的大。所以砌筑工人每天下班时都处于极度疲劳的状态。

(3) 智力疲劳：长时间从事紧张脑力劳动引起的头昏脑涨、全身乏力、肌肉松弛、嗜睡或失眠等，常与心理因素相联系。如钢筋工必须现场对照图纸的要求摆放好并绑扎钢筋，而建筑工人大都文化程度不高，能看懂钢筋图纸的本来就不多，即使能够看懂，对他来说也是极费脑力的，一天下来难免看得头昏脑涨。

(4) 技术性疲劳：常见于体力、脑力并用的劳动，如驾驶汽车、收发电报、半自动化生产线工作等，表现为头昏脑涨、嗜睡、失眠或腰腿疼痛；塔吊司机既要操作方向杆又要考虑怎样才能安全起吊和放下，再加上高空作业，神经经常是高度集中的状态。

(5) 心理性疲劳：多是由于单调的作业内容引起的。例如，抹灰工辛勤劳动一个上午的成果，被技术人员认定为不合格，要求返工处理，这时很容易出现厌烦的心理状态，所以在整改的过程中经常会心不在焉、情绪低落，很容易引起安全事故。

除此以外，还有周期性疲劳。根据疲劳出现的周期长短，周期性疲劳又可分为年周期性疲劳和月、周、日的周期性疲劳。这种疲劳出现的周期越长，越具有社会因素和心理因素的影响。例如，工人在春节、国庆节休假后刚上班的头几天，作业能力总是低水平的，而且主观上有明显的疲劳感，似乎没有充分恢复体力；作业人员在周初感到不适应紧张的工作(尤其是在流水线上工作的作业人员)，周末则有明显的疲劳感；期末考试以后，学生既感轻松，又觉疲劳。上述诸例中，体力疲劳是基础，但明显地具有心理因素的作用。

2．疲劳的某些规律

(1) 青年作业人员作业中产生的疲劳较老年人小得多，而且易于恢复。这很容易从生理学上得到解释，因为青年人的心血管和呼吸系统比老年人旺盛许多，供血、供氧能力强。某些强度大的作业是不适于老年人的。

(2) 疲劳可以恢复。年轻人比老年人恢复得快。体力上的疲劳比精神上的疲劳恢复得快。心理上造成的疲劳常与心理状态同步存在，同步消失，所以对于厌烦工作的人采取必要的规劝、批评教育和处分的措施是必要的，或者是对工作内容进行调整。

(3) 疲劳有一定的积累效应，未完全恢复的疲劳可在一定程度上继续存在到次日。我们在重度劳累之后，第二天还感到周身无力，不愿动作，就是积累效应的表现。

(4) 人对疲劳也有一定的适应能力，例如，连续干几天，反而不觉得累了，这是体力上的适应性。

(5) 在生理周期中(如生物节律低潮期、月经期)发生疲劳的自我感受较重，相反在高潮期较轻。

(6) 环境因素直接影响疲劳的产生、加重和减轻。例如，噪声可加重甚至引起疲劳，而优美的音乐可以舒张血管、松弛紧张的情绪而减轻疲劳。所以某些作业过程中、休息时间和下班后听听抒情音乐是很值得提倡的。

(7) 工作的单调容易导致疲劳，现代化的作业线被开发之后，依附于流水作业的人员，周而复始地做着单一、毫无创造性、重复的工作。在调查中，他们突出地反映出了工作的单调感，普遍对工作有厌倦心理。这种没有兴趣的"机器人"作业，很容易使人厌烦、疲劳。从生理上分析，公式化的单调动作，使人容易产生局部疲劳。这种有单调感的工人其工作效率往往在接近下班时反而有所上升，这是由于作业者预感到快要从单调工作中解放因而兴奋所致。

4.3.3　作业疲劳的调查与测定

对于疲劳的研究虽然有着非常重要的意义，但目前还研究得不够透彻，对于疲劳缺乏直接客观的测定评价方法。所以，常以主观的疲劳感判断疲劳的有、无和深、浅，测定方法只是间接测定其他生理或心理反应指标，以推论疲劳的程度。

1．疲劳问卷调查

劳动者一旦产生了疲劳，就会以各种形式表现出来，以提醒人们注意。日本产业卫生学会疲劳研究委员会 2002 制定了一套疲劳自觉症状调查表(该表还有 1954 年版和 1970 年版)。该表由 25 个项目构成，各项目按程度从"1. 一点都没有"至"5. 非常有"分 5 阶段，调查对象在相应项目和程度上划圈，以此计算得分。分析时可将此 25 个项目分为 5 群。项目群和各群包含的项目如表 4-7 所示。

表 4-7　项目群别及其包含的项目

Ⅰ群 困倦感	Ⅱ群 不安定感	Ⅲ群 不快感	Ⅳ群 乏力感	Ⅴ群 模糊感
犯困	感到不安	头痛	手臂没力	眼睛有些睁不开
想躺下来	心情忧郁	头重	腰痛	眼睛很累
打哈欠	感觉静不下心来	感觉心情不好	手或手指痛	眼睛痛
没有干劲	脾气急躁	头脑发呆	腿酸乏力	眼睛干
全身无力	思路混乱	头昏	肩酸	视线模糊

2．疲劳测定方法

疲劳可以从三种特征上表露出来：

(1) 身体的生理状态变化，如心率(脉搏数)、血压、呼吸以及血液中乳酸含量等的变化。

(2) 作业能力的下降，如对待特定信号的反应速度、正确率、感受性等能力下降。

(3) 疲倦的自我体验。

目前还没有直接测定疲劳的方法，也没有评定疲劳的明确指标，只能从疲劳的表征上检验。检验疲劳的基本方法可分为三类：生化法、生理心理测试法、他觉观察和主诉症状调查法。

1) 生化法

生化法通过检查作业者的血、尿、汗以及唾液等体液成分的变化情况来判断疲劳。这类方法的不足之处是，测定时需要中止作业者的作业活动，而且还容易给被测者带来不适甚至反感。

2) 生理心理测试法

生理心理测试法主要包括以下几种：

(1) 频闪融合阈限检查法。该方法是利用人的视觉对光源闪变频率的辨别程度来判断机体疲劳的。当光源以某一频率闪变时，人眼能够辨别出光源一明一暗。若把闪变频率提高到使人眼对光源闪变感觉消失，则称为融合现象。对于开始产生融合现象的闪变频率称为融合度。相反，在融合状态下降低光源的闪变频率，使人眼产生闪变感觉的临界闪变频率称为闪变度。融合度与闪变度的均值便称为频闪融合阈限，它表征中枢系统机能的迟钝化程度。研究表明，在精神高度集中、视力紧张以及枯燥无味、重复单调的工作前后，频闪融合阈限可有不同程度的减少(0.5～6 Hz)；而在体力劳动或在精神不太紧张的工作前后则变化很小。

一般以频闪融合阈限的日间变化率(d_R)和周间变化率(w_R)来表示疲劳的程度，即

$$d_R = \frac{F_{d2} - F_{d1}}{F_{d1}} \tag{4-7}$$

$$w_R = \frac{F_{w2} - F_{w1}}{F_{w1}} \tag{4-8}$$

式中：F_{d1} 为作业前的频闪融合阈限；F_{d2} 为休息日后第一天作业后的频闪融合阈限；F_{w1} 为休息日后第一天作业前的频闪融合阈限；F_{w2} 为周末作业前的频闪融合阈限。

日本早稻田大学的大岛给出的频闪融合阈限值列于表 4-8 中，可作为正常作业时应满足的标准。

表 4-8　频闪融合阈限值

劳动种类	第一工作日间降低率/(%)		作业前值的周间降低率/(%)	
	理想值	允许值	理想值	允许值
体力劳动	−10	−20	−3	−13
中间劳动	−7	−13	−3	−13
脑力劳动	−6	−10	−3	−13

(2) 能量代谢率测定。这一方法实际上是测定劳动强度。如果有完善的仪器设备可同时测得心跳次数、肺通气量等多项指标，对于判定疲劳更为有利。

不同的劳动负荷具有不同的劳动代谢率和心率，不同的劳动代谢率和心率对应的连续劳动时间各不相同。某人群对应不同的劳动时间具有一定的生理负荷极限。鞍钢劳研所张殿业根据对采矿作业人员进行的实验室和现场实测，提出一个生理负荷极限回归方程式：

$$Y_1 = 42.88 - 11.39 \lg X \tag{4-9}$$

$$Y_2 = 201.0 - 32.75 \lg X \tag{4-10}$$

式中：X 为负荷时间，min；Y_1 为能量消耗允许值；Y_2 为心率负荷允许值。

利用上述公式可迅速求得所要求的参数。

(3) 心率(脉搏数)测定。心率和劳动强度是密切相关的。在作业开始前 1 min，由于心理作用，心率常稍有增加。作业开始后，头 30～40 s 内迅速增加，以适应供氧的要求，以后缓慢上升。一般经 4～5 min 达到与劳动强度适应的稳定水平。轻作业，心率增加不多；重作业，则能上升到 150～200 次/min，这时，心脏每搏输出血液量由安静时的 40～70 mL 可增大到 150 mL，每分钟输出血量可达 15～25 L，经常锻炼的人可达 35 L/min。

人的疲劳程度可以用活动中心率增加值或活动平均心率来表示，也可用活动停止后到恢复静息心率时间内的心跳总数来表示。该方法可以在作业者的作业过程中实现对作业者的心率(脉搏数)遥控检测，且又不会给作业者增加负担。

作业停止后，心率可在几秒至十几秒内迅速减少，然后缓慢地降到原来水平。但是，心率的恢复要滞后于氧耗的恢复，疲劳越重，氧债越多，心率恢复得越慢。其恢复时间的长短可作为疲劳程度的标志和人体素质(心血管方面)鉴定的依据。图 4-1 所示是一次测定的心率与耗氧量变化的关系。

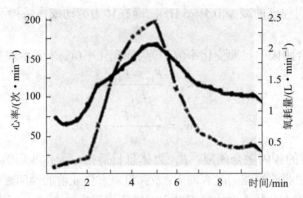

图 4-1　不同状态下心率与氧耗之间的关系

(4) 触觉两点阈值测定。在皮肤上两邻近点施加触觉刺激，当两点间的距离较大时，受试者感受到两个刺激，但当两点间距离较小时，受试者不能区分开这两个刺激而把它们知觉为一个刺激。我们把能引起两点感觉的两刺激之间的最小距离称为触觉两点辨别阈。作业疲劳越甚，感觉越迟钝，此值上升越多。人体皮肤不同部位的触觉两点辨别阈不同，表 4-9 所示是温斯顿给出的实验结果。

表 4-9　人体皮肤不同部位的触觉两点辨别阈　　　　mm

人体皮肤部位	触觉两点阈值	人体皮肤部位	触觉两点阈值	人体皮肤部位	触觉两点阈值	人体皮肤部位	触觉两点阈值
拇指	3.5	上唇	5.5	前额	15.0	肩部	41.0
食指	3.0	脸颊	7.0	脚底	22.5	背部	14.0
中指	2.5	鼻部	8.0	腹部	31.0	上臂	44.5
无名指	4.0	手掌	11.5	胸部	36.0	大腿	45.5
小指	4.3	大足趾	12.0	前臂	38.5	小腿	17.0

(5) 膝跳反射阈限测定。当用锤子叩击四头肌时，膝部会出现反跳现象，这在生理学上称为膝跳反射。随着疲劳的增加，引起膝跳反射所需的叩击力也随之增加。一般以能引起膝跳反射的最小叩击力量(以锤子的下落角表示)来表示膝跳反射的敏感性(或称阈值)。例如，如果锤子长 15 cm、重 150 g，则轻度疲劳时阈值增加 5°～10°，重度疲劳时阈值增加 15°～30°。

(6) 反应时间测定。人体疲劳后，人的感觉器官对光、声、电等的反应速度降低，显示出反应时间延长。可以用机械式或电子式反应时间仪测定人作业前后的反应时间的长短作为疲劳判定的依据。

(7) 判别力测定。可以设计出多种测定方法，这里介绍一种。用纸片或木块做成三角形、圆形、方形和六角形 4 种图形各 4 个，每种图形涂成 4 种颜色(红、蓝、黄、黑)。在这 16 个图形中，每次取出不同颜色、不同形状的 4 个图形排成一列，令受试者按顺序口述图形形状和颜色，如蓝三角、红方、黄圆、黑六角。下次再做相似的变换，令受试者叙述。重复多次后，疲劳的人将出现误述。疲劳越甚，误述出现越早、越多。此法可以较好地测定精神上的疲劳。

3) 他觉观察和主诉症状调查法

疲劳的他觉观察和主诉症状调查法也称自我感觉摄影。其具体做法是首先选定若干受试者，然后对他们进行若干天的跟踪调查。在受试者上班的时间内，每隔半小时向受试者提出询问："在当前时刻你体验到什么样的疲劳特征？"要求受试者指出这种或那种症状及其程度——微弱、中等、剧烈。

4.4 作业疲劳与安全生产

4.4.1 疲劳与安全

作业疲劳可使作业者产生一系列精神症状、身体症状和意识症状，这样就必然影响到作业人员的作业行为。

(1) 睡眠不足、困倦引起的事故。这类事故多见于夜班或长时间作业未得到休息的情况，多属于技术性作业事故。如某矿的卷扬机司机，白天休息不充分，夜班时打盹，开动卷扬机后即进入半睡眠状态，以致造成过卷事故，拉断钢绳，坠入井底。体力为主的劳动，事故危险性小。立姿工作比坐姿工作安全性高，因为坐姿技术性作业者更易因困倦而入睡，在极度疲劳和困倦时，往往无法自我控制。

(2) 反应和动作迟钝引起的事故。疲劳感越强，人的反应速度越慢，手脚动作越迟缓。某钢厂厂区内铁路纵横交错，道口很多。疲劳状态下的工人在下班途中或作业中常不能敏锐地觉察侧面和后面来车，从而造成伤亡事故。

(3) 省能心理。作业过程中，特别是重体力劳动常给作业人员造成一种特殊的心理状态——省能心理，反映在作业动作上，常因简化而造成违反操作规程。人总是希望以最小的能量消耗取得最大的工作效果，这是人类在长期生活中形成的一种心理习惯。它表现为嫌麻烦、怕费劲、图方便或者得过且过的惰性心理；把必要的安全规定、安全措施、安全设备认为是实现其某种目标或是完成某项任务的障碍；操作者省略了必要的操作步骤或不使用必要的安全装置。例如为了图凉快而不戴安全帽，为了方便不正确穿戴各种防护用品而被划伤。

(4) 疲劳心理作用。疲劳常造成心绪不宁，精神恍惚，心不在焉，对事物反应迟钝，视力、听力减退等。如某建筑工地拆除方形脚手架，作业者事先约定，上方每扔下三根木杆，下方人员进入脚手架下抽取木杆一次。但是由于下方作业的工人上班前通宵赌博，过度疲劳，精神恍惚。工作几个周期后下方没有反响，上方作业人员下来才发现下面的工人已被脚手杆打死。

(5) 环境因素加倍疲劳效应。工作环境条件直接关系到作业者的工作疲劳，照明、噪声、颜色、振动、温度、湿度、风速等环境条件不良，都会增加作业者肉体和精神的负担，容易引起疲劳。例如，各工业部门在高温季节(七、八月份)事故发生率较高；室外作业在寒冷季节的事故率会增大。图 4-2 所示是某大钢铁企业 30 年来事故率随气温和月份变化的统计图。

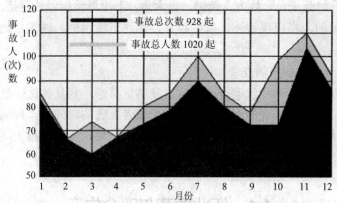

事故总次数 928 起

事故总人数 1020 起

图 4-2　某大钢铁企业 30 年事故统计

(6) 疲劳与机械化程度。通过分析历史事故发生率可以发现：手工劳动时期事故率低，高度机械化、自动化作业事故率也较低；半机械化作业事故率最高，大部分是由人机学问题引起的。半机械化作业时，人必须围绕机械进行辅助作业，因为人比机械力气小、动作慢，所以往往用力较大，易造成疲劳，再加人机界面上存在问题就会导致事故发生。例如，鞍山市(包括鞍钢)1984—1987 年 4 年间的死亡事故中，70%属于半机械化作业，具体事故多发生在人机配合上。

综上可见，疲劳与安全是密切相关的。所以对于疲劳的预防也是安全生产的关键之一。

4.4.2　疲劳的改善与消除

疲劳对一切工作在数量上、质量上和伤害程度上都有相当大的影响。要完全消除疲劳是困难的，但减轻疲劳程度和由疲劳引起的伤害是可能的，也是大有潜力可挖的。

1. 提高人的素质

提高人的素质，包括身体素质、心理素质和个人技术。

1) 提高身体素质

身体素质的提高就是要保证足够的衣、食、住、行条件，丰富的娱乐活动和融洽的家庭关系，保证工作时旺盛的精力和体力。如我国东南沿海地区的大多数工厂都提供较为丰盛的午餐，以保证工人摄入足够的能量，满足工作的需要。

2) 提高心理素质

"人逢喜事精神爽，闷上心头瞌睡多"。所以心理情绪影响大脑指令，而人的大多数行为依靠的是大脑。如果身体没有得到充分休息与营养补充，那么在生理和心理的综合影响下就会产生疲劳。应加强劳动教育、安全教育，培养高度的工作责任心和工作热情。

3) 提高个人技术

技术水平的提高就是提高人的操作熟练程度和文化水平，提高在紧急情况下的应急能力。疲劳与体质和技术熟练程度密切相关。技术熟练的作业人员作业中无用的动作少，技巧能力强，完成同样工作所消耗的能量比不熟练工人少许多。他们的作业动作是从工作经验中总结出来的，也可以说是工人自己设计的动作，所以存在极大的个人差异，但也不可避免地局限于一己的经验，因此不够完善。最好的办法是组成由工程师、老工人、技师、管理干部参加的专家小组，对作业内容进行逐项解剖分析，如动作分析、安全性分析等，制订出标准作业动作，工人则按标准作业动作进行操作。如果能不断听取意见，总结提高，则各企业都将结合各自条件制订出各工种操作的标准化作业方案，这对于减少疲劳、保证安全将起着重要的作用。

为使工人掌握标准化作业规程，必须选拔身体素质、心理特征符合指定岗位要求的人员参加培训，培养出一批合格的技术工人。不能一味地强调师傅带徒弟、在"干"中学。

2. 改善工作条件

1) 改进工作环境条件

改进工作环境条件，例如照明、噪音、颜色、振动、温度、湿度、微气候条件、粉尘及有害气体等，使工人在良好的环境中工作，有利于减少疲劳的产生。

目前，国外有的地方为提高工作效率和产品质量，防止工作人员疲劳造成的安全事故，已开始模拟某种自然环境。如在美国的一些工作车间，当劳动者感到疲劳的时候，便开动阴离子发生器，向车间输送类似瀑布、山林和海滨空气的"人工电气候"。因为这些地方的空气中含有较多的阴离子，这种离子能净化空气、除尘，也能消除人的心理性疲劳。经长期的观察证明，阴离子对人体生理的作用是多方面的，它可以调节中枢神经系统的兴奋和抑制；可改善大脑皮层的功能状态；可刺激造血系统功能，使异常血液成分趋于正常；改善肺的换气功能，促进机体的新陈代谢，增强了机体的免疫功能。人的健康水平显著提高，专心工作程度加强，操作错误减少。

2) 改进设备和工具

采用先进的生产技术和工艺，提高作业机械化、自动化程度是减轻疲劳、提高作业安全可靠性的根本措施。

大量事故统计资料表明，笨重体力劳动较多的基础工业部门，如冶金、采矿、建筑、运输等行业，劳动强度大，生产事故较机械、化工、纺织等行业均高出数倍至数十倍。死亡事故数字统计说明，我国机械化程度较低的中等煤矿事故死亡人数和美国 20 世纪 50 年代机械化程度相当的煤矿是相近的。而目前美国矿井下，由于机械化水平很高，只有机械化程度较低的顶板管理中事故居首位。各国发展的趋势都倾向于由机器人去完成危险、有毒和有害的工作。这些都说明，提高作业机械化、自动化水平是减少作业人员、提高劳动生产率、减轻人员疲劳、提高生产安全水平的有力措施。

3) 改进工作方法

(1) 采用合适的工作姿势。需要设计合理的工作场所和工作位置，研究合理利用人体及工作姿势，设备、工具的安置也要合理。可以参照 R.M.Barnes(巴恩斯)总结的"动作经济原则"22 条。

(2) 克服单调感，采用经济作业速度。作业过程中出现许多短暂而又高度重复的作业或操作，称为单调作业。单调作业使作业者产生不愉快的心理状态，称为单调感(枯燥感)。克服单调感的主要措施就是根据作业者的生理和心理特点重新设计作业内容，使作业内容丰富化。例如，在高速公路上驾驶比普通公路上驾驶更容易产生昏昏欲睡的情况。这是因为普通公路上道路情况复杂，人多车多；而高速公路是全封闭双向隔离，只有同方向行驶的车辆，路况较好，各种干扰也少，驾驶员不需要做过多的复杂动作，动作单调，使人容易产生疲劳。

(3) 选择最佳的作业方法。操作者作业过程中的用力原则是，尽量将有限的力量投入到完成某种动作的有用功上去，这样可以延缓疲劳的到来或者在某种程度上减少疲劳。

3. 合理确定作业休息制度

1) 工作日制度

工作日的时间长短取决于很多因素。我国目前实行的是每周工作 40 h、5 个工作日的制度。许多发达国家实行每周工作 32～36 h、5 个工作日的制度。某些有毒、有害物的加工和生产，环境条件恶劣，必须佩戴特殊防护用品工作的车间、班组，也可以适当缩短工作时间。

当然，最为理想的是工人自己在完成任务条件下，掌握作业时间。例如，云南锡业公司井下工人，作业分散，又有放射性辐射的危害，在现有生产条件下，保证完成任务后就可下班，实际生产时间只有 3～5 h(规定为 6 h)。国内许多矿山，井下采矿、掘进工人实际下井时间不过 4 h。这在当前计件或承包的分配制特定情况下是可行的。

应当指出，过去经常采用的延长工作时间以提高产量的做法是不足取的。除特定情况外，以此作为提高产量的手段，往往会导致废品率增高和安全性下降而且增加成本、降低工效。例如，在第二次世界大战初期，由于供不应求，许多军工厂通过延长工作时间来提高产量。广大工人的爱国热情非常高，对延长工作时间没有半点怨言。起初，产量确实提高了，但过了一段时间后，产量反而降低了。如在一项调查中发现，当每周工作时间从56 h 增加到 69.5 h 时，开始产量增加了 10%，但不久却比原来的水平还低 12%。这并不是因为人们的爱国热情降低了，而是由于疲劳的作用。

2) 劳动强度与作业率

劳动强度越大，则机体耗氧量也就越大。当机体的耗氧量与机体通过循环系统所摄取的氧量相等时，表明能量消耗处于平衡状态。当劳动强度较大时，平衡状态就会被破坏，作业只能维持较短的时间。劳动强度越大，劳动时间越长，人的疲劳就越重。一般的经验表明，能量代谢率 RMR≤2 可保持稳态工作 6 h；RMR＝3.6 的作业可持续 80 min；RMR＝7.0 的作业，则工作 10 min 就需休息。这就有必要对不同劳动强度的作业时间给予科学的评价和规定，使疲劳得到宽裕时间进行消除，以便再次作业。

鞍钢劳动卫生研究所对疲劳消除所做的现场试验说明，以能量代谢的大小计算疲劳的消除时间最为恰当。消除时间为

$$T = 0.02(M-3)^{1.2} \times t^{1.1} \tag{4-11}$$

式中：T 为消除时间，min；M 为能量代谢值，kJ/(min·m²)；t 为纯劳动时间，min。

根据经验，RMR 为 7～10 的作业应采用机械化、自动化设备来完成。RMR＞4 的作业应给予必要的间歇休息时间；RMR＜4 可持续工作，但工作日内的平均 RMR 值不应大于2.7。因此，制定科学的工作时间表，使作业和休息合理地交叉起来是必要的。

3) 工作时间及休息时间

如上所述，作业人员从生理和心理上是不可能连续工作的，过一定时间，效率就将下

降，差错就会增多，这时若仍不能及时休息，会引起产品质量下降，甚至出现安全事故。事故是生理、心理和生产条件等不良因素综合作用的结果，一个事物的发展总是从量变到质变。在事故发生之前，就已经存在事故发生的各种条件，疲劳就是重要条件之一。因此，为安全考虑也应制止疲劳的向前发展。

疲劳表现的形式之一就是工作效率下降。如图 4-3 所示，工作效率在工作日内的变化曲线说明，工作开始阶段属于适应过程，人体要逐渐发挥出最大能力；经过一段稳定的高效率以后又会下降；午休后又有所上升，但不如上午。

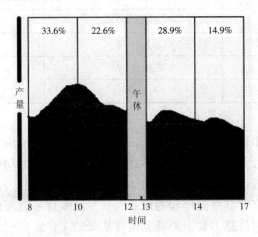

图 4-3　工厂一天工作曲线

因此应给作业人员一定的宽裕时间，工作时间内的作业率不宜太高。如果一直不休息，作业人员也会自动调节，做些次要工作，缓解作业的紧张。与其出现这种情况，不如有意识地组织休息时间，选择休息方式更为积极、有效。

每次小休时间不宜过长和过短。一般中等强度作业，上、下午中间各安排一次 10～20 min 的休息是适当的。为此曾做过一项试验，令受试者用手臂拉力器试验，拉力为 134 N，每拉 14 次休息 10 min 为周期，一直到精疲力尽；另外试验每周期休息 2 min，结果效率相当悬殊，如图 4-4 所示，这说明了必要的休息时间的重要性。

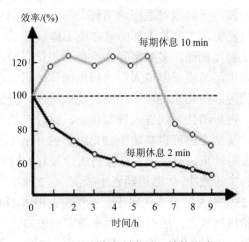

图 4-4　不同休息制度对工效的影响

宽裕时间是指不直接产生效益的活动时间。一般分为4种，即作业宽裕(用于调整设备、整磨工具、注油、擦拭机器等)、车间管理宽裕(用于工作联系、整理、等待、开碰头会等)、生活宽裕(洗手、喝水、上厕所等)和疲劳宽裕(恢复疲劳所需要的休息时间)。一般规定作业率应如表4-10所示。

表4-10　一般作业率

作业分类	主要作业的 RMR	作业率/(%)
轻作业	0 ～ 1	80
中等作业	1 ～ 2	80 ～ 75
强作业	2 ～ 4	75 ～ 65
重作业	4 ～ 7	65 ～ 50
极重作业	>7	<50

4) 休息方式

工间休息方式可以多种多样。对于连续、紧张生产的钢铁冶炼工人，工间休息多为自我调节式的，由于噪音较大、信号频繁，不宜播放音乐。体力劳动强度大的以静止休息为主，但也应做些有上下肢活动、背部活动的体操，以利于消除疲劳，即积极休息和消极休息相结合。澳大利亚为有背部疲劳疼痛的作业人员专门编选了背部体操，以提高作业者的适应能力和恢复能力。对注意力集中和感觉器官紧张的工作，更应采取积极休息的方式，如工间操、太极拳运动等；计算机操作人员、仪表监视人员在休息时，播放轻松、愉快的音乐和歌曲更有利于恢复精神疲劳。

工间送茶、送水或送其他饮料，也是调节情绪、缓解疲劳的好方法。

5) 轮班工作制度

轮班工作制度可以提高设备利用率，也适用于某些不可能间断进行的工业生产方式，在现当代生产中有着重要的意义。但轮班工作制的突出问题是疲劳，本来改变睡眠时间本身就足以引起疲劳，但是轮班工作制度造成的疲劳却难以通过睡眠加以消除，一个原因是白天睡眠极易受周围环境的干扰，不能熟睡和睡眠时间不足，醒后仍然感到疲乏无力；另一个原因是，改变睡眠习惯，一时很难适应。另外，与家人共同生活时间少，容易产生心理上的抑郁感。调查资料证明，大多数人都愿意白班工作。

夜班作业人员病假缺勤比例高，多数是呼吸系统和消化系统疾病。因为人的生理机能具有昼夜的节律性。长期生活习惯已养成人们"日出而作，日落而息"的习惯。安静的黑夜适于人们休息，消除疲劳。消化系统在早、午、晚饭时间，分泌较多的消化液，这时进食既容易消化又有食欲。夜里消化系统进入抑制状态，这时吃饭往往食不甘味。矿井中工作的工人由于轮班工作，又加上白班也在缺少日光照射的井下工作，患消化道疾病的人比例较大。某些疾病常在夜间转重，而夜间又是服药后疗效好的时间段。

轮班制打乱了正常的生活规律，体温周期发生颠倒。有27%的人需要1～3天才能适应，12%的人则需4～6天，23%的人需要6天以上，38%的人根本不能适应。时间节律的紊乱也明显地影响人的情绪和精神状态，因而夜班的事故率也较高。

我国目前实行的轮班制度是三班三轮制，即白、中、夜班，每周轮流工作和休息。这种轮班制是最古老的，也是最不合理的方式。每周轮班制使得工人体内生理机能刚刚开始适应或没来得及适应新的节律时，又进入新的人为节律控制周期，所以，工人始终处于和外界节律不相协调的状态。长期处于这种状态将影响工人健康和工作效率，从而影响到安全生产。

我国一些企业推行四班三轮制较为合理。它又分为几种，现举出两种轮班方式作为参考，如表 4-11、表 4-12 所示。

表 4-11　四班三轮制(一)：6(2)6(2)6(2)型

日期 次数	1, 2	3, 4	5, 6	7, 8	9, 10	11, 12	13, 14	15, 16	17, 18	19, 20	21, 22	23, 24
白班	A	B	C	D	A	B	C	D	A	B	C	D
中班	D	A	B	C	D	A	B	C	D	A	B	C
夜班	C	D	A	B	C	D	A	B	C	D	A	B
空班	B	C	D	A	B	C	D	A	B	C	D	A

表 4-12　四班三轮制(二)：5(2)5(1)5(2)型

日期 次数	1	2	3	4	5	6	7	8	9	10	11	12	13	14	15	16	17	18	19	20
白班	A	A	A	A	A	B	B	B	B	B	C	C	C	C	C	D	D	D	D	D
中班	C	C	D	D	D	D	D	A	A	A	A	A	B	B	B	B	B	C	C	C
夜班	B	B	B	C	C	C	C	C	D	D	D	D	D	A	A	A	A	A	B	B
空班	D	D	C	B	B	A	A	D	C	C	B	B	A	D	D	C	C	B	A	A

6) 业余活动和休息的安排

业余的休息和活动往往容易被领导者所忽视。实际上，这与生产安全和效率是密切相关的。

首先，应为轮班的工人创造良好的休息条件。睡眠是消除疲劳的最好方法。在单身宿舍一个房间里，往往住着几个工班的作业人员，他们之间互相干扰。甚至有一些人不讲公共道德，大声喧哗、打闹，严重影响他人休息，因此要加强管理。

其次，要组织业余活动。一些人所进行的活动不仅自己不能休息，还波及别人，如彻夜打扑克、打麻将。党、团、工会应组织工人开展健康有益、丰富多彩的文化娱乐和体育活动，以恢复疲劳，增进身心健康，培养高尚的情操。

4.5　职业适应性

4.5.1　职业适应性概述

职业适应性的研究范畴是人机工程学中人对机的适应，虽然现代人机工程学更多强调的是机对人的适应问题，但是人对机的适应也同样值得研究。一方面，由于个体在身心素质等各方面的差异，可能导致一部分人比另一部分人更适合某项工作，因此，进行安全人机系统设计时，人员的选拔是一项重要的步骤，必须选拔出尽量适合系统要求的人员；另一方面，人的可塑性较强，只要通过一定的学习和培训，人的能力和身心素质就可以得到很大的提高。所以即使开始不适应，经过学习、培训之后，也会逐渐适应工作的要求。因此，安全人机系统的设计要注意人员的选拔和培训，实现系统的良好匹配，达到安全和高效的目的。

1. 职业适应性的概念

职业适应性是指一个人从事某项工作时必须具备的生理、心理素质特征。它是在先天因素和后天环境相互作用的基础上形成和发展起来的。职业适应性包括很多种，在不同的场合有不同的侧重点：工作效率、无事故倾向、最低能力和特性要求、熟悉工作速度、意愿适应、个人背景。为了筛选出符合要求的个体，往往需要对职业人群进行职业适应性测评，即通过一系列科学的测评手段，对人的身心素质水平进行评价，使人与职业匹配合理、科学，以提高工作效率，减少事故。

所谓的事故倾向性，是指在一定时期内及特定环境下，具有潜在的诱发事故的生理、心理素质特征。它既可以是稳定的，也具有一定的可变性。通常，人诱发事故的心理、生理特征是稳定的，但是在特殊情况下，这种稳定的特征受到外界因素的激发便会导致事故。严格来说，事故倾向性与职业适应性是有一定区别的。

事故倾向性的研究目的是筛选出职业人群中容易发生事故的个体，即事故倾向性人员，以降低事故发生率。有关事故倾向性的检测是强制执行的，例如国家立法对飞行员身心素质的检测规定。相比而言，职业适应性测试一般不具有强制性，仅作为人才选拔的参考。事故倾向性侧重反映安全要求，而职业适应性除了反映安全要求以外，还反映了效率的要求，后者的概念涵盖范围更大。

2. 职业适应性的研究意义

研究职业适应性可以较全面地了解个体的特征，在确保作业者的高效性和可靠性等方面有着很大的促进作用。

首先，研究职业适应性有利于选拔合适岗位要求的作业者。不同的职业有不同的评价标准和指标，通过职业性测定可以确定求职者的适应性等级。同时，还可以对在岗者进行定期的测试和评价，建立职业适应性的动态数据库，用以进行人员的动态管理。

其次，在制定合理、有效的职业培训计划方面可以提供一定的科学依据。

再次，可以帮助求职者了解自己的职业特性和条件。通过测试和评价求职者的生理、心理等特征，并对照不同职业或工种的要求，分析被测试者适合从事的岗位，以充分发挥个人的职业能力。

3. 职业适应性的分类

职业适应性可分为一般职业适应性和特殊职业适应性两大类。前者指从事一般职业所需的基本生理、心理素质特征；后者指从事某一特定职业所需具备的特殊生理、心理素质特征。例如对飞行员、驾驶员的选拔。国家安全生产监督管理总局令第 30 号《特种作业人员安全技术培训考核管理规定》中明确规定的电工作业、焊接与热切割作业、高处作业、制冷与空调作业等，都应该接受特殊职业性测试。由此可见，对个人从事某项具体工作的职业适应性进行测评时，也包括一般职业性测评和特殊职业适应性测评。

4.5.2　职务分析

职业适应性涉及的问题是多方面的，而且在考核适应性时，所依据的标准大多难以量化，因此，必须科学、合理地进行职务分析，为满足选拔和培训标准要求的作业者提供明确的考核依据。

1. 职务分析的定义

职务分析是指根据观察和调查研究，确定某些特定职务基本特征的信息，并提出专门报告的系统工作程序。

职务分析应明确规定下述内容：

(1) 职务所包括的工作任务。

(2) 优秀就职者应具备的各种素质，比如智能、知识、能力、经验、责任、技巧等。

(3) 该职务与其他职务之间的区别。

2. 职务分析的作用

职务分析可以为人力资源管理提供一定的信息，具体的作用有以下几个方面：

(1) 为职工的招聘、定岗和晋升提供依据。

(2) 为职工的教育和培训提供方向。

(3) 为确定职务的工作任务提供建议。

(4) 为安全管理和改善业务提供资料。

3. 职务分析项目的组成

(1) 职务内容。它包括担任的工作、与其他职务的关系、作业步骤、作业要点。

(2) 责任与权限。它包括基本职能、管辖范围、责任事项及执行标准、责任大小及损害发生概率、控制手段、权限。

(3) 身体动作和精神活动。它包括基本姿势和动作、感觉集中及持续、智力和发挥、应有的心态。

(4) 作业条件。它包括工作时间、不卫生性、危险性、作业环境、作业方式、职业病。

(5) 熟悉的过程。它包括时间形态的变化、空间动作的变化、精神过程的变化。

(6) 就职条件。它包括年龄、性别、知识、熟练程度和技能、身体素质、精神素质、人品与人格条件。

4. 职业适应性标准的确定方法

确定职业适应性标准，可以通过以下 3 种方法进行：

(1) 职务分析法。该方法是对各种职务的工作任务、工作条件、工作方式、工作结果等内容进行分析，总结得出就职者所需具备的能力和特性。

(2) 作业人员分析法。该方法是研究企业中从事相同职务的人群，分别对优秀者、中等者和较差者进行对比分析，总结出该职位大致所需的能力和特性。

(3) 统计分析法。该方法是对各类职业的职务的作业者进行调查分析，总结他们的能力和特性，统计分析各职务对应的能力与特性，从而得出某个职业的适应性标准。

需要说明的是，在描述各种职业和职务的完成能力时，应注意与就业时的培训可能性结合起来。此外，职业适应性标准并不是一成不变的，而是随着人的经验水平、所要求的适应程度及企业的培养方法等因素的变化做相应的调整。

4.5.3 职业适应性测评

职业适应性测评包括测试和评价两个方面。对个人从事某项具体工作的职业适应性测评包括一般职业适应性测评和特殊职业适应性测评。职业适尖性测试是指使用各种仪器和量表对被测试人员的生理、心理素质进行检测；职业适应性评价是指对职业适应性的测试数据进行综合分析，对被测试人员的职业适应性等级给予评价。

1. 职业适应性测试

1) 测试项目

总的来说，职业适应性测试的项目可以分为生理测试项目和心理测试项目两大类。生理测试项目包含身高、眼高、肩高、臂长、腿长、左右手握力、腿力、腹力、背力、体重、视力、视野、色觉、心功能、肺功能、血压、神经症等。心理测试项目包括简单反应、速度估计、操纵机能、注意力、记忆力、智力、人格、态度、情绪等。一般情况下，不需要对所有的测试项目进行测试，而是选择一定的测试项目，进行有针对性的测试，保证测评结果有较高的信度和效度。这样既可以确保测试效率和测试方便性，又可以避免花费精力测试一些无效的项目。

(1) 一般职业适应性测试。一般职业适应性测试注重于检测与职业关系密切并有代表性的能力因素。1947年，美国劳工局人力资源部正式采用了一般能力倾向成套测试(General Aptitude Test Battery，GATB)，对一般事务性职务或工厂技能性职务均适用。它可用于职业咨询、职业指导和人员选拔，澳大利亚、加拿大、日本等国家直接或间接地采用了 GATB。GATB 中总结了 10 种能力因素：

① 智力。通过智力测试掌握被测试者的学习能力、理解能力、逻辑推理能力和判断决策能力等。

② 语言理解和口头表达能力。通过被测试者对概念、成语、谚语等自我陈述说明，考核对文章内容和词义的理解能力，以及文字表达能力。同时还应注意口头语言的表达能力。

③ 数理能力。它是指准确而快速的计算能力。

④ 空间判断能力。它是对投影图、展开图、空间结构、平面与空间的关系的理解，以及判断二维或三维空间的视觉能力。

⑤ 形体知觉能力。它是指识别图片、表格和物体细节，辨别微细部分差别的能力。

⑥ 书写知觉能力。它是指辨别和校正文字、数字和词汇正确或错误的能力。

⑦ 记忆能力。它是指完整地记住事物、语言、形象的机械记忆能力。

⑧ 反应速度和运动协调性。它包括操纵和控制的准确度，四肢的协调能力，对刺激的反应速度，受到刺激后迅速向指定方向运动的能力，对运动物体的速度和方向变化进行长时间连读的判断和调整的能力，手臂正确定位的能力。

⑨ 手指的灵巧度。它是指手指对微小物体熟练控制和操纵能力。

⑩ 手的灵巧度。它是指手臂对较大物体敏捷巧妙控制的运动能力。

(2) 特种职业测试。特殊职业的适应性测试一般是根据各职业的特点，总结、筛选出一些特定的检测指标体系。金会庆等人经过多年研究，确定了下述特殊职业的适应性测试项目：

① 驾驶。它包括听力、视力、身高等生理指标和复杂反应、速度估计、操纵机能、深视力、夜视力、动视力、人格特征、安全态度等心理指标。

② 起重机械作业。它包括视力、血压、色觉、听力、肺功能、心功能、复杂反应、操纵机能、反应速度、握力、安全态度等指标。

③ 压力容器作业。它包括视力、血压、色觉、听力、肺功能、心功能、复杂反应、操纵能力、夜视力、反应速度等指标。

④ 金属焊接(气割)作业。它包括视力、血压、色觉、听力、肺功能、心功能、复杂反应、操纵机能、反应速度、眼手协调性、夜视力、空间知觉、手腕灵活性、安全态度等指标。

⑤ 电工作业。它包括血压、视力、听力、色觉、肺功能、心功能、操纵机能、反应速度、眼手协调性、指尖灵敏度、安全态度等指标。

2) 职业适应性测试方法

生理性的测试项目可以采用常规的医疗仪器和测试工具进行测试。相对而言，心理性的测试项目测试过程比较复杂。其中一部分项目可以用单件心理测试仪器进行测试，另外一些心理项目需要采用量表形式，用纸笔完成检查。GATB 中确定了 10 种能力倾向的测验有 15 种，其中纸笔测验有 11 种，器具操作测验有 4 种。

截至目前，随着计算机技术的不断发展，已经出现了两种计算机辅助测试系统，一种是微机模拟测试系统，其特点是由软件自动生成测试信号，用键盘或专用控制设备做出响应，微机自动进行数据处理；另一种是计算机综合测试系统，其特点是将问卷表格、单件仪器和计算机信息管理系统综合起来。有时还同时应用这两种测试系统进行职业适应性测试，例如，驾驶适应性的测试。计算机系统的引入使得职业适应性测试过程实现了程序化、数据处理自动化，大大提高了检测效率。同时，随着计算机多媒体技术的发展，国外已研制出便携式职业适应性评价系统，并实现了人机对话。特殊职业适应性检查是根据不同的职业和岗位，进行有针对性的检查和选拔，如飞行员、运动员和汽车驾驶员等。我国 20 世纪 80 年代开始引进国外的测试系统，对职业适应性测试和评价技术开展了深入的研究。开展较多的是机动车驾驶适应性测评、桥式起重机司机职业适应性评价、重大危险装置操作人员岗位适应能力测评和仿真培训。

2. 职业适应性评价

测试完成以后，需要对测试结果进行分析、评价，才能得到被测试人员的职业适应性等级。分析之前需要建立评价指标，生理指标是根据职业的要求确定的；而对于心理指标，一般职业适应性测试时，是将测试项目的结果加权组合，得出测量的各种能力的倾向得分，再根据国家职业领域分类标准和相应的职业能力倾向模式，评价被测试人员适宜从事的职业领域。在特殊职业适应性检测时，常常采用综合评价法。首先，将各指标的测试结果按一定的权重组合，得到一个综合评分；然后与制定的评价标准进行对比，最终确定被测试人员的特种职业适应性等级。

检测指标体系一般是多层次的，上下层次之间具有从属关系，同层次的指标间存在联合作用，例如协同作用、互补作用和消长作用等。迄今为止，职业适应性综合评价模型的各指标之间均是互补关系，称之为线性模型。而评价标准的确定，应针对不同的职业类别进行大样本人群测试，必要时甚至应对不同年龄段制定不同的评价模型。

4.6 人的可靠性

人的可靠性在人机系统的可靠性中起主要作用，现代科学技术的发展使得机器的可靠性越来越高。相比而言，人的可靠性就显得越来越重要。分析人的可靠性，找出引发事故的人为原因，可以寻求防止事故发生的措施，提高人机系统的可靠性。

4.6.1 人的失误

人的失误是人为地使系统发生故障或发生机能不良事件，是违背设计和操作规程的错误行为。人的失误也是影响可靠性的一个很重要的因素。在作业过程中，人首先会通过感觉器官接收外界信息，感知系统的作业情况和机器的状态；其次，大脑会自动处理接收的信息并做出决定，如停止或改变操作；最后，根据决定采取相应的行动，如关闭机器或增、减其速度等。人的这一行为过程可概括为感觉(S)—认识(O)—响应(R)的行为模型。由此可推断人为失误产生的原因。

1. 人失误的外部因素

(1) 外界不合适的刺激。感觉通道间的知觉差异、信息传递率超过通道容量、信息太复杂、信号不明确等会使刺激过大或过小。

(2) 信息显示设计不良。操作容量与显示器的排列和位置不一致，显示器识别性差，显示器的标准化差，指示方式不佳等会影响信息的辨认。

(3) 控制器不良。操作容量与控制器的排列和位置不一致、控制器的识别性差、控制器的标准化差、控制器设计不良等会影响控制器的操纵。

2. 人失误的内部因素

(1) 生理能力：包括人的体力、体格尺度、耐受力、运动机能，身体是否残疾、有无疾病困扰等。

(2) 心理能力：包括反应速度、信息的负荷能力、作业危险性、单调性、觉醒程度、心理疲劳、社会心理、信息传递率等。

(3) 个人素质：包括训练程度、经验多少、熟练程度、个性、动机、应变能力、文化水平、技术能力、修正能力、责任心等。

(4) 操作行为：包括人的应答频率和幅度、操作时间延迟性、操作连续性、操作反复性、操作经验等。

(5) 其他因素：例如生活刺激、个人爱好等。

3. 人失误的种类

人的失误一般具体表现为操作上的失误，贯穿于整个生产过程中，从接收信息、处理信息到决策行动等各阶段都可能发生失误。造成失误的原因是多方面的,可能是操作者的责任,也可能是机器在设计、制造、组装、检查、维修等方面的隐患引起的。失误的种类可归纳为以下几点:

(1) 设计失误。不恰当的人机功能分配、未遵照人机工程的设计原则、选用的材料不当、结构形式设计不当、显示器与控制器的距离过大等都会使操作不便,容易引起作业疲劳。

(2) 制造失误。使用的工具不合适、采用的零件不合格、加工的工艺不合理、车间配置不当等都是制造方面的失误。

(3) 组装失误。如零件装错、位置装错、调整错误及电线接错等。

(4) 检验失误。如未检出不符合要求的材料、不合格的配件,通过了不合理的工艺设计或者未重视违反安全要求的情况。

(5) 维修、保养失误。

(6) 操作失误。它主要是在信息确认、解释、判断和操作动作方面的失误。

(7) 管理失误。它主要表现为储藏或运输手段不当。

4. 失误的后果

人失误的后果多种多样,主要受人失误的程度和人机系统功能的影响。常见的 5 种失误后果如下:

(1) 失误对系统未造成影响。其原因在于发生失误时人及时做了纠正,或者机器的可靠性较高,安全设施完善。例如冲床上的双按钮开关。

(2) 失误对系统有潜在的影响。例如,失误削弱了系统的过载能力等。

(3) 失误发生时必须对工作程序进行修正,作业进程被推迟。

(4) 失误发生后造成事故,有机器损伤和人员受伤,但系统尚可恢复。

(5) 失误发生后造成重大事故,有机器破损和人员伤亡,导致系统安全失效。

综上所述,第(5)种失误后果最为严重,易造成机毁人亡。除了在经济上带来重大损失以外,更会对职工的情绪造成很大的负面影响。

5. 防止人失误的措施

人失误的原因可以归纳为人、机和管理三方面的原因,因此,防止人失误也应该从这三个方面入手。以下主要从防止人的操作失误进行论述。

(1) 确保操作者的意识始终处于最佳觉醒状态。除了机器本身的原因,操作者自身的大脑觉醒水平是失误产生的主要原因。为了保证安全操作,一方面应该使操作者的眼、手、脚保持恰当的工作量,避免因负荷过重导致过早疲劳或者负荷过轻而处于较低觉醒水平;另一方面,从精神上消除操作者头脑中的一切不利情绪和思维等因素。

(2) 建立合理的安全规章制度、规范并严格执行,约束不按操作规程的人员的行为。

(3) 安全教育和安全培训。安全教育和安全培训是安全管理的基本措施,操作者可以接受安全法律法规教育、提高素质的安全技能教育和安全态度教育等。通过相关的教育培训,使他们能够自觉遵守安全法规,提高辨识、解决问题的能力,减少事故的发生。

4.6.2　人的不安全行为

人所处的环境中各种因素是变化的,而且与机器相比,人本身的灵活性也更强。因此,人的不安全行为也有多种表现形式。国家标准《企业职工伤亡事故分类》(GB 6441—1986)中将人的不安全行为分为 14 类，常见的几种分别为

(1) 操作错误，忽视安全，忽视警告。

① 未经许可开动、关停、移动机器。

② 开动、关停机器时未给信号或忘记关闭设备。

③ 开关未锁紧，造成意外转动、通电或泄漏等。

④ 忘记关闭设备。

⑤ 忽视警告标志、警告信号。

⑥ 操作错误(指按钮、阀门、扳手、把柄等的操作)。

⑦ 奔跑作业。

⑧ 供料或送料速度过快。

⑨ 机械超速运转。

⑩ 违章驾驶机动车。

⑪ 酒后作业。

⑫ 客货混载。

⑬ 冲压机作业时，手伸进冲压模。

⑭ 工件紧固不牢。

⑮ 用压缩空气吹铁屑。

⑯ 其他。

(2) 造成安全装置失效。例如拆除了安全装置，安全装置堵塞或调整错误，导致安全装置失效等其他失效形式。

(3) 使用不安全设备。例如使用不牢固设施、无安全装置的设备及其他不安全行为。

(4) 用手代替工具操作。例如用手代替手动工具，用手清除切屑，不用夹具固定、用手拿工件进行机加工。

(5) 物体(指成品、半成品、材料、工具、切屑和生产用品等)存放不当。

(6) 冒险进入危险场所。例如进入涵洞，接近无安全设施的漏料处，未离开采伐、集材、运材等危险区等。

(7) 攀、坐不安全位置(如平台护栏、汽车挡板、吊车吊钩)。

(8) 在吊物下作业、停留。

(9) 机器运转时进行加油、修理、检查、调整、焊接、清扫等工作。

(10) 在必须使用个人防护用品用具的作业或场合中，忽视其使用。例如未戴护目镜或面罩、未戴防护手套、未穿安全鞋、未戴安全帽和未佩戴呼吸护具等。

4.6.3　人的可靠性分析

人的可靠性对人机系统的安全性起着至关重要的作用，其研究贯穿于人机系统的设计、制造、使用、维修和管理的各个阶段。人的可靠性研究是为了在人发生失误时，确保人身安全，不致严重影响到系统的正常功能。因此，人的可靠性可定义为：在规定条件下、在最短的时间内，由人成功地完成作业任务且能实现人机系统合理、有效运行功能的能力。

人的可靠性分析是用于定性或定量评估人的行为对系统可靠性或安全性影响程度的方法，它与概率风险性评价之间有一定的联系。概率风险性评价是为了辨识由人参与作业的风险性，而人的可靠性分析是评价人完成作业的能力大小，其主要内容有以下几方面：

(1) 如何用概率量度人的可靠性。

(2) 如何通过人失误的可能性评估人的行为对人机系统的影响。

(3) 可靠性评估与概率风险性评估相互独立而又彼此相关。

因此，人的可靠性分析在降低人为失误的方面起着不可或缺的作用，不但能够辨识出不希望发生事故产生的原因，又能对事故造成的损失给予客观的评价，包括定性和定量分析两个方面：

(1) 人的可靠性的定性分析在于辨识人失误的本质和失误的可能状况，可通过观察、访问、查询和记录等方法进行失误分析。常见的失误类型有四类：未执行系统分配的功能、错误执行了分配的功能、按照错误的程序或错误的时间执行了分配的功能、执行了未分配的功能。这些定性分析是人的可靠性的定量分析的基础。

(2) 人的可靠性的定量分析是从动态和静态两个方面来估计人的失误对系统正常功能的影响程度，可以通过人的操作、行为模式和适当的数学模型来完成。

当系统比较复杂和重要时，需要人机工程专家、工程技术人员和管理人员等共同参与，必要时建立专家知识库，采取定性与定量相结合的分析手段。

习　题

4-1　劳动强度的影响因素有哪些内容？

4-2　疲劳及疲劳产生的机理是什么？

4-3　疲劳的改善与消除措施有哪些？

4-4　职业适应性及其研究意义是什么？

4-5　人失误的因素及防止措施有哪些？

第 5 章　机的特性与可靠性

主要内容

(1) 机械的分类及基本结构。

(2) 机械的危害因素及安全特性。

(3) 机械设备的可靠性。

(4) 手持电动工具。

学习目标

(1) 理解机械的基本结构，掌握机械伤害的危害因素和安全特点。

(2) 理解机械零部件的失效形式，计算机械设备的可靠性。

(3) 了解手持电动工具的设计。

由于机的可靠性对人机系统的可靠性有着较大的影响，因此有必要学习、了解机的特性和可靠性。

5.1　机械的分类及基本结构

5.1.1　机械设备的分类

机械工业是一个国家的基础工业，是体现一个国家工业发展水平的重要标志。机械设备及产品遍布各厂矿企业，这就决定了机械设备及产品的种类繁多。机械的分类方法也很多，下面仅按用途和运动形式对其进行分类。

1. 按机械的用途分类

1) 机械加工设备(即加工机械)

加工机械是用来加工各类机器零件的，即它是加工机器零件的机器，故也称工作母机。根据加工对象和加工方法的不同，这类机械又分为热加工设备和冷加工设备两类。铸造、锻压、焊接、热处理等设备属于热加工设备；金属切削机床和冷冲压机械属于冷加工设备。

(1) 铸造机械。铸造机械是用来制造铸件毛坯的机械，如粉碎机、混砂机、落砂机和造型机等。

(2) 锻压机械。它是制造锻件毛坯的机械，如空气锤、蒸汽锤、水压机、摩擦压力机等。

(3) 焊接设备。焊接设备是用焊接的方法将条料或板料焊接在一起构成壳体、框架等支承结构，如乙炔发生器、焊枪、弧焊机等。

(4) 热处理设备。热处理设备是用来改变零件毛坯和半成品、成品内部组织结构，提高工作性能的，如燃烧炉、电阻炉、真空炉等。

(5) 金属切削机床。这类机械用切削的方法将金属毛坯(如铸造毛坯或锻造毛坯)加工成零件。根据加工方法和使用的刀具不同又分为几种，如车床、钻床、镗床、磨床、齿轮加工机床、螺纹加工机床、铣床、刨床、拉床、电加工机床及切割机等以及先进的数控机床和加工中心等。

(6) 冷冲压机械。这类机械是将条料或板料加压成形的机器，如机械压力机、液压压力机、剪板机、弯板机等。

2) 起重运输机械

(1) 起重机械。起重机械有桥式、汽车式、轮胎式、履带式、塔式、桅杆式等起重机械。

(2) 运输机械。运输机械有汽车、火车、飞机、轮船等，工厂内物料输送机械有带式和螺旋输送机、悬挂式输送机，斗式提升机等。

3) 专用生产机械

专用生产机械是指不同部门、不同行业使用的专用机械。

(1) 石化机械。石化机械是生产石油、化工产品专用的机械。石油化工生产的特点是将流体(液体、气体)或粉状物料按比例混合在一起，然后在一定温度或压力下进行化学反应形成一种新的产品。化工物料或产品有腐蚀、有毒、有害、易燃、易爆等特点，这就决定了石化产品生产中的设备必须具备耐压、耐腐蚀、密封性好等性能，这些性能要求是依靠合理选材、匹配和合理的结构设计来保证的。按生产过程中工艺流程的不同，可以将石化机械分为以下几类：

① 化工反应设备。如反应器、氨合成塔等。

② 物料输送设备。如泵、风机、压缩机、皮带输送机等。

③ 分离设备。从混合物中分离出所需组分或除去某些有害杂质，如精馏塔、洗涤塔、浮选设备、沉降槽、除尘器等。

④ 传热设备。将物料加热或冷却的设备，如加热器、冷却器等。

⑤ 粉碎设备。如粉碎机。

⑥ 容器。容器用作储存原料、中间半成品和成品或作大型反应器的壳体，如储槽、储罐等。

(2) 木工机械。它是专门加工木材用的机械，如木工车床、木工平刨床、圆锯机等。

(3) 动力机械。如发电机、汽轮机、锅炉等。

(4) 冶金机械。如轧钢机、拔丝机、搓丝机、鼓风机及各种炉窑等。

(5) 建筑机械和工程机械。如混凝土搅拌机、振捣机、破碎机、球磨机、压路机等。

2. 按机械运动形式分类

1) 旋转运动机械

旋转运动机械指机器的执行部件做旋转运动，如电动机、齿轮机、汽轮机组。

2) 直线运动机械

机器的执行部件做直线运动的机械称直线运动机械，如压缩机、水压机、刨床、冲床、插床、拉床等。

3) 复杂运动机械

复杂运动机械是指机器上的执行部件在两个以上，它们的运动有旋转的也有直线移动的，或者是旋转运动与直线运动的复合运动。如普通车床，装夹工件的主轴部件做旋转运动，而装夹刀具的刀架做直线运动；万能外圆磨床、砂轮主轴和头架主轴均做旋转运动，而工作台做直线往复运动。

5.1.2　机械的基本结构

尽管机械设备的种类繁多，结构各异，但是解析一下它们的基本结构便可发现，无论是简单机械还是复杂机械，一般都必须由五个基本部分组成：动力源、传动部件、执行部件、支承部件和控制系统。下面简要介绍一下各组成部分的作用和功能。

1. 动力源

为执行部件和传动部件提供动力和运动的部件叫做动力源。常见的动力源有电力源、液压源、气动源等，如电动机、液压泵等。

2. 传动部件

传动部件是连接动力源和执行件的中间连接件，即它可以将动力源的动力和运动传递给执行部件。传动部件的功能包括改变运动速度的大小和方向、运动的启动和制动等，为此设有变速机构、换向机构、制动器等，例如机床上的主轴变速箱、进给变速箱，其他机械的减速器。典型的机械传动零组部件有丝杠螺母副、齿轮齿条副、蜗轮蜗杆副、齿轮副、链轮链条副、带轮与带传动副、曲柄连杆机构以及轴和轴承等。液压或气动传动元件有控制液、气压力、流量、方向的各类控制阀，如压力阀、节流阀、方向阀等。

3. 执行部件

执行部件是实现机器功能的部件，即机器输出动力和运动的部件。如机械传动系统中的工件主轴、刀具主轴、工作台、刀架滑块、滑枕、活塞等；液压传动系统中的液压滑台、油缸、液压马达等。执行件的运动形式主要有旋转运动和直线运动。

4. 支承(基础)部件

支承部件是安装和承受动力源、传动部件和执行部件的基础结构，如机架、壳体、底座、床身、导轨等，这类零部件属于静止部件。

5. 控制系统

机器在运转过程中，必须将动力源、传动部件和执行部件的动力和运动统一指挥，才能实现预定的功能，这就是控制系统的作用，即机器的启动、变速、换向、停止等需要人或机电元件来控制。例如，自动、半自动车床上的凸轮控制机构，数控机床或加工中心上的微机控制系统。对于以手工操作为主的机器，人的大脑就是一个完整的控制系统。

此外，为了维持机械的正常运行，还需要配备必要的润滑、冷却等辅助系统。

综上所述，我们可以用图 5-1 所示的框图表示机械设备的基本结构。

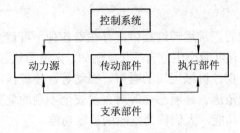

图 5-1　机械设备的基本结构

5.2　机械的危害因素及安全特性

5.2.1　机械的组成及在各状态的安全问题

机械(机器)是由若干个零、部件组合而成的，其中至少有一个零件是可运动的，并且有适当的机器制动机构、控制和动力系统等。它们的组合具有一定的应用目的，如物料的加工、处理、搬运或包装等。这是 GB/T 15706.1—2007《机械安全基本概念与设计通则第 1 部分：基本术语和方法》给出的机械(机器)的定义。

术语"机械"和"机器"也包括为了同一个应用目的，将其安排、控制得像一台完整机器那样发挥它们功能的若干台机器的组合。

机器的图解表示如图 5-2 所示。

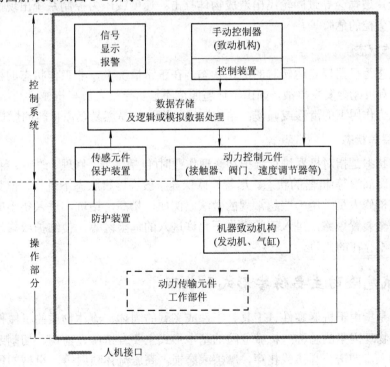

图 5-2　机器的图解表示

机械在各种状态下都会存在安全问题。

1. 正常工作状态

机械在完成预定功能的正常运转过程中，存在着各种不可避免的但却是执行预定功能所必须具备的运动要素，有可能产生危害后果。例如，大量形状各异的零部件的相对运动、刀具锋刃的切削、起吊重物、机械运转的噪声、振动等，使机械即使在正常工作状态下也存在着碰撞、切割、重物坠落、环境恶化等对人员安全不利的危险因素。对这些在机器正常工作时产生危险的某种功能，人们称为危险的机器功能。

2. 非正常工作状态

在机械运转过程中，由于各种原因(可能是人员的操作失误，也可能是动力突然丧失或来自外界的干扰等)引起的意外状态。例如，意外启动、运动或速度变化失控，外界磁场干扰使信号失灵，瞬时大风造成起重机倾覆、倒地等。机械的非正常工作状态往往没有先兆，会直接导致或轻或重的事故危害。

3. 故障状态

故障状态是指机器设备(系统)或零部件丧失了规定功能的状态。设备的故障，哪怕是局部故障，有时都会造成整个设备的停转，甚至整个流水线、整个自动化车间的停产，给企业带来经济损失。而故障对安全的影响可能会有两种结果。

(1) 有些故障的出现，对所涉及的安全功能影响很小，不会出现大的危险。例如，当机器的动力源或某零部件发生故障时，使机器停止运转，处于故障保护状态。

(2) 有些故障的出现，会导致某种危险状态。例如，电气开关故障，会产生不能停机的危险；砂轮片破损会导致砂轮飞出造成物体打击；速度或压力控制系统出现故障，会导致速度或压力失控的危险等。

4. 非工作状态

非工作状态为机器停止运转时的静止状态。在正常情况下，非工作状态的机械基本是安全的，但也有可能会发生事故，如由于环境照度不够，导致人员与机械悬凸结构的碰撞；室外机械在风力作用下的滑移或倾覆；结构垮塌；堆放的易燃易爆原材料的燃烧爆炸等。

5. 检修保养状态

检修保养状态是指对机器进行维护和修理作业时(包括保养、修理、改装、翻建、检查、状态监控和防腐润滑等)机器的状态。尽管检修保养一般在停机状态下进行，但其作业的特殊性往往迫使检修人员采用一些超常规的做法。例如，攀高，钻坑，进入狭小或几乎密闭的空间，将安全装置短路，进入正常操作不允许进入的危险区等，使维护或修理容易出现在正常操作时不存在的危险。

5.2.2 机械危险的主要伤害形式和机理

机械危险是指由于机器零件、工具、工件或飞溅的固体、流体物质的机械作用可能产生伤害的各种物理因素的总称。机械危险的基本形式主要有挤压、剪切、切割或切断、缠绕、吸入或卷入，冲击、刺伤或扎穿，摩擦或磨损，高压流体喷射等。机械的危险可能来自机械自身、机械的作用对象、人对机器的操作以及机械所在的场所等。有些危险是显现的，有些是潜在的；有些是单一的，有些交错在一起，表现为复杂、动态、随机的特点。因此，必须把人、机、环境这个机械加工系统作为一个整体研究对象，用安全系统的观点和方法，识别和描述机械在使用过程中可能产生的各种危险、危险状态以及预测可能发生的危险事件，为机器的安全设计以及制定有关机械安全标准和对机械系统进行安全风险评价提供依据。

机械危险的伤害实质是机械能(动能和势能)的非正常做功、流动或转化，导致对人员的接触性伤害。无论机械危险以什么形式存在，总是与质量、位置、速度和力等物理量及运动形式有关。

1. 机器零件(或工件)产生机械危险的条件

由机器零件(或工件)产生的机械危险是有条件的，主要由以下因素产生：

(1) 形状。切割要素、锐边、角形部分，即使它们是静止的。

(2) 相对位置。机器零件运动时可能产生挤压、剪切、缠绕等区域的相对位置。

(3) 质量和稳定性。在重力的影响下可能运动的零部件的位能。

(4) 质量和速度。可控或不可控运动中的零部件的动能。

(5) 加速度。

(6) 机械强度不够。可能产生危险的断裂或破裂。

(7) 弹性元件(弹簧)的位能或在压力或真空下的液体或气体的位能。

2. 机械伤害的基本类型

(1) 卷绕和绞缠。引起这类伤害的是做回转运动的机械部件(如轴类零件)，包括联轴节、主轴、丝杠等，回转件上的凸出物和开口。例如轴上的凸出键、调整螺栓或销、圆轮形状零件(链轮、齿轮、皮带轮)的轮辐、手轮上的手柄等，在运动情况下，将人的头发、饰物(如项链)、肥大衣袖或下摆卷缠引起的伤害。

(2) 卷入和碾压。引起这类伤害的主要危险是相互配合的运动部件，例如，相互啮合的齿轮之间以及齿轮与齿条之间，皮带与皮带轮、链与链轮进入啮合部位的夹紧点，两个做相对回转运动的辊子之间的夹口所引发的卷入；滚动的旋转件引发的碾压，如轮子与轨道、车轮与路面等。

(3) 挤压、剪切和冲撞。引起这类伤害的是做往复直线运动的零部件，诸如相对运动的两部件之间，运动部件与静止部件之间由于安全距离不够产生的夹挤，做直线运动部件的冲撞等。直线运动有横向运动(例如，大型机床的移动工作台、牛头刨床的滑枕、运转中的带链等部件的运动)和垂直运动(例如，剪切机的压料装置和刀片、压力机的滑块、大型机床的升降台等部件的运动)。

(4) 飞出物打击。由于发生断裂、松动、脱落或弹性位能等机械能释放，使失控的物件飞甩或反弹出去，对人造成伤害。例如，轴的破坏引起装配在其上的皮带轮、飞轮、齿轮或其他运动零部件坠落或飞出，螺栓的松动或脱落引起被它紧固的运动零部件脱落或飞出，高速运动的零件破裂碎块甩出，切削废屑的迸甩等。另外，还有弹性元件的位能引起的弹射。例如，弹簧、皮带等的断裂；在压力、真空下的液体或气体位能引起的高压流体喷射等。

(5) 物体坠落打击。处于高位置的物体具有势能，当它们意外坠落时，势能转化为动能，造成伤害。例如，高处掉下的零件、工具或其他物体(哪怕是很小的)；悬挂物体的吊挂零件破坏或夹具夹持不牢引起物体坠落；由于质量分布不均衡，重心不稳，在外力作用下发生倾翻、滚落；运动部件运行超行程脱轨导致的伤害等。

(6) 切割和擦伤。切削刀具的锋刃，零件表面的毛刺，工件或废屑的锋利飞边，机械设备的尖棱、利角和锐边，粗糙的表面(如砂轮、毛坯)等，无论物体的状态是运动的还是静止的，这些由于形状产生的危险都会构成伤害。

(7) 碰撞和剐蹭。机械结构上的凸出、悬挂部分(例如，起重机的支腿、吊杆，机床的手柄等)，长、大加工件伸出机床的部分等。这些物件无论是静止的还是运动的，都可能产生危险。

(8) 跌倒、坠落。由于地面堆物无序或地面凸凹不平导致的磕绊跌伤，接触面摩擦力过小(光滑、油污、冰雪等)造成打滑、跌倒。假如由于跌倒引起二次伤害，那么后果将会更严重。

机械危险大量表现为人员与可运动物件的接触伤害，各种形式的机械危险与其他非机械危险往往交织在一起。在进行危险识别时，应该从机械系统的整体出发，考虑机器的不同状态、同一危险的不同表现方式、不同危险因素之间的联系和作用以及显现或潜在的不同形态等。

5.2.3 机械安全设计的要求

机械设计不合理，未满足安全人机工程学要求，计算错误，安全系数不达标，对使用条件估计不足等均容易留下事故隐患，导致事故甚至伤害。机械设备安全应考虑其"寿命"的各阶段，包括设计、制造、安装、调整、使用(设定、示教、编程或过程转换、运转、清理)、查找故障和维修、拆卸及处理。还应考虑机器的各种状态，包括正常作业状态、非正常状态和其他一切可能的状态。无论是机器预定功能的设计还是安全防护的设计，都应该遵循以下两个基本途径：一是选用适当的设计结构，尽可能避免危险或减小风险；二是通过减少对操作者涉入危险区的需要，限制人们面临危险。所以，决定机械产品安全性的关键是设计(机械产品设计和制造工艺设计)阶段采用安全措施，还要通过使用阶段采用安全措施来最大限度地减小风险。机械安全设计应该考虑以下几个因素：

1. 合理设计机械设备的结构型式

机械设备的结构型式一定要与其执行的预定功能相适宜，不能因结构设计不合理而造成机械正常运行时的障碍、卡塞或松脱；不能因元件或软件的瑕疵而引起数据的丢失或死机；不能发生任何能够预计到的与机械设备的设计不合理的有关事件。

通过选用适当的设计结构尽可能避免或减少危险，即在机器的设计阶段，从零件材料到零部件的合理形状和相对位置，从限制操纵力、运动件的质量与速度到减小噪声和振动等各方面入手，采用本质安全技术与动力源，应用零部件间的强制机械作用原理，遵循安全人机工程学原则等多项措施。也可以通过提高设备的可靠性、操作机械化或自动化，以及在危险区之外的调整、维修等措施，避免或减少危险。

通过实现机器预定功能的设计不能避免、限制或充分减小的某些风险，在利用机械进行生产活动的过程中，特别是在各个生产要素处于动态作用的情况下，可能对人员造成伤害事故和职业危害。因此，在机械的设计阶段就应加以考虑，不是为了加强机器预定生产功能，而是从人的安全需要出发，针对防止危险导致的伤害而采用一些技术措施或增加配套设施。特别是对一些危险性较大的机械设备以及事故频繁发生的机器部位，更要进行专门的研究。

2. 足够的抗破坏能力及环境适应能力

(1) 足够的抗破坏能力。机械的各受力零部件及其连接，应具备满足完成预定最大载荷所需的足够强度、刚度和构件稳定性，在正常作业期间不应发生由于应力或工作循环次数导致的断裂破碎或疲劳破坏、过度变形或垮塌。另外，还必须考虑在此前提下机械设备的整体抗倾覆或防风抗滑的稳定性，特别是那些由于有预期载荷作用或自身质量分布不均的机械及那些可在轨道或路面行驶的机械，应保证在运输、运行、振动或有外力作用下不致发生倾覆，防止由于运行失控而产生不应有的位移。

(2) 对使用环境具有足够的适应能力。机械设备必须对其使用环境(如温度、湿度、气压、风载、雨雪、振动、负载、静电、磁场和电场、辐射、粉尘、微生物、动物、腐蚀介质等)具有足够的适应能力，特别是抗腐蚀或空蚀、耐老化磨损、抗干扰的能力，不致因电气元件产生绝缘破坏，使控制系统零部件临时或永久失效，或由于物理性、化学性、生物性的影响而造成事故。

3. 尽可能使机器设备达到本质安全

通过机器的设计和制造，把实现机器的预定功能与实现机器使用安全的目标结合起来，以达到机械本质安全的目的。机器设备的本质安全是指利用技术手段进行机器预定功能的设计和制造，不需要采用其他安全防护措施，就可以在预定条件下执行机器的预定功能时能够满足机器自身安全的要求。机器设备的本质安全主要从以下几个方面着手：

(1) 在不影响预定使用功能前提下，机械设备及其零部件应尽量避免设计成会引起伤害事故的锐边、尖角，粗糙、凹凸不平的表面和较突出的部分。金属薄片的棱边应倒钝、折边或修圆，可能引起刮伤的开口端应包覆。

(2) 利用安全距离防止人体触及危险部位或进入危险区，是减小或消除机械风险的一种方法。在规定安全距离时，必须考虑使用机器时可能出现的各种状态、有关人体的测量数据、技术和应用等因素。

(3) 在不影响使用功能的情况下，根据各类机械的不同特点，限制某些可能引起危险的物理量值来减小危险。例如，将操纵力限制到最低值，使操作件不会因破坏而产生机械危险；限制运动件的质量或速度，以减小运动件的动能；限制噪声和振动等。

(4) 对预定在爆炸气氛中使用的机器，应采用全气动或全液压控制系统和操纵机构，或"本质安全"电气装置，也可采用电压低于"功能特低电压"的电源，以及在机器的液压装置中使用阻燃和无毒液体。

(5) 应采用对人无害的材料和物质(包括机械自身的各种材料、加工原材料、中间或最终产品、添加物、润滑剂、清洗剂以及与工作介质或环境介质反应的生成物及废弃物)。对不可避免的毒害物(例如粉尘、有毒物、辐射、放射性、腐蚀等)，应在设计时考虑采取密闭、排放(或吸收)、隔离、净化等措施。在人员合理暴露的场所，其成分、浓度应低于产品安全卫生标准的规定，不得构成对人体健康的有害作用，也不得对环境造成污染。

(6) 机械产生的噪声、振动、过热和过低温度等指标都必须加以控制，使之低于产品安全标准中规定的允许指标，防止对人心理及生理的危害。

(7) 有可燃气体、液体、蒸气、粉尘或其他易燃易爆或发火性物质的机械生产设备，应在设计时考虑防止跑、冒、滴、漏，根据具体情况配置监测报警、防爆泄压装置及消防安全设施，避免或消除摩擦撞击、电火花和静电积聚等，防止由此造成的火灾或爆炸危险。

4. 符合安全人机工程学的要求

显示装置、控制(操纵)装置、人的作业空间和位置以及作业环境，是人机要求集中体现之处，应满足人体测量参数、人体的结构特性和机能特性以及生理和心理条件。在机械设计中，通过合理分配人机功能、适应人体特性、人机界面设计、作业空间的布置等方面履行安全人机工程学原则，提高机器的操作性能和可靠性，使操作者的体力消耗和心理压力尽量降到最低，从而减小操作差错。因此，机械设计时应考虑的安全人机工程学要求如下：

(1) 合理分配人机功能。在机械的整体设计阶段，要分析、比较人和机的各自特性，合理分配人机功能。在可能的条件下，尽量通过实现机械化、自动化，减少操作者干预或介入危险的机会。随着微电子技术的发展，人机功能分配出现向机器转移，人从直接劳动者向监控或监视转变的趋势，向安全化生产迈进。

(2) 适应人体特性。在确定机器的有关尺寸和运动时，应考虑人体测量参数、人的感知反应特性以及人在工作中的心理特征，避免干扰、紧张、生理或心理上的危险。

(3) 友好的人机界面设计。人、机相互作用的所有要素，如操纵器、信号装置和显示装置，都应使操作者和机器之间的相互作用尽可能清楚、明确，信息沟通快捷、顺畅。

(4) 作业空间的布置。这是指确定显示装置和操纵装置的位置以及确定合适的作业面。作业空间的布置对操作者的心理和行为可产生直接影响。作业空间布置应遵从重要性原则、使用顺序原则、使用频率原则、使用功能原则。其中，重要性原则是第一位的，首先应考虑对安全关系重大、对实现系统目标有重要影响的操纵器和显示器，即使其使用频率不高，也要将其布置在操作者操作和视野的最佳位置，这样可以防止或减少因误判断、误操作而引起的意外伤害事故。

5. 可靠有效的安全防护

任何机械都有这样那样的危险，当机械设备投入使用时，生产对象(各种物料)、环境条件以及操作人员处于动态结合情况下的危险性就更大。只要存在危险，即使操作者受过良好的技术培训和安全教育，有完善的规程，也不能完全避免发生机械伤害事故的风险。因此，必须建立可靠的物质屏障，即在机械上配置一种或多种专门用于保护人安全的防护装置、安全装置或采取其他安全措施。当设备或操作的某些环节出现问题时，靠机械自身的各种安全技术措施避免事故的发生，保障人员和设备安全。危险性大或事故率高的生产设备，必须在出厂时配备好安全防护装置。

6. 机械的可维修性及维修作业的安全

(1) 机械的可维修性。机器出现故障后，在规定的条件下，按规定程序或手段实施维修，可以保持或恢复其执行预定功能状态，这就是机器的可维修性。因此，在设计机器时，应尽量考虑将一些易损而需经常更换的零部件设计得便于拆装和更换。设备的故障会造成机器预定功能丧失，给工作带来损失，而危险故障还会引发事故。从这个意义上讲，解决了危险故障，恢复安全功能，就等于消除了安全隐患。

(2) 维修作业的安全。在按规定程序实施维修时，应能保证人员的安全。由于维修作业不同于正常操作的特殊作业，往往采用一些超常规的做法，如移开防护装置，或是使安全装置不起作用。为了避免或减少维修伤害事故，应在控制系统设置维修操作模式；从检查和维修角度，在结构设计上考虑内部零件的可接近性；必要时，应随设备提供专用检查、维修工具或装置；在较笨重的零部件上，还应考虑方便吊装的设计。

5.3　机械设备的可靠性

在人机系统中，机器设备本身会发生故障，加之人机系统设计的协调性不符合要求，就会导致事故的发生。因此，人们为了防止事故，在开始进行生产活动时，就要对机器设备的安全性进行预测。

5.3.1　零部件的失效与分析

机器设备最常见的故障形式之一是零部件失效，即在设备使用过程中，零部件由于设计、制造、组装、维护、使用、修理等多方面的原因，丧失规定的功能，无法继续工作。任何机械设备的寿命都是有限的，设备只要使用就会发生失效和损坏，影响可靠性。常见的失效形式有磨损、变形等。

1. 零部件磨损

零件工作表面的相对运动会造成表面物质的不断磨损，称之为磨损。据统计，大约80%的坏损零件是磨损造成的。因此，研究磨损的模式和机理，寻找其规律性，找出控制和减少磨损危害的方法，有利于控制零件的坏损。

1) 磨损的分类

按照磨损破坏的机理，可以将磨损分为磨料磨损、黏着磨损、疲劳磨损和腐蚀磨损。

(1) 磨料磨损。在摩擦过程中，硬的颗粒或硬的突起物会引起材料的脱落，称为磨料磨损。它是零部件中最常见、危害最严重的一种磨损。磨料磨损的原因在于，作用力使磨料垂直楔入表面，切向力使磨料与表面做相对切向运动，导致材料表面被剪切或切削，留下沟槽痕迹。对于粉碎机类机械工作，介质颗粒的冲刷会导致材料表面产生压痕及剪切；对于塑性材料，压痕最终的后果是使表面挤出层状或鳞片状剥落物，剪切使表面产生沟槽；对于脆性材料表面，颗粒的动能使材料表面产生裂纹，引起表面疲劳碎片脱落。

为了避免磨料磨损，在机械零件的选材时应注意以下两方面：通常情况下，可以提高零件材料的硬度，增加其耐磨性；若操作过程中有重载和冲击，必须先保证材料有一定的韧性，再考虑其硬度，防止零件折断。

(2) 黏着磨损。黏着磨损又称黏附磨损，是摩擦副两表面相对运动时，由于黏着作用，接触点表面的材料从一个表面转移到另一个表面的现象。例如，压缩机(空压机类)内缸套—活塞环的正常磨损，高速重载的齿轮传动中出现的齿面胶合现象。

黏着磨损的程度与零部件的材料特性、负荷压力、摩擦副的表面粗糙度、温度和润滑状态等有关。

(3) 疲劳磨损。它又称接触疲劳磨损，是零件的两接触面做滚动或滚动、滑动复合摩擦时，在交变接触压应力作用下，材料表面疲劳而产生物质损失的现象。例如，齿轮副、滚动轴承等处易出现表面疲劳磨损。

疲劳磨损的影响因素包括材料钢质成分、渗碳层性质、表面硬度、表面粗糙度及润滑状态等。

(4) 腐蚀磨损。在摩擦过程中，材料表面与周围介质发生化学或电化学反应，产生物质剥蚀、损失的现象称为腐蚀磨损。腐蚀的程度受到介质的性质、介质作用在摩擦面上的状态及摩擦材料性能等因素的影响。

2) 磨损过程

正常运行过程中，零部件的磨损过程可分为三个阶段。

(1) 阶段Ⅰ——磨合(跑合)阶段。接触面波峰逐渐磨平，接触面积逐渐增大。磨损减缓，间隙量增大到正常值。该阶段的轻微磨损是实现后期正常运行的必经阶段。

(2) 阶段Ⅱ——稳定磨损阶段。磨损趋于稳定、平缓。该阶段在整个磨损过程中所占的时间较长。时间越久，磨损量越大。间隙量平缓增大到极大值。此时应适时停机，及时、正确地检测及调整接触面的间隙量。

(3) 阶段Ⅲ——事故磨损(急剧磨损)阶段。间隙量突变，超出正常范围，润滑油油膜局部被破坏，磨损速度加快，传动效率下降，产生振动与噪声等，易发生事故。图 5-3 所示为典型的磨损过程。

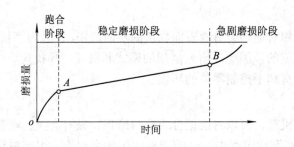

图 5-3　典型磨损过程

2. 零部件变形

零部件或构件因受力而发生尺寸或形状改变的现象称为变形。由于工况条件恶劣，生产现场的机械设备经常超载运行，一些零部件很容易发生变形，导致相关零件加速磨损，甚至断裂，进而导致系统系列零部件损坏或整台设备损坏，造成设备事故。由此可见，变形的危害相当大，是造成事故的主要原因之一。

1) 变形的原因

设备零部件变形的原因是多种多样的，且比较复杂。变形往往是多种原因共同作用造成的，是多次变形累积的结果。常见变形的原因有以下几类：

(1) 外载荷。当外载荷产生的应力超过零件材料的屈服强度时，零件将会产生过应力永久变形。设备经常满负荷工作且有时超载时易发生该类现象。

(2) 温度。温度是设备零部件产生变形的主要原因之一。设备长期处于高温、重载环境下，例如炼钢车间的起重设备，更容易出现局部结构变形。

(3) 内应力。热加工或热处理方式不同，毛坯件的内应力程度也不同，影响零件的静强度和尺寸稳定性。因此，需要对热加工毛坯件进行时效处理，一般存放一年以上再用。此外，还要尽量消除零件的残余应力。

(4) 材料结构缺陷。例如缩孔、气孔、裂纹等。

2) 变形的防止措施

与磨损类似，变形也是无法避免的。只能根据变形的规律，分析产生原因，采取相应的对策来减少变形。

(1) 设计方面。设计时尤其重视零部件的刚度及稳定性问题，如合理布局、改善受力状况等。关注和合理应用新技术、新工艺、新材料。

(2) 加工制作方面。在加工制作中应采取一系列必要的工艺措施减少和防止变形，例如尽量用冷加工代替热加工。

(3) 修理方面。修理前制定与变形相关的修复标准，并在修理中和修理后进行检测。应用简单、可靠的专用工具和量具。

(4) 设备使用方面。在设备运行维护上，推广全员、全过程和全效率的"三全"管理模式，杜绝设备的违规操作，避免超负荷或过热运行，减少或避免设备使用方面的变形。

除上述磨损和变形以外，零部件的失效还包括断裂、腐蚀、滚动轴承的损坏等，这些失效都会对设备的可靠性造成不良的影响。

5.3.2 机械设备的可靠性

机器设备的可靠性是指机器、部件、零件在规定条件下和规定时间内完成规定功能的能力。度量可靠性指标的特征量称为可靠度。可靠度是在规定时间内，机器设备或部件能完成规定功能的概率。若把它视为时间的函数，就称为可靠度函数。

1. 可靠性度量指标

1) 可靠度

可靠度是可靠性的量化指标，即系统或产品在规定条件和规定时间内完成规定功能的概率。可靠度是时间的函数，常用 $R(t)$ 表示，称为可靠度函数。

产品出故障的概率是通过多次试验中该产品发生故障的频率来估计的。例如，取 N 个产品进行试验，若在规定时间 t 内共有 $N_f(t)$ 个产品出故障，则该产品可靠度的观测值可用下式近似表示：

$$R(t) \approx \frac{N - N_f(t)}{N} \tag{5-1}$$

当 $t = 0$，$N_f(t) = 0$ 时，则 $R(t) = 1$。随着 t 的增加，出故障的产品数 $N_f(t)$ 也随之增加，则可靠度 $R(t)$ 下降。当 $t \to \infty$，$N_f(t) \to N$ 时，则 $R(t) \to 0$。所以可靠度的变化范围为 $0 \leqslant R(t) \leqslant 1$。

与可靠度相反的一个参数叫不可靠度。它是指系统或产品在规定条件和规定时间内未完成规定功能的概率，即发生故障的概率，所以也称累积故障概率。不可靠度也是时间的函致，常用 $F(t)$ 表示。同样对 N 个产品进行寿命试验，试验到 t 瞬间的故障数为 $N_f(t)$，则当 N 足够大时，产品工作到 t 瞬间的不可靠度的观测值(即累积故障概率)可近似表示为

$$F(t) \approx \frac{N_f(t)}{N} \tag{5-2}$$

可见，$F(t)$随 $N_f(t)$的增加而增加，$F(t)$的变化范围为 $0 \leqslant F(t) \leqslant 1$。

可靠度数值应根据具体产品的要求来确定，一般原则是根据故障发生后导致事故的后果和经济损失而定。例如，易发生灾难性事故的军工产品、起重机械、化工机械等，它们的可靠性应该定得比较高，接近于 1；而一般的机械可靠性要求会低一些，为 $0.98 \sim 0.99$。

2) 故障率

故障和失效的含义基本一致，都表示的是产品在低功能状态下工作或完全丧失功能。不同的是，前者一般用于维修产品，表示可维修；后者为非维修产品，表示不可修复。

产品在工作过程中，由于某种原因使一些零组部件发生故障或失效，为反映产品发生故障的快慢，引出了故障率参数的概念。

故障率是指工作到 t 时刻尚未发生故障的产品，在该时刻后单位时间内发生故障的概率。故障率是时间的函数，记作 $\lambda(t)$，称为故障率函数。产品的故障率是一个条件概率，它表示产品在工作 t 时刻的条件下，单位时间内的故障概率。它反映 t 时刻产品发生故障的速率，称为产品在该时刻的瞬时故障率 $\lambda(t)$，习惯上称之为故障率。

故障率的观测值等于 N 个产品在 t 时刻后单位时间内的故障产品数 $\Delta N_f(t)/\Delta t$ 与在 t 时刻还能正常工作的产品数的 $\Delta N_f(t)$ 之比，即

$$\lambda(t) = \frac{\Delta N_f(t)}{N_s(t)\Delta(t)} \tag{5-3}$$

故障率(失效率)的常用单位为 $(1/10^6 \text{ h})$。

平均故障率 $\overline{\lambda(t)}$ 是指在某一规定的时间内故障率的平均值。其观测值分为两种情况，对于非维修产品，是指在规定的时间内失效数 r 与累积工作时间 $\sum t$ 之比；对于非维修产品，是指其使用寿命内的某个观测期间一个或多个产品的故障发生次数 r 与累积工作时间之比。这两种情况均可用下式表示：

$$\overline{\lambda(t)} = \frac{r}{\sum t} \tag{5-4}$$

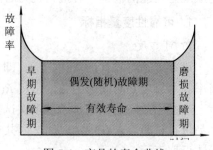

图 5-4　产品的寿命曲线

平均故障率的单位用单位时间内的失效数来表示，即 1/h。

产品在整个寿命周期内的故障率是不同的，其故障率随时间变化的曲线称为寿命曲线，又称浴盆曲线，如图 5-4 所示。由图可见，产品的失效过程可分为三个阶段，即早期故障期、偶发故障期和磨损故障期。

(1) 早期故障期。产品在使用初期，由于材质的缺陷或者设计、制造、安装、调整等环节造成的缺陷，或是检验疏忽等原因，一些固有的缺陷会陆续暴露出来，此期间故障率较高。但经过不断调试以后，故障加以排除，加之配件之间的不断磨合，逐渐趋于稳定运转。

(2) 偶发故障期。该期间内故障率降到最低，且趋向于常数，表示产品处于正常工作状态。该段时间持续较长，也是产品的最佳工作期。该时期内产品会随机发生故障，通常是偶然原因导致应力增加，一旦应力超过设计规定的额定值，就有可能发生故障。

(3) 磨损故障期。该时期内的故障率迅速上升，原因在于产品经长期使用后，由于磨损、老化等，大部分零部件将接近或达到固定寿命期，因此，故障率较高。

由此可见，为了提高产品的可靠性，降低故障率，应着重在早期故障期和磨损故障期加强检测和保养等工作，及时发现故障，并通过调整、修理或更换等方法排除故障，延长产品的使用寿命。

3) 平均寿命(平均无故障工作时间)

上述讨论是用产品单位时间内发生故障频率的高低来衡量产品的可靠性。以下内容从产品的正常工作时间长短来衡量可靠性。由此引入平均寿命和平均无故障工作时间或平均故障间隔时间 t。

此处的讨论同样要分两种情况进行。对于非维修产品，称为平均寿命，其观测值为产品发生失效前的平均工作时间，或所有试验产品都观察到寿命终了时，它们寿命的算术平均值。而对于非维修产品，称为平均无故障工作时间或平均故障间隔时间，其观测值等于在使用寿命周期内的某段观察期间累计工作时间与发生故障的次数之比。

上述两种情况的观测值都可以用下式求出：

$$\bar{t} = \frac{1}{n}\sum t \tag{5-5}$$

式中： $\sum t$ 为总工作时间； n 为故障(或失效)次数或试验产品数。

4) 维修度

维修度是指维修产品发生故障后，在规定条件(条件储备、维修工具、维修方法及维修技术水平等)和规定时间内能修复的概率，它是维修时间 τ 的函数，用 $M(\tau)$ 表示，称为维修度函数。维修度的观测值为：在 $\tau=0$ 时，处于故障状态需要维修的产品数 N 与经过时间 τ 修复的产品数 N_τ 之比，即

$$M(\tau) = \frac{N}{N_\tau} \tag{5-6}$$

由上述可靠度和维修度概念可知，对维修产品而言，可靠性应包括不发生故障的狭义可靠度和发生故障后进行修复的维修度，即必须用这两项指标来评价维修产品的可靠性。

5) 有效度

狭义可靠度 $R(t)$ 与维修度 $M(\tau)$ 的综合称为有效度，也称广义可靠度。其定义可概括为：对维修产品，在规定的条件下使用，在规定的条件下修理，在规定的时间内具有或维持其规定功能处于正常状态的概率。由此可见，有效度是工作时间 t 与维修时间 τ 的函数，常用 $A(t,\tau)$ 表示，它是对维修产品可靠性的综合评价。 $A(t,\tau)$ 可用下式来表示：

$$A(t,\tau) = R(t) + F(t)M(\tau) \tag{5-7}$$

有效度的观测值是指在某段观测时间内，产品可工作时间与可工作时间和不可工作时间之和的比值，记为 $\tilde{A}$ ，即

$$\tilde{A} = \frac{U}{U + D} \tag{5-8}$$

2. 可靠性特征量之间的关系

1) $F(t)$与$R(t)$之间的关系

比较可靠度和不可靠度的定义可知，它们代表两个互相对立的事件，由概率的基本知识可知，两个相互对立事件发生的概率之和等于 1，所以 $F(t)$ 与 $R(t)$ 之间有如下关系：

$$F(t) + R(t) = 1 \tag{5-9}$$

2) $F(t)$和$R(t)$与故障概率密度函数$f(t)$之间的关系

对累积故障概率 $F(t)$ 进行微分后可以得到故障概率密度函数，用 $f(t)$ 表示，即 $f(t)$ 与 $F(t)$ 有如下关系：

$$f(t) = \frac{\mathrm{d}F(t)}{\mathrm{d}t} = F'(t) \quad \text{或} \quad F(t) = \int_0^t f(t)\mathrm{d}t \tag{5-10}$$

$f(t)$与$R(t)$间的关系：

$$f(t) = \frac{\mathrm{d}F(t)}{\mathrm{d}t} = \frac{\mathrm{d}[1 - R(t)]}{\mathrm{d}t} = -\frac{\mathrm{d}R(t)}{\mathrm{d}t} = -R'(t) \tag{5-11}$$

3) $R(t)$与$\lambda(t)$之间的关系

由式(5-1)～式(5-3)与式(5-11)可知：

$$\lambda(t) = \frac{\mathrm{d}N_s(t)}{N_s(t)\mathrm{d}t} = \frac{N}{N_s(t)}\frac{\mathrm{d}N_s(t)}{N\mathrm{d}t} = \frac{1}{R(t)} \cdot \frac{\mathrm{d}F(t)}{\mathrm{d}t} = -\frac{1}{R(t)}\frac{\mathrm{d}R(t)}{\mathrm{d}t} = -\frac{\mathrm{d}[\ln R(t)]}{\mathrm{d}t} = \frac{f(t)}{R(t)} \tag{5-12}$$

对式(5-12)积分可得

$$\int_0^t \lambda(t)\,\mathrm{d}t = -\int_0^t \frac{\mathrm{d}[\ln R(t)]}{\mathrm{d}t}\mathrm{d}t = -[\ln R(t) - \ln R(0)] = -\ln R(t)$$

因此有

$$R(t) = \mathrm{e}^{-\int_0^t \lambda(t)\mathrm{d}t} \tag{5-13}$$

4) $F(t)$及$R(t)$与$\lambda(t)$之间的关系

由式(5-9)与式(5-13)可知

$$F(t) = 1 - \mathrm{e}^{-\int_0^t \lambda(t)\mathrm{d}t} \tag{5-14}$$

对式(5-14)两边求导数可得

$$f(t) = \lambda(t)\mathrm{e}^{-\int_0^t \lambda(t)\mathrm{d}t} \tag{5-15}$$

3. 机械产品的故障分布类型

一般情况，产品可靠性指标都与该产品的故障分布类型有关。若已知产品的故障分布函数，就可以求出其可靠度 $R(t)$、故障率 $\lambda(t)$ 及其他可靠性指标；若不知道具体的故障分布函数，但知道故障分布类型，也可以通过参数估计的方法求得某些可靠性指标的估计值。

故障分布类型有三种：指数分布、正态分布和威布尔分布。

1) 指数分布

(1) 若机械产品寿命的随机变量为 T，且分布密度函数可表示为

$$f(t) = \lambda e^{-\lambda t}, \quad t \geqslant 0 \tag{5-16}$$

则称该随机变量 T 服从指数分布。其累积分布函数为

$$F(t) = \int_0^t \lambda e^{-\lambda t} \, \mathrm{d}t = 1 - e^{-\lambda t}, \quad 0 \leqslant t \leqslant \infty \tag{5-17}$$

指数分布密度函数曲线和指数累积分布函数曲线分别如图 5-5 和图 5-6 所示。

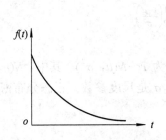

图 5-5　指数分布密度函数曲线　　　图 5-6　指数累积分布函数曲线

(2) 指数分布的部分可靠性指标：

① 可靠度函数为

$$R(t) = 1 - F(t) = e^{-\lambda t}, \quad t \gg 0 \tag{5-18}$$

② 故障率函数为

$$\lambda(t) = \frac{f(t)}{R(t)} = \lambda e^{-\lambda t} = \lambda, \quad t \gg 0 \tag{5-19}$$

③ 平均寿命为

$$\bar{t} = \frac{1}{\lambda} \tag{5-20}$$

指数分布可靠度函数曲线和指数分布故障率函数曲线分别如图 5-7 和图 5-8 所示。

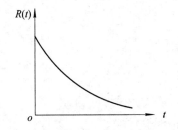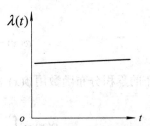

图 5-7　指数分布可靠度函数曲线　　　图 5-8　指数分布故障率函数曲线

指数分布是可靠性技术中最常用的分布之一，它描述故障率为常数的故障分布规律，即描述产品寿命曲线中偶发故障期。而多数机械产品、电子元器件及连续运行的复杂系统都是在偶发故障期正常工作的。所以用指数分布函数来描述机械、电子产品在正常工作期

的故障或失效规律是比较符合工程实际情况的。因此，指数分布在机械、电子产品的可靠性研究及计算中得到广泛应用。

2) 正态分布

正态分布是在机械产品和结构工程中研究应力分布和强度分布时，最常用的分布形式。它对于因腐蚀、磨损、疲劳而引起的失效分布特别有用。

正态分布曲线的观测值在平均值附近出现的机会最多；大小相等、符号相反的偏差发生的频率大致相等；特大正偏差和特大负偏差趋近于零。

(1) 正态分布的定义：若随机变量 T 的密度函数为

$$f(t) = \frac{1}{\sigma\sqrt{2\pi}} e^{-\frac{1}{2}\left(\frac{t-\mu}{\sigma}\right)^2} \tag{5-21}$$

则称 T 服从均值为 μ 和标准差为 σ 的正态分布，记为 $T \sim N(\mu, \sigma^2)$。其中，$N(\mu, \sigma^2)$ 表示参数为 μ 和标准差为 σ 的正态分布，μ 是位置参数，σ 是尺度参数。正态分布密度曲线如图5-9 所示。

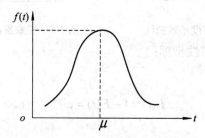

图 5-9　　　正态分布密度曲线

正态分布的累积分布函数为

$$F(t) = \int_{-\infty}^{t} f(t)\mathrm{d}t = \frac{1}{\sigma\sqrt{2\pi}} \int_{-\infty}^{t} e^{-\frac{1}{2}\left(\frac{t-\mu}{\sigma}\right)^2} \mathrm{d}t \tag{5-22}$$

当 $\mu = 0$，$\sigma = 1$ 时，称为标准正态分布，记为 $X \sim N(0, 1)$，其中 X 为随机变量。此时分布密度函数为

$$\varphi(x) = \frac{1}{\sqrt{2\pi}} e^{-\frac{x^2}{2}} \tag{5-23}$$

标准正态分布的累积分布函数用 $\phi(x)$ 表示，则

$$\phi(x) = \int_{-\infty}^{x} \frac{1}{\sqrt{2\pi}} e^{-\frac{x^2}{2}} \mathrm{d}x \tag{5-24}$$

标准正态分布函数已作成数表，可在有关数学手册或者概率统计的附录中查到。

$$\int_{x_1}^{x_2} \varphi(x)\mathrm{d}x = \int_{-\infty}^{x_2} \varphi(x)\mathrm{d}x - \int_{-\infty}^{x_1} \varphi(x)\mathrm{d}x = \phi(x_2) - \phi(x_1) \tag{5-25}$$

式(5-22)一般不便计算，通常用标准正态分布函数 $\phi(x)$ 来计算。若令 $x = \dfrac{t-\mu}{\sigma}$，则 $\mathrm{d}x = \dfrac{\mathrm{d}t}{\sigma}$，因此

$$F(t) = \int_{-\infty}^{\frac{t-\mu}{\sigma}} \frac{1}{\sqrt{2\pi}} \mathrm{e}^{-\frac{x^2}{2}} \mathrm{d}x = \phi\left(\frac{t-\mu}{\sigma}\right) \tag{5-26}$$

(2) 正态分布的部分可靠性指标：

① 可靠度函数 $R(t)$。由式(5-9)和式(5-26)可知

$$R(t) = 1 - F(t) = 1 - \phi\left(\frac{t-\mu}{\sigma}\right) \tag{5-27}$$

② 故障率函数 $\lambda(t)$。由式(5-12)、式(5-21)和式(5-27)可知

$$\lambda(t) = \frac{f(t)}{R(t)} = \frac{\dfrac{1}{\sigma\sqrt{2\pi}} \cdot \mathrm{e}^{-\frac{\left(\frac{t-\mu}{\sigma}\right)}{2}}}{1 - \phi\left(\dfrac{t-\mu}{\sigma}\right)} \tag{5-28}$$

上述 $R(t)$ 及 $\lambda(t)$ 的分布曲线分别如图 5-10 和图 5-11 所示。

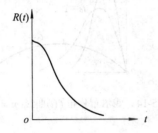
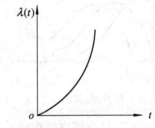

图 5-10 正态分布可靠度曲线   图 5-11 正态分布故障率曲线

3) 威尔布分布

威尔布分布是可靠性技术中常用的一种比较复杂的分布，它含有三个参数，适应性较强，各领域中有很多现象都近似符合威尔布分布，对产品寿命曲线中的三个失效期都可以适应。威尔布分布尤其适用于机电类产品的磨损累计失效的分布。因此，它在可靠性技术中的应用也较为广泛。

(1) 威尔布分布的表达式：

故障概率密度函数为

$$f(t) = \frac{m}{t_0}\left(\frac{t-v}{t_0}\right)^{m-1} \mathrm{e}^{-\frac{(t-v)^m}{t_0}}, \quad t \geqslant \gamma \tag{5-29}$$

累积故障分布函数为

$$F(t) = 1 - \mathrm{e}^{-\frac{(t-v)^m}{t_0}}, \quad t \geqslant \gamma \tag{5-30}$$

式中：m 为形状参数，其值大小决定了威尔布分布曲线的形状；v 为位置参数，又称起始参数，表示分布曲线的起始点；t_0 为尺度参数。

图 5-12 所示是不同 m 对应的不同故障密度函数 $f(t)$ 曲线。γ 不影响 $f(t)$ 的形状，仅表示曲线的位置平移了一个距离$|v|$。当 $v>0$ 时，表示在 v 以前不会发生故障，因此，γ 称为最小保证寿命，如图 5-13 所示。t_0 影响了 $f(t)$ 的高度和宽度，当 t_0 较小时，$f(t)$ 曲线高而窄，陡度大，如图 5-14 所示。

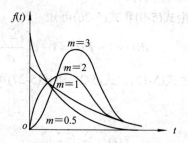

图 5-12　威尔布分布 $f(t)$ 曲线($t_0 = 1$，$v = 0$)

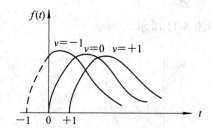

图 5-13　威尔布分布 $f(t)$ 曲线($m = 2$，$t_0 = 1$)　　图 5-14　威尔布分布 $f(t)$ 曲线($m = 2$，$t_0 = 0$)

(2) 威尔布分布的部分可靠性指标：

① 可靠度函数为

$$R(t) = 1 - F(t) = e^{-\frac{(t-v)^m}{t_0}}, \quad t \geq 0 \tag{5-31}$$

当 t_0 和 v 不变时，$R(t)$ 的曲线随 m 取值不同而变化，如图 5-15 所示。

② 故障率函数为

$$\lambda(t) = \frac{f(t)}{R(t)} = \frac{\frac{m}{t_0}\left(\frac{t-v}{t_0}\right)^{m-1} e^{-\frac{(t-v)^m}{t_0}}}{e^{-\frac{(t-v)^m}{t_0}}} = \frac{m}{t_0}\left(\frac{t-v}{t_0}\right)^{m-1}, \quad t \geq \gamma \tag{5-32}$$

当 m 值不同时，$\lambda(t)$ 的曲线也不同。当 $m=1$ 时，为常数，$\lambda(t)$ 为平行于 X 轴的直线；当 $m>1$ 时，$\lambda(t)$ 随时间增加而迅速上升。由此可见，当 $m<1$，$m=1$ 和 $m>1$ 时，不同取值的故障率曲线分别相当于产品寿命曲线中的早期故障期、偶发故障期和磨损故障期，如图 5-16 所示。

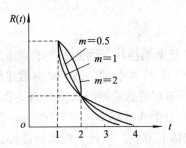
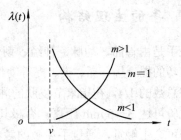

图 5-15　威尔布分布可靠度曲线　　　　　图 5-16　威尔布分布故障率曲线($t_o = 1$，$v > 0$)

通过对最常用机械零组部件的试验研究和实践中失效数据的统计表明，上述三种分布函数都可以描述机械产品零部件的失效规律。例如齿轮传动、螺纹联结和联轴器等零组部件的疲劳、剥落、点蚀等。

4. 系统或产品的可靠性

根据零部件的可靠性数据可以预计产品的可靠性指标，例如可靠度、故障率或平均寿命。相比而言，零组部件的可靠性数据一般都是通过抽样试验，利用数理统计方法对试验结果数据加以处理，根据可靠性理论计算出零组部件的可靠度或故障率等。

一台设备或一种产品都是由若干零组部件组成的，产品的可靠度既与零组部件的可靠性有关，又与它们的组合方式有关。一般有串联组合及并联组合两种基本组合形式，其他较复杂的系统都是由这两种基本组合形式构成的，如串/并联系统。针对可靠度，不同类型系统的计算方式不同。

对于串联配置方式，如果系统中的任意一个单元发生故障，就会导致整个系统发生故障。假设每个单元的可靠度为 R_1，R_2，R_3，$\cdots$，R_n，则系统的可靠度为

$$R_s(t) = R_1 R_2 R_3 \cdots R_n \tag{5-33}$$

对于并联配置方式，系统的可靠性为

$$R_s(t) = 1 - (1 - R_1)(1 - R_2) \cdots (1 - R_n) \tag{5-34}$$

由上式可见，串联配置系统中的单元数目越多，可靠性越差。但如果采用并联系统的配置方式，会允许其中几个零部件失效，而不影响整个系统的正常工作。常见的有表决系统、储备系统等。因此，重要和对可靠性要求高的系统，应力求避免采用串联配置方式。而当系统的部件单元可靠性较差时，最好采用并联的配置方式。例如大型客机会同时配备两名驾驶员，驾驶室的左、右位置上也都配备了相同的仪表设备，用以减少因人的失误对客机安全性造成的威胁。

5.4　实例：手持电动工具

手持电动工具具有携带方便、操作简单、功能多样、安全可靠性高等优良特性，因此，近年来被广泛应用于建筑、住房装潢、汽车、机械、电力等部门，可以减轻劳动强度，提高工作效率。一般手持式电动工具是指用手握或悬挂进行操作的电动工具，比如施工中常用的电钻、电焊钳等。随着手持电动工具广泛使用于各行各业，如何设计手持电动工具使之在使用过程中符合人机工程学的要求，已成为了必须研究的课题。

5.4.1　手的生理结构

人手是由骨骼、动脉、神经、韧带和肌腱组成的复杂的结构，因此人类的双手能做复杂而灵巧的捏、握、抓、夹、提等动作。人每只手共包括 27 块骨骼，双手骨骼数量超过人体骨骼总数的 1/4。在指末节皮肤的乳头层内，有十分丰富的感觉神经末梢及感受器，两点区别试验可达 3～5 mm 距离，有极其灵敏、精细、良好的实体感觉，仅 0.001 mm 的皮肤变形即可产生触觉，通过手灵敏的触觉就可以识别物体的形状，软硬、粗糙程度等。

正因为手是人类主要的劳动器官，所以也非常容易受外伤以及重复性积累损伤疾病的伤害，特别是使用设计不当的手持工具会导致多种手部、上肢甚至全身性伤害。例如，当手指屈指肌及起滑车作用的腱鞘损伤后，屈指时肌腱会离开指骨，形成"弓弦状"而不能充分屈指；而肌腱间的长期固定、炎症、水肿等都容易造成粘连从而使相对滑动丧失，影响手指屈伸功能；若腕管内因滑膜水肿、增生等而压力增高，正中神经易受韧带压迫而产生症状，患者时常出现手部麻木、灼痛、腕关节肿胀、手动作不灵活、无力等症状，称为腕管综合征。其他手部常患疲劳损伤性疾病包括滑囊炎、滑膜炎、狭窄性腱鞘炎、腱炎等。

设计不当的手持工具，给使用者造成了很多身体不适、损伤和疾患，降低了生产率，甚至使人致残。实际上，传统的手持工具中有很多已经不能满足现代生产的需要与现代生活的要求。因此，人机工程学是进行手持工具设计的最为重要的科学依据之一，也只有真正实现了"以人为本"的好用的产品才能在激烈的市场竞争中获得更大的利润。

5.4.2　手持电动工具的设计

1. 设计原则

(1) 必须有效地实现预定功能。例如使用一把斧子时，必须将其最大动能转入斩切作业，利索地劈开木头纤维，并抽出斧头。

(2) 必须与其使用者身体成适当比例，使人力作业效率最高。

(3) 必须按照作业者的力度和工作能力来设计，因此要适当考虑性别、年龄、训练程度、身体素质的差异性。

(4) 不应引起过度疲劳，即不应引起作业者采取不寻常的作业姿势或动作而消耗更多的体能。

(5) 它必须以一些形式向其使用者提供一些感官反馈，如压感、一定的振动、触感、温度等。

(6) 所需要的开发资本和维护成本应当是合理的。

2. 影响设计的生理因素

避免静态肌肉施力。当需要臂部较长时间握持工具时，肩部、臂部和手部的肌肉可能处于静态负载，将导致疲劳和作业效能下降，而长时间作业也会导致前臂疼痛。使肘部角度基本保持在 90°，可以解决该问题，如图 5-17 所示。

(1) 避免不协调的腕部方位。手腕顺直操作时，腕关节处于正中放松状态；相反，当腕部偏离其中位后，手腕处于背屈、尺偏等不舒服的状态，手的持握力将有减损，还会引起腕道综合征、腱鞘炎等症状。图 5-18 所示是传统设计与改进设计尖嘴钳的比较。传统设计的尖嘴钳导致掌侧偏移；而改良后的设计使握把弯曲，操作时可保证手腕的顺直状态，符合人机学的设计原则。通常，工具的把手与工作部分弯曲 10° 时，最适宜手腕部分的操作。

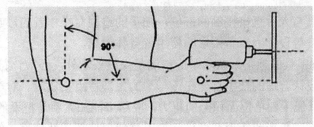

图 5-17　最优姿势示意图

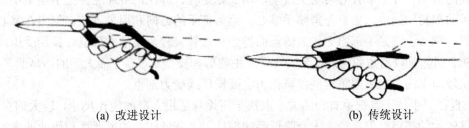

(a) 改进设计　　　　　　　　　　　　　　　　(b) 传统设计

图 5-18　改进的尖嘴钳和传统的尖嘴钳对比

(2) 避免掌部组织受压过大。操作手持式工具时，有时需要用手施很大的力，此时会使作业者的掌心或者手指受到了相当大的压力，妨碍血液在尺动脉的循环，严重时可能引起肌肉萎缩。良好的把手设计应该具有较大的接触面，使压力能分布于较大的手掌面上，减少压力；也可以使压力的作用面位于敏感性较低的区域，如虎口位。图 5-19 所示是此类设计的应用实例。有时把手上留有指槽，但若没有特殊作用，则最好不留，因为人体尺寸有所差异，指槽不合适反而导致某些操作者手指局部的应力集中。

(3) 避免手指重复地动作。手指如果长时间地按压开关或操作其他扳机式控制器，将产生静态肌肉负载，导致扳机指(狭窄性腱鞘炎)，手指灵活度降低。扳机指症状在使用气动工具或触发器式电动工具时频频出现，因此，在设计时应尽量避免食指做这类动作，而以拇指或指压板操作，如图 5-20 所示。

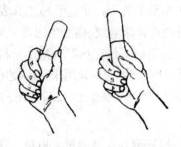

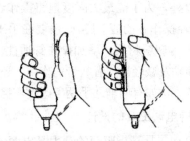

(a) 传统把手　　(b) 改进后的把手　　　　　(a) 拇指操作　　(b) 指压板操作

图 5-19　避免掌部压力的把手设计　　　　图 5-20　避免单指反复操作的设计

(4) 避免操作时工具夹住手掌或手指。在用较大力操作时，手掌或手指可能会被工具夹住，可以不在工具双手柄之间设置支点，以保证手柄间有一定的间隙。例如，铁皮剪刀的手柄之间设有两个小凸台，就是为了避免这类情况发生。

(5) 其他应注意的问题。在选用或设计手持工具时，还应注意的问题有：手如何施力，能否双手执握和操纵工具，操作时能否看清工件，如何控制施力，如何降低噪声等。

3. 把手的设计

把手是手持工具与人手直接接触的部位，把手的造型对操作者的影响很大，形状、直径、长度、弯曲角度等设计因素直接影响使用者身体健康。

(1) 形状。手持工具的把手形状除了应该满足操纵要求外，还应该符合手的结构、尺度及其触觉特征。设计合理的把手首先应该与手的生理特点相适应。对于着力抓握，需要较大的握持力，为降低手部单位面积上的压力，应尽可能加大手与把手的接触面积，因此，采用圆形把手较好。三角形或矩形截面设计把手虽然握持舒适性稍差，但可有效避免手与工具之间的滑动，并且放置时可避免滚动，增加稳定性。其次，应避免将把手丝毫不差地贴合在手的握持空间中，更不能紧贴手掌心，因为把手的方向和用力不应该集中在掌心和指骨间肌，掌心位置是手部肌肉较为薄弱而神经和血管又较为集中的部位，长期受压或受振，可能会引起难以治愈的疾病，至少容易产生疲劳和操作不准确。而人手的指球肌和大、小鱼际肌较为丰满，应考虑将这些部位作为主要操作或受力部位。

(2) 直径。手持工具把手直径的大小取决于用途和适用人群的统计尺寸。较大的直径可以提供较大的扭矩，但直径太大会降低手的握持力，降低作业的灵活性和作业速度，并造成指端骨弯曲增加，长时间作业易形成疲劳。对于受力较小、主要由手指完成的精确抓握，应科学设计其直径，例如，螺丝刀的直径增大，可以增大扭矩，但较大的直径操作不灵活，且增加工具自重，降低作业效率。太细的直径同样不容易操作，特别是对男性而言，过细的直径同样容易引起手部疲劳从而降低效率。比较合适的直径：用力抓握 $30\sim40$ cm，精密抓握 $8\sim16$ cm。

(3) 长度。为了扩大使用人群的范围，把手的长度通常选在女性第 5 百分位(71 cm)和男性第 95 百分位(97 cm)之间。偏长的把手易造成操作不灵活，而过短的把手易导致握持不便或握力下降及掌部受压等。因此，适合中国人的通用性的把手长度宜选在 $100\sim125$ cm 之间。

(4) 弯曲角度。为了保证操作时手腕处于直顺状态时，手与工作部分的弯曲角为 10°时，有利于操作和降低疲劳。

除此以外，为了能最大限度地将操作者的手力传递到工具上，防止手与工具表面的滑动，同时减轻操作者的疲劳感，一般要在手工具把手表面设计防滑纹，柄套也通常采用 ABS、PP 和 TPR 等塑料材质，增加操作舒适性。部分工具的手柄上包有热塑料弹性材料，可以起到减少震动及减轻操作者疲劳的作用。还有些工具设计有辅助手柄，用来帮助使用者更好地控制工具。例如有的辅助手柄考虑到左撇子对工具的控制，一般有上、左、右三个位置。

4. 手持电动工具的设计

手持电动工具是指驱动的动力是电源(如钻孔机、螺钉旋具、磨砂机、电锯、研磨机)、压缩空气(如扳钳、气压铆钉机)或燃料(如带有汽油发动机的链锯、切割机等)的工具。

使用这类手动工具会产生力量冲击或震动，对操作员有一定的影响，尤其当作业姿势不当时，经常容易引起伤害事故。

在设计手持电动工具时，首先除了考虑普通手持工具的设计要素以外，对于手柄的设计，还需要考虑以下要求：

(1) 手柄应具有良好的绝缘性和隔热性。手柄在持续握持或与身体接触的情况下，温度不应超过 35℃。

(2) 手柄不应有突出的锐边和棱角。为了便于抓牢，手柄表面最好采用弹性材料。

(3) 手柄表面应有一定的硬度，避免工作中的颗粒或污物嵌入。

(4) 手柄应能防止油、溶剂和其他化学物质浸入。

(5) 手柄表面应有一定的粗糙度，尽可能增大承力面积。例如用手拧和转的手柄，表面上最好带有纵向的平滑浅槽。

习　　题

5-1　根据用途不同，机械有哪些类别？举例说明。

5-2　机械伤害的基本类型有哪些？

5-3　机械安全设计的要求是什么？

5-4　什么是零部件的磨损？磨损的三阶段是什么？

5-5　什么是零部件的变形？如何防止变形？

5-6　什么是机器设备的可靠性？什么是可靠度？

5-7　产品失效会经历哪几个阶段？

5-8　手持电动工具的设计原则有哪些？

5-9　求图 5-21 所示系统的可靠度。各单元工作相互独立，可靠度分别为 $R_1 = R_3 = 0.5$，$R_2 = R_4 = 0.8$，$R_5 = R_7 = 0.6$，$R_6 = R_8 = 0.5$。

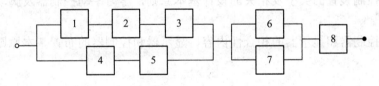

图 5-21　习题 5-9 图

第6章　人机界面设计

(1) 人机界面概述。
(2) 信息显示器的类型及设计原则。
(3) 控制器的类型及设计原则。
(4) 控制器和显示器的相合性。

(1) 掌握人机界面的定义及要素。
(2) 掌握信息显示器的类型及相关的设计基本原则，在此基础上掌握主要显示器(视觉显示器、听觉显示器)的设计。
(3) 掌握控制装置的类型及相关的设计基本原则，学习手动控制器及脚动控制器的一般设计要求。
(4) 理解控制器和显示器的相合性内容、显示器和控制器的布置基本原则及具体布置设计要求。

　　人机界面设计主要指显示器、控制器以及它们之间的关系的设计，应使人机界面符合人机信息交流的规律和特性。本章依据第3、4章对人机系统中人的特性及人的作业疲劳与可靠性的论述，本着"机宜人"的基本原则，把人机界面的研究重点置于两个问题：显示与控制。

6.1　人机界面概述

6.1.1　人机界面的定义

　　人机界面(Human-Machine Interface)是人与机器进行交互的操作方式，即用户与机器互相传递信息的媒介，其中包括信息的输入和输出。好的人机界面美观、易懂，操作简单且具有引导功能，使用户感觉愉快，能增强兴趣，从而提高使用效率。
　　"系统"是由相互作用、相互依赖的若干组成部分结合成的具有特定功能的有机整体。

人机系统包括人、机和环境三个组成部分，它们相互联系构成一个整体。人机系统模型如图 6-1 所示。

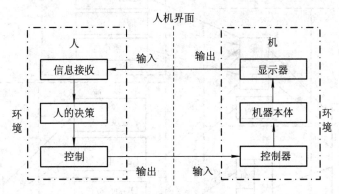

图 6-1　人机系统模型

由图 6-1 可见，操作过程的情况由显示器显示出来，作业者首先要感知显示器上指示信号的变化，然后分析、解释显示的意义并作出相应决策，再通过必要的控制方式操作过程的调整。这是一个封闭的人机系统，即闭环人机系统。

在人机系统中，人与机之间存在一个相互作用的"面"，称为人机界面。人与机之间的信息交流和控制活动都发生在人机界面上。机器的各种显示都"作用"于人，实现机—人信息传递；人通过视觉和听觉等感官接收来自机器的信息，经过人脑的加工、决策，然后作出反应，实现人—机的信息传递。可见，人机界面的设计直接关系到人机关系合理性，而研究人机界面则主要针对两个问题：显示与控制。

6.1.2　人机界面三要素

在人机界面上，向人表达机械运转状态的仪表或器件叫显示器(Display)；供人操纵机械运转的装置或器件叫控制器(Controller)。对机械来说，控制器执行的功能是输入，显示器执行的功能是输出。对人来说，通过感受器接收机械的输出效应(例如显示器所显示的数值)是输入；通过运动器操纵控制器，执行人的意图和指令则是输出。如果把感受器、中枢神经系统和运动器作为人的三个要素，而把机械的显示器、机体和控制器作为机械的三个要素，并将各要素之间的联系用图表示出来，就叫做三要素基本模型。三要素基本模型如图 6-2 所示。

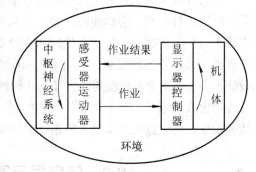

图 6-2　三要素基本模型

图 6-3 所示是司机—汽车的三要素基本模型实例。

司机—汽车三要素基本模型表示人和机械整个系统的组成及其之间的相互关系，只要把图正确绘出，就可直观地得知人体的哪一部分与机械的哪一部分有联系和有何等程度的联系。

人机界面设计主要指显示器、控制器以及它们之间的关系的设计，应使人机界面符合人机信息交流的规律和特性。

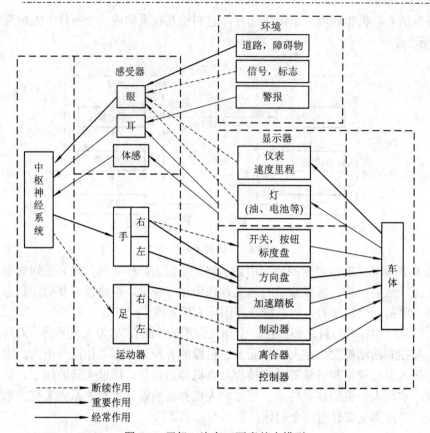

图 6-3　司机—汽车三要素基本模型

　　由于机器的物理要素具有行为意义上的刺激性质，则必然存在最有利于人的反应刺激形式，因此人机界面的设计依据始终是系统中的人。

　　人机界面是人机系统中人和机进行信息传递和交换的媒介及平台，人也可以通过该界面对机器进行控制。总体而言，整个人机界面主要包含显示器和控制器两大部分，它们是连接人与机的关键。人机界面的好坏直接影响信息传递及交换的有效性和准确性，进而影响到整个人机系统的安全性。大量实例研究表明，许多重大事故的产生都是由于人机界面设计不合理，作业者出现判读失误及其他种类的操作误差，最终才导致事故的发生。因此，综合考虑人机系统的可靠性和作业者的舒适性，设计良好的人机界面，能有效防止操作事故的发生，真正意义上实现人机系统的协同作业。

6.2　信息显示器的类型及设计原则

6.2.1　信息显示器的类型

　　在人机系统中，信息显示器的功能就是以可知的数值、可见的变化趋势或图形、可听的声波以及各种人体可感知的刺激信号等方式向人传递系统中的各种信息。信息显示器的类型如图 6-4 所示。

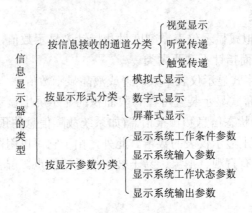

图 6-4　信息显示器的类型

1. 按信息接收的通道分类

人的感觉通道很多，有视觉、听觉、触觉、痛觉、热感、振感等。所有这些感觉通道均可用于接受信息。根据人接受信息的感觉通道不同，可以将显示装置分为视觉显示器、听觉显示器、触觉显示器。其中视觉和听觉显示器应用最为广泛。由于人对突然发生的声音具有特殊的反应能力，所以听觉显示装置作为紧急情况下的报警装置，比视觉显示器具有更大的优越性。触觉显示是利用人的皮肤受到触压刺激后产生感觉而向人传递信息的一种方式。

由于人的各种感觉通道在传递信息方面都具有一定的特性，因而与各种感觉通道相适应的显示方式所显示的信息也就具有一定的特性。上述三种显示方式所传递的信息特征如表 6-1 所示。

表 6-1　三种显示方式所传递的信息特征

显示方式	信息传递特征	应用举例
视觉显示	1. 比较复杂、抽象的信息或含有科学技术术语的信息、文字、图表、公式等。 2. 传递的信息很长或需要延迟者。 3. 需用方位、距离等空间状态说明的信息。 4. 以后有被引用可能的信息。 5. 所处环境不适合听觉传递的信息。 6. 适合听觉传递，但听觉负荷已很重的场合。 7. 不需要急迫传递的信息。 8. 传递的信息常须同时显示、监控	交通信号灯、汽车仪表、安全标志牌等
听觉显示	1. 较短或无须延迟的信息。 2. 简单且要求快速传递的信息。 3. 视觉通道负荷过重的场合。 4. 所处环境不适合视觉通道传递的信息	铃、蜂鸣器、汽笛等
触觉显示	1. 视觉、听觉通道负荷过重的场合。 2. 使用视觉、听觉通道传递信息有困难的场合。 3. 简单并要求快速传递的信息	盲道、电梯盲文按钮等

2. 按显示形式分类

(1) 模拟显示：模拟式显示仪表靠刻度盘和指针来显示数值，它通常可分为指针运动而表盘不动和表盘运动而指针不动两大类。

(2) 数字显示：数字式显示仪表用数码管或液晶显示数值。

(3) 屏幕显示：屏幕式显示装置可在有限面积的显示屏上显示大量不同类型的信息，其优点是可以同时显示状态信息和预报信息(如系统故障信息的预报)，因而采用屏幕显示装置可大大减少仪表板上显示仪表的数量。此外，由于它可以用图形来显示系统的动态参数或变化趋势，因此具有直观、形象、易于被人接受的特点。屏幕显示装置便于与计算机联用而实现自动控制。

3. 按显示参数分类

(1) 显示系统的工作条件参数：为使系统在规定的工作条件和作业环境下工作，需要由显示仪表向人传递各种工作条件信息，如汽车发动机冷却水温度的显示、锅炉内压力的显示以及作业环境温度的显示等。

(2) 显示系统输入参数：为使系统按照人所需求的动态过程工作或者按照客观环境的某种动态过程工作，人必须通过显示仪表来掌握输入的信息，如通过无线电接收机的标度指示调节的频率，通过机械系统中的定时器指示人所调节的机构动作时间，通过恒温器手把上的温度数字指示制冷机所要调节的温度等。

(3) 显示系统的工作状态参数：为了解系统的实际工作状态与理想状态的差距及其变化趋势，必须由各种仪表显示装置传递系统的状态信息。根据显示参数性质的不同，工作状态参数的显示又可分为

① 定量显示：用于显示系统所处状态的参数值，如显示汽车行驶速度、飞机发动机转速等。

② 定性显示：用于显示系统状态参数是否偏离正常位置。一般不需要认读其数值大小，而要求便于观察偏离正常位置的情况，故不宜采用数字式，而常用指针运动式显示仪表。

③ 警戒显示：用于显示系统所处的状态范围，其显示常分为正常、警戒和危险三种情况。例如，用绿色指示灯表示状态良好，用黄色指示灯表示警戒，用红色指示灯或声警报信号表示危险等。同样，也能用指针式仪表显示三个状态范围。

(4) 显示系统的输出参数：通过这类仪表显示装置可把系统输出的信息反馈给操作者，如汽车的走行公里，计算机打印出的计算工作结果，锅炉出水管的温度计显示热水温度等。

6.2.2 信息显示器设计原则

1. 准确性原则

设计显示器的目的是为了使人能准确地获得机器的信息，正确地控制机器设备，避免事故。因此要求显示装置的设计，尤其供数量认读的显示装置的设计应尽量使读数准确。读数的准确性可通过对类型、大小、形状、颜色匹配、刻度、标记等的设计解决。

2. 简单性原则

为了读数迅速、准确，显示器应尽量用简单明了的方式显示所传达的信息：应使传递

信息的形式尽量能直接表达信息的内容，以减少译码的错误；不使用不利于识读的装饰；尽量符合使用目的，如供状态识读的仪表，就是越简单越清晰越好。

3. 一致性原则

应使显示器的指针运动方向与机器本身或其控制器的运动方向一致。例如，显示器上的数值增加，就表示机器作用力增加或设备压力增大；显示器的指针旋转方向应与机器控制器的旋转方向一致。

各个国家、地区或行业部门使用的信息编码应尽可能做到统一和标准化。

4. 排列性原则

关于显示器的装配位置或几种显示器的位置排列也需认真考虑，其位置排列应是：

(1) 最常用和最主要的显示器尽可能安排在视野中心 3° 范围之内，因为在这一视野范围内，人的视觉效率最优，也最能引起人的注意。

(2) 当显示器很多时，应当按照它们的功能分区排列，区与区之间应有明显的区分。

(3) 显示器应尽量靠近，以缩小视野范围。

(4) 显示器的排列应当适合人的视觉特征。例如，人眼的水平运动比垂直运动快而且幅度宽，因此，显示器的水平排列范围应比垂直方向大，可以形成一个椭圆形的大型仪表盘，使各仪表都能面向操作人员，提高读数的准确程度。此外，要达到好的视觉效果，在光线暗的地方，必须装设合适的照明设备。

6.2.3　视觉显示器设计

1. 模拟式与数字式仪表的显示设计

仪表显示是较为常用的一种信息显示器，种类较多。它按照认读特征，可分为数字显示器和模拟显示器；按照结构的不同，可分为指针移动式仪表、指针活动式仪表和数字式仪表，其中指针移动式仪表和指针活动式仪表属于模拟显示器，数字式仪表属于数字显示器；按照功能的不同，可分为读数用仪表、检查用仪表、追踪用仪表和调节用仪表等。任何仪表都有不同的优缺点，为了保证信息能快速、准确地传递给操作者，在设计和选择时必须要全面分析仪表的各项功能，选择最佳的仪表显示器，如表 6-2 所示。

表 6-2　各种仪表的功能特点比较

比较项目	模拟显示仪表		数字显示仪表
	指针活动式	指针固定式	
数量信息	指针活动时不易读数	刻度移动时不易读数	能迅速读出精确数值，出错少
质量信息	易判定指针位置，未读出数值和刻度即能迅速发现指针的变动趋势	未读出数值和刻度时难以确定变化的方向和大小	读出数值后才能得知变化的方向和大小
调节性能	指针运动与调节活动之间的关系较简单而直接，便于调节和控制	调节运动方向不明显，快速调节时难以读数	数字调节的监测结果精确，快速调节时难以读数

续表

比较项目	模拟显示仪表		数字显示仪表
	指针活动式	指针固定式	
监控性能	能快速确定指针位置并进行监控；指针位置与监控活动关系最简单	指针无变化，不便于监控；指针位置与监控活动关系不明显	不能依据指针位置变化来进行监控
一般性能	占用面积大；需要仪表照明；刻度显示范围小；使用多指针显示时认读性差	占用面积小；需要仪表局部照明；小范围内的认读性好	占用面积小；照明面积最小；刻度的长短只受字符、转鼓的限制；刻度显示范围大
综合性能	价格低廉；良好的可靠性和稳定性；易于显示信号的变化趋势；易于判断信号值与额定值之差		精度高；易于快速认读；视读误差极小；过载能力强；易与计算机联用

1) 仪表盘型式设计

常见的仪表盘有垂直直线形、水平直线形、半圆形、圆形、开窗形，不同的仪表形式与误读率之间的关系也不同，如图 6-5 所示。图中显示开窗形的误读率最低，这是因为仪表认读范围小，视线扫描路线短。开窗形仪表一般不宜单独使用，而是经常以小开窗的形式嵌入较大的仪表表盘中，并要求刻度盘无论在何处位置，都能够在观察窗口内看到至少相邻两个刻有数字的刻度线。圆形和半圆形仪表指针易于观察，认读时视线集中，指针运动简单；水平直线形和垂直直线形仪表显示范围较大，仅能对水平位移、高度方向的信息进行形象化理解。而水平直线形之所以优于垂直直线形，原因是前者符合眼睛的运动规律，准确度高。

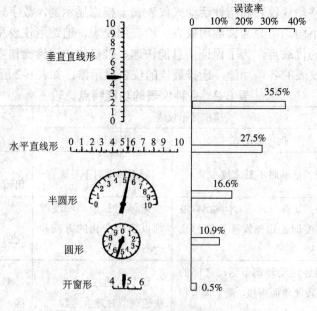

图 6-5　各种型式的仪表与误读率的关系

2) 仪表盘尺寸设计

仪表盘的大小尺寸也会影响误读率，一般主要取决于刻度标记的数量和视距。刻度数量越多，视距越大，表盘尺寸也越大。但是，无限制地增大表盘尺寸，会导致视线扫描路线和表盘占用面积增大。因此，在设计仪表表盘尺寸的时候，必须要确定表盘尺寸、刻度标记数量和视距之间的恰当比例。以圆形仪表盘为例，假设表盘的最佳直径为 D，视距为 L，刻度标记数量为 I，三者的恰当比例关系如图 6-6 所示。结果显示，当 L 一定，I 增大时 D 增大；当 I 一定，L 增大时 D 增大。

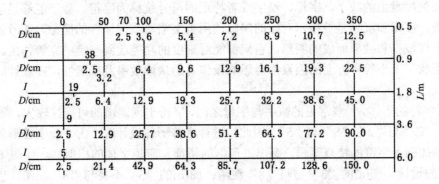

图 6-6　圆形仪表盘的最佳尺寸

3) 刻度的设计

仪表的刻度设计包括刻度线、刻度间距和刻度标记及标数等的设计。

(1) 刻度线设计。刻度线的类型与刻度线的粗细、长短和方向有关。研究表明，刻度线的宽度与刻度有关，一般取刻度的 5%～15%，且当刻度线宽度为刻度的 10% 时误读率最小，普通刻度线的宽度通常为 0.1 mm ± 0.02 mm。刻度线的长度与认读准确性有着密切的联系，刻度线分为长刻度线、中刻度线和短刻度线三种，各刻度线和视距之间的比例关系如表 6-3 所示。刻度方向是指刻度盘上刻度递增的方向，应该与人的视觉运动规律一致，即设计的时候应以从左向右，从上至下，以顺时针为佳。

表 6-3　视距与刻度线长度的最佳比例

视距/m	刻度线长度/cm		
	长刻度线	中刻度线	短刻度线
0.5 以下	0.44	0.40	0.23
0.5～0.9	1.00	0.70	0.43
0.9～1.8	1.95	1.40	0.85
1.8～3.6	3.92	2.80	1.70
3.6～6.0	6.58	4.68	2.70

(2) 刻度间距设计。刻度线之间的距离称为刻度间距。如果视距为 L，那么小刻度的最小间距为 $L/600$，大刻度的最小间距为 $L/50$。根据认读效率与刻度大小之间的关系，最好将刻度间距与人眼形成的视角保持在 10′ 左右。当视距为 750 mm 时，刻度间距宜为 1～2.5 mm。

(3) 设计刻度的标记及标数设计。设计刻度的标记及标数除了要遵循上述表盘设计原则以外，还应符合下述的要求。当表盘上的刻度比较多时，宜将刻度分为大刻度标记、中刻度标记和小刻度表记。一般情况下，最大的刻度必须标数，最小的刻度不标数。如果表盘的空间足够大，数字应标记在刻度记号的外侧，避免其被指针挡住；当表盘空间有限时，数字应标记在刻度记号的内侧，以扩大刻度间距。但若指针处于表盘外侧，则数字统一标于刻度记号内侧。圆形仪表的标数除了按照顺时针方向递增以外，0 位应设置于时钟的 12 点或 9 点位置，以符合人们的认读习惯。

4) 字符设计

仪表刻度盘上的数字、字母、汉字或者特定的符号统称为字符。数字能够显示精确的运行参数，字母和汉字是被指示对象的国际通用英文缩写或习惯性的简称，符号是对被代表内容高度概括和抽象而成的图形，它们都能对刻度的功能起到一定的完善作用。因此，字符的形状、大小等多方面的因素都会影响操作者的认读效率及准确性，在设计时必须简明、易认。

(1) 字符的形体。一些常见的数字与字母之间，字符出现混淆的可能性较大，例如，"G"与 "C"；"Z" 与 "2"；"S" 与 "5"。因此，进行字符形体设计时，为了使字符形体简明醒目，必须加强各字符的特有笔画，突出 "形" 的特征，避免字体的相似性。如图 6-7 所示 "3" 字的设计，图(a)的 "3" 易与 "8" 混淆；图(b)的 "3" 不易与 "8" 混淆。当字符的笔画太粗时，也会使字符关键部分含混，不易识读，如图 6-7(c)所示。由于字体相似，当需要快速认读图 6-8 中的数码管 7 段字体时，误读率较高。

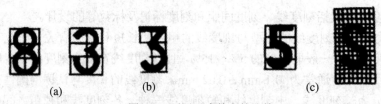

(a)　　　　　　(b)　　　　　　　　　　　(c)

图 6-7　不同形式数字的比较

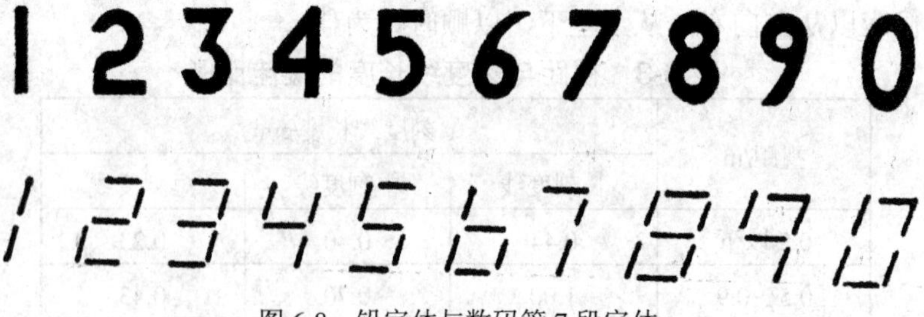

图 6-8　铅字体与数码管 7 段字体

通常而言，应将汉字字体尽量设计为简体、正体、细字体，笔画要均匀，方形或者高矩形，横向排列。如果是英文字母，宜采用大写体。

(2) 字符的大小。除了上述标准以外，还应注意设计字体的高度。刻度大小一定，字符的高度尺寸越大越好。字符高度一般按公式(6-1)计算：

$$H = \frac{1}{3600}\theta \tag{6-1}$$

式中：H 为字符高度，mm；L 为视距，mm；θ 为最小视角，$'$，一般取值 $10' \sim 30'$，由实

验决定。

对于安装在仪表盘上的仪表，视距为 710 mm 时，其字符高度可参考表 6-4；若视距不等于 710 mm，需将表列数值乘以变化比率 η 加以修正，见式(6-2)。

$$\eta = \frac{L(\text{mm})}{710(\text{mm})} \qquad (6\text{-}2)$$

表 6-4　仪表盘上仪表的字符高度　　　　　　　　　　单位：mm

字母或数字的性质	低亮度下(约 0.103 cd/m²)	高亮度下(约 3.43 cd/m²)
重要的(位置可变)	5.1～7.6	3.0～5.1
重要的(位置固定)	3.6～7.6	2.5～5.1
不重要的	0.2～5.1	0.2～5.1

字符的宽度与高度之比一般取 0.6～0.8，笔画宽与字高之比一般取 0.16。笔画宽与字高之比还受照明条件的影响，笔画宽与字高比值的推荐值见表 6-5。

表 6-5　不同照明条件下字符笔画粗细取值

照明和背景亮度情况	字体	笔画宽：字高
低照度下	粗	1：5
字母与背景的亮度对比比较低时	粗	1：5
亮度对比值大于 1：12(白底黑字)	中粗～中	1：6～1：8
亮度对比值大于 1：12(黑底白字)	中～细	1：6～1：8
黑色字母于发光的背景上	粗	1：5
发光字母于黑色的背景上	中～细	1：8～1：10
字母具有较高的明度	极细	1：12～1：20
视距较大而字母较小的情况下	粗～中粗	1：5～1：6

5) 指针设计

指针是仪表的重要组成部分，其作用是指示仪表盘上所要显示的信息。为了保证操作者能迅速、准确地认读仪表信息，必须合理设计指针的形状、大小以及色彩搭配等要素，符合人们的认读习惯。

(1) 指针的形状和长度。指针的形状要简单、明了，不应有装饰。最好选取头部尖、尾部平、中间等宽或狭长三角，如图 6-9 所示。指针过长会遮挡刻度线，过短会难以准确读数。研究结果表明，当指针与刻度线的距离大于 0.6 cm 时，视距越大，误读率越高；而从小于 0.6 cm 越靠近 0 cm 时，误读率越低。且当间隔为 0.1～0.2 cm 时，误读率保持不变，因此，指针与刻度线之间的距离宜选择在该范围之内。

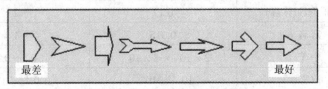

图 6-9　各种箭头形状的指针

(2) 指针的宽度。一般要求指针针尖宽度应与最短刻度线等宽，否则指针在刻度线上摆动时易引起读数误差。指针最好与刻度盘面保持一定距离，但要尽量靠近仪表盘面。对于精度要求很高的仪表，在设计时应考虑将指针和刻度盘面装配在同一平面内。

6) 仪表的色彩设计

指针的颜色与刻度盘的颜色应有较鲜明的对比。指针、刻度和表盘的配色关系要符合人的色觉原理。通常，亮底暗指针优于暗底亮指针。墨绿色和淡黄色表盘配白色或黑色，误读率最小；黑色和灰黄色表盘配白色刻度线，误读率最大。而且当大、小刻度线的颜色不同时，更容易读取信息。

2. 信号灯设计

信号灯产生或传递的视觉信息被称作灯光信号，常用于各种交通工具的仪器仪表板上。它一般的用途有两方面：一方面可以起到指示性的作用，引起操作者的注意，指导下一步操作；另一方面可以显示机器的工作状态，反映完成某个指令或操作之后机器设备的运转情况。它的特点是面积小，视距远，容易引起人的注意力，能够简单、明了地传递信息。它的缺点是信息负荷有限，需要传递的信号过多时容易产生干扰和造成混乱。

信号灯是以灯光作为信号载体的，需要作业者用肉眼去认读判断。因此，在设计信号灯时，除了要符合一定的光学原理，还要遵循人的视觉特性，按照人机工程学的要求进行设计。

1) 信号灯的视距设计

信号灯要有一定的视距而且清晰、醒目。以驾驶舱的信号灯为例，必须要保证能够被清楚识别，不能引起眩目，影响驾驶者的注意力。对于远距离观察的信号灯，如航标灯、交通信号灯等，一定要确保在远视距或大雾等天气的情形下也能看清楚。能见距离指的是物体达到一定的距离之后，人眼再无法进行分辨时的临界距离。能见距离除了与空气透明度密切相关以外，还受到物体本身大小、亮度及颜色等因素影响。能见距离与空气透明度之间的关系如表 6-6 所示。

表 6-6　能见距离与空气透明度的关系

大 气 状 态	透 明 系 数	能 见 距 离/km
绝对纯净	0.99	200
极高的透明度	0.97	150
很透明	0.96	100
良好的透明度	0.92	50
一般的透明度	0.81	20
空气略微混浊	0.66	10
空气较混浊(霾)	0.36	4
空气很混浊(浓霾)	0.12	2
薄雾	0.015	1
中雾	$2 \times 10^{-4} \sim 8 \times 10^{-10}$	$0.5 \sim 0.2$
浓雾	$10^{-19} \sim 10^{-34}$	$0.1 \sim 0.05$
极浓雾	$< 10^{-34}$	几十至几米

2) 信号灯的形状和标记设计

当信号灯的颜色不同时，其代表的意义也不尽相同。当信号比较多时，单纯依靠颜色就无法准确、清晰地传递所要表达的信息，此时就需要在形状、标记形式上进一步加以区别。所选用的形状与其表示的意义之间都有一定的逻辑意义，如"→"表示指向，"×"表示禁止，"!"表示警告，慢闪光表示慢速等。如果需要引起特别注意，可以采用强光和闪光信号，闪光频率为 0.67～1.67 Hz，闪光的方式有明暗、明灭、似动(并列两灯交替明灭)等。闪光的强弱应根据情况变化，表示危险信号的闪光强度略高于其他信号灯；当环境中对比度较低时，闪光频率应较高。另外，当需要传递较优先和较紧急的信息时，也应采用高频率闪光(10～20 Hz)。

3) 信号灯的颜色

信号灯常用的颜色编码有 10 种，按照不易混淆的顺序排列为黄、紫、橙、浅蓝、红、浅黄、绿、紫红、蓝、黄粉。在采用单个信号灯时，优选蓝、绿色最为清晰。常见的几种信号灯的颜色及其代表意义如表 6-7 所示。

表 6-7　信号灯颜色及其意义

颜色	含义	说明	举例
红	危险或警告	紧急状况需立即采取行动	① 联锁装置失效； ② 压力已超(安全)极限； ③ 有爆炸危险
黄	注意	情况有变化或有变化趋势	① 压力异常； ② 出现短暂性可承受的过载
绿	安全	运行状态正常	① 冷却降温正常； ② 自动控制运行正常； ③ 机器准备启动
蓝	指示性	除红、黄、绿三色之外的任何指定用意	① 遥控指示； ② 选择开关为准备位置
白	无特定含义	任何含义	① 除尘； ② 盥洗

4) 信号灯的位置设计

重要信号灯应与重要仪表同时放置在最佳视区内，即视野中心3°范围之内，普通信号灯在 20°范围内，重要度更小的放置在 60°～80°范围内，但必须确保无需转头就能观察到。当信号灯显示与操纵或其他显示相关时，最好与对应器件成组排列，而且信号灯的指示方位与操作或方向一致。例如，当上方开关处于开启状态时，对应的上方信号灯亮。

3. 显示屏设计

随着电子和信息技术的蓬勃发展，带来了许多更先进的视频显示装置，如液晶显示器、等离子显示器。这类显示器既能显示静态的文字、图形、符号，又能显示动态的视频影像，能同时显示定量信息和形象化的定性信息。显示屏的设计需要考虑屏面、目标亮度、亮度对比度等问题。

1) 屏面设计

显示屏屏面的大小与目标物的大小和视距有关。一般的视距为 500～700 mm，屏面的大小和人眼之间的夹角不超过 30°。当视距为 355～710 mm 时，雷达屏面宜取 127～178 mm。认读周期短或者只需要检测一些微弱信号时，视距可减少 250 mm。作业者也可以根据情况靠近屏幕观察。除了屏面大小，屏幕分辨率也是屏面设计的一个很重要的因素。为了达到一定的显示效果，CRT(Cathode Ray Tube，阴极射线管显示器)的分辨率不能低于每英寸 125 线。

2) 目标亮度

在一定的亮度范围内，亮度越高，操作者越容易分辨显示屏中的目标。通常，当目标的亮度达到 65 cd/m^2 时就能有效分辨目标物。总的来说，亮度适中为好，太亮会刺激眼睛且易疲劳，对于显示器的使用寿命也会有一定的影响。

3) 亮度对比度

为了迅速准确读取显示屏中的信息，还必须注重目标在显示屏上的视见度，用亮度对比度来衡量。工业标准中规定，通用 CRT 显示器的亮度对比度为 10∶1，显示方式为亮目标搭配暗背景。但有关研究还表明，暗目标搭配亮背景的设计会使眼睛在读取时舒适感更强。其缺点是容易产生闪烁，仅适合应用在一些高端的 CRT。

另外，在放置显示器时应注意，其与光源的位置要互相配合，或者在光源周围附加屏蔽措施，确保既有利于读数，又不会导致出现眩光。

6.2.4　听觉显示器设计

听觉通道也是人机系统常用的一种信息传输路径，通常用声音作为信息的载体。按照所显示的信息的特点，听觉显示器可分为两大类：听觉信息显示器和言语信息显示器。两者都经常应用于工业生产和日常生活中。

1. 听觉信息显示器的设计原则

听觉信息显示器的传递效率与其特性是否与人的听觉通道特性相宜有密切关联，为了确保两者能够互相匹配，设计听觉信息显示器时必须遵循下述原则：

(1) 听觉刺激代表的含义应与人们习惯性的认知相一致，例如，响度越高代表情况越紧急。如果用听觉信号替换其他感觉通道的信号时，尽量使两者共用一段时间，帮助操作者适应新的感觉信号。

(2) 信号的强度不能低于作业环境中的噪声，防止声音掩蔽影响正常作业信息的辨别。

(3) 声音信号不同时，应在不同的时间传递，时间间隔应大于 1 s。如果必须同时传递，可以合理安排声源位置加以区分或者自定义优先注意的相关指示。

(4) 如果在多个场所使用听觉信号，尽量做好标准化规定。

(5) 尽量避免使用稳定的信号，宜选择间歇式或者变化式的声音，这样可降低对信号的适应程度。

(6) 对于远距离传播或者需要绕过障碍物的信号，宜选用大功率的低频信号。

2. 各种听觉信息显示器的特点

(1) 蜂鸣器。低声压级，低频率的音响报警装置，声音柔和，不会引起人的紧张或惊恐，适用于较宁静的环境(50～60 dB)。它常与信号灯一起配合使用，可以指示系统工作状态，也可以提示操作人员注意，并按正确的操作程序完成工作。

(2) 铃。依据铃的不同用途，其声压级和频率有较大的差别，如电话铃声的声压级和频率只略高于蜂鸣器，它主要是在宁静的环境中引起人注意；而用作上、下班的铃声和报警器的铃声，声压级和频率较高，可在较高强度噪声的环境中使用。

(3) 角笛。角笛有低压声级、低频率和高压声级、高频率两种。前者为吼声，后者为尖叫声，常在噪声环境中作报警装置。

(4) 汽笛。汽笛具有声强高、频率高的特点，可用于远距离传递，适用于紧急状态时报警。

(5) 报警器。报警器的声音强度大，频率由低到高，发出的声音富有声调的上升和下降，可以抵抗其他噪声的干扰。报警器的声音可以远距离传播。它主要用于紧急事态报警，如防空报警、火警等。

表 6-8 给出了几种听觉显示器的强度和频率参数。

表 6-8　几种听觉显示器的强度和频率参数

使用范围	听觉显示器类型	平均声压级/dB		可听到的主要频率/Hz	应用举例
		距显示器 2.5 m 处	距显示器 1 m 处		
用于较大区域(或高噪声场所)	4 英寸铃	65～77	75～83	1000	用于工厂、学校、机关上下班的信号，以及报警的信号
	6 英寸铃	74～83	84～94	600	
	10 英寸铃	85～90	95～100	300	
	角笛	90～100	100～110	5000	主要用于报警
	汽笛	100～110	110～121	7000	
用于较大区域(或高噪声场所)	低音蜂鸣器	50～60	70	200	用作指示性信号
	高音蜂鸣器	60～70	70～80	400～1000	可作报警用
	4 英寸铃	60	70	1100	用于提醒人注意的场合，如电话、门铃；也可用于小范围内的报警信号
	6 英寸铃	62	72	1000	
	10 英寸铃	63	73	650	
	钟	69	78	500～1000	用作报时

3. 言语信息显示器设计

除了单一的声音信号以外，人与机之间的言语也可以传递显示信息，尤其是需要传递显示的信息量较大时。言语信息显示器的信息表达力比较强，便于指示一些故障处理、检修等作业，但容易受到外界环境噪声的干扰，因此在设计的时候需要注意以下问题：

1) 言语的清晰度

言语的清晰度指的是人对经由耳部传达的言语信息(语句、词组、单字等)辨认正确的百分率。例如，听清的词组是传达的词组总数的30%，那么该显示器的言语清晰度就是30%，它是评价言语信息显示器的一个重要因素。言语清晰度与人的主观感受一一对应的关系，如表 6-9 所示。由表中可见，清晰度必须达到75%以上，才能正确地显示言语信息。

表 6-9　言语清晰度与人的主观感受

言语清晰度/(%)	主观感受
96	完全满意
85～96	相当满意
75～85	满意
65～75	可以听懂，但比较费劲
65	不满意

2) 言语的强度

言语信息显示器传达出输出的言语的强度对清晰度有着重要的影响。当言语的强度达到刺激阈限值以上之后，清晰度呈递增趋势，最后全部的言语都被听清；达到一定水平后，强度再增加时清晰度几乎保持不变，直至强度达到人耳听觉的痛阈值为止，如图 6-10 所示。由图可知，当言语强度接近 120 dB 时，人耳会有不舒服的感觉；接近 130 dB 时，耳部会出现发痒的感觉；再高就达到痛阈，会损坏耳机能。因此，言语信息显示器的言语强度最好在 60～80 dB 之间。

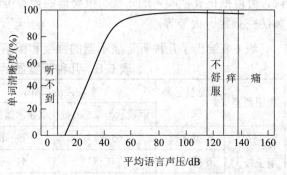

图 6-10　言语强度与清晰度的关系

3) 噪声对言语信息的影响

周围环境中的噪声会在很大程度上影响言语信息显示器的清晰度，因此为了保证讲话者与受话者能充分地进行语言通信，需要按照不同情形下的噪声规定极限通信距离。在此距离内，在一定的言语干涉声或噪声干扰声级下，可期望达到充分的言语通道，即清晰度大于75%。言语通信与噪声干扰之间的关系如表6-10所示。

表 6-10　言语通信与噪声干扰之间的关系

干扰噪声的 A 计权声级 L_A/dB	语言干涉声级/dB	认为可以听懂正常嗓音下口语的距离/m	认为在提高了的嗓音下可以听懂口语的距离/m
43	36	7	14
48	40	4	8
53	45	2.2	4.5
58	50	1.3	2.5
63	55	0.7	1.4
68	60	0.4	0.8
73	65	0.22	0.45
78	70	0.13	0.25
83	75	0.07	0.14

6.3　控制器的类型及设计原则

控制器是将人的信息传递给机器，用以调整、改善机器运行状态的装置，其本质是将人的输出信号转换为机器的输入信号的装置。与此同时，人也能感受到控制器的反馈信息。控制器的设计是否合理，密切关系着作业人员的工作效率、可靠性和作业疲劳程度等。生产活动中有很多事故都是因为设计控制器时未考虑到人的因素而引起的，因此，为了避免事故的发生，在设计控制器的过程中必须要考虑作业者的生理、心理、生物力学等特征。

6.3.1　控制器的类型

根据操作部位的不同，控制器可以分为

(1) 手动控制器，如曲柄、开关、按钮、旋钮、手闸及手轮等。

(2) 脚动控制器，如脚踏板、脚踏钮等。

(3) 其他控制器，如声控、光控等。

部分常见的控制器如图 6-11 所示。

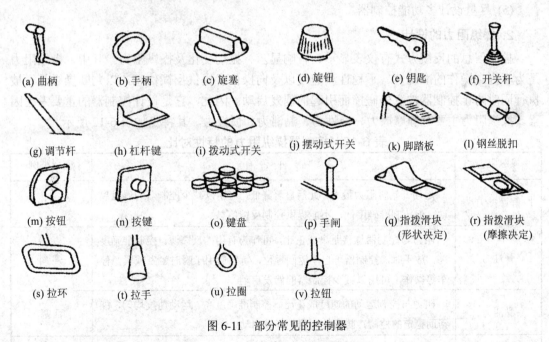

(a) 曲柄	(b) 手柄	(c) 旋塞	(d) 旋钮	(e) 钥匙	(f) 开关杆
(g) 调节杆	(h) 杠杆键	(i) 拨动式开关	(j) 摆动式开关	(k) 脚踏板	(l) 钢丝脱扣
(m) 按钮	(n) 按键	(o) 键盘	(p) 手闸	(q) 指拨滑块（形状决定）	(r) 指拨滑块（摩擦决定）
(s) 拉环	(t) 拉手	(u) 拉圈	(v) 拉钮		

图 6-11　部分常见的控制器

6.3.2　控制器的设计原则

1. 控制器的设计要求

(1) 尺寸、形状要适应人体结构尺寸要求。快速而准确的操作宜选用手动控制器，用力需要过大时宜选用脚动控制器。适宜的操纵力不应该超出人的用力限度，并将操纵器控制在人施力适宜、方便的范围内。表 6-11 所示为一些控制器允许的最大用力。

表 6-11 部分被操纵对象对应的最大允许用力

操纵对象的形式	最大允许用力/N
轻型按钮	5
重型按钮	30
脚踏按钮	20～90
轻型转换开关	4.5
重型转换开关	20
手轮	150
方向盘	150

(2) 与人的施力和运动输出特性相适应。例如，控制器向上扳或顺时针旋转的控制方向应预示着上升或增强。

(3) 当有多个控制器时，应易于辨认和记忆。控制器应从大小、颜色、空间位置上加以区别，最好与控制功能之间有一定的逻辑联系。

(4) 尽量利用控制器的结构特点或操作者体位的重力进行控制。重复性和连续性的控制动作应分布在各个器官，防止产生单调感和作业疲劳。

(5) 尽量设计多功能控制器。

2. 操纵阻力的设计

控制信息的反馈方式有仪表显示、音响显示、振动变化及操纵阻力。其中，操纵阻力是为了提高操作的准确性、平稳性和速度以及向操作者提供反馈信息，以判断操纵是否被执行同时防止控制器被意外碰撞而引起的偶发启动。因此，它是设计控制器的重要考虑因素。操纵阻力主要有静摩擦力、弹性力、黏滞力和惯性力，其特点如表 6-12 所示。

表 6-12 控制器操纵阻力的特性对比

操纵阻力	特 性 对 比	应用举例
静摩擦力	运动开始时阻力最大，此后显著降低，可用以减少控制器的偶发启动。但控制准确度低，不能提供控制反馈信息	闸刀
弹性力	阻力与控制器位移距离成正比，可作为有用的反馈源。控制准确度高，放手时，控制器可自动返回零位，特别适用于瞬时触发或紧急停车等操作，可用以减少控制器的偶发启动	弹簧
黏滞力	阻力与控制运动的速度成正比。控制准确度高、运动速度均匀，能帮助稳定的控制，防止控制器的偶发启动	活塞
惯性力	阻力与控制运动的加速度成正比例，能帮助稳定的控制，防止控制器的偶发启动。但惯性可阻止控制运动的速度和方向的快速变化，易引起控制器调节过度，也易引起操作者疲劳	摇把

3. 控制器的编码设计

为了使每个控制器都有自己的特征避免确认时出错，可以将控制器进行合理编码。编码的方法一般是利用形状、大小、位置、颜色或标志等不同特征对控制器加以区别，有时也会同时采用几种方式进行编码组合。

(1) 形状编码。形状编码的视觉和触觉辨认效果较好，编码时要注意尽可能使各种形状的设计反映控制器的功能要求，使人能看出此种形状的控制器的用途；还要尽可能考虑到操作者戴手套也能分辨形状和方便操作。

(2) 大小编码。如果想仅凭触觉就能正确辨认出不同尺寸的控制器(例如圆形旋钮)，则控制器之间的尺寸差别必须足够大(圆形旋钮的尺寸必须相差 20%以上)。对于旋钮、按钮、扳动开关等小型控制器，通常只能划分大、中、小三种尺寸等级。因此，大小编码方式的使用效果不如形状编码有效，使用范围也较为有限。

(3) 位置编码。控制器的安装位置也可以用来进行编码。例如：汽车上的离合器踏板、制动器踏板和加速踏板就是以位置编码相互区分的。对于仅用手而不用眼睛的操作，控制器是垂直方向排列时的准确性要比水平排列的高。相邻控制器间应有一定的间距以利于辨别，此间距一般不宜小于 125 mm。

(4) 颜色编码。控制器的颜色编码，一般不单独使用，而要同形状或大小编码合并使用。颜色只能靠视觉辨认，而且只有在较好的照明条件下才能看清楚，所以它的使用范围也就受到限制。人眼虽然能辨别很多颜色，但用于控制器编码的颜色，一般只使用红、橙、黄、蓝、绿五种颜色，过多反而容易混淆。

(5) 标志编码。在控制器上面或侧旁，用文字或符号标明其功能。标志编码要求有一定的空间和较好的照明条件。标志本身应当简单、明了，易于理解。文字和数字必须采用清晰的字体。

6.3.3　控制器设计

1. 手动控制器设计

如果控制器的设计不合理，那么频繁的操作会使操作者产生不适甚至疼痛感，影响劳动情绪及工作效率。因此，设计时需要考虑人体测量学、生物力学及风俗习惯等因素。由于手在操作过程中的准确性和灵活性，设计控制器时总是优先考虑手控形式。适用于手操作的控制器包括旋钮、按钮、手轮和曲柄、控制杆等。

1) 旋钮

(1) 旋钮的形态。旋钮是通过手的拧转完成控制动作的，其形状多样，旋转的角度也各异。一般旋转角度超过 360°的多倍旋转旋钮，其外形宜设计成圆柱形或锥台形；旋转角度小于 360°的部分旋转旋钮，其外形宜设计成接近圆柱形的多边形；定位指示旋钮，宜设计成简洁的多边形，以强调指明刻度或工作状态。为使操作时手与旋钮间不打滑，可将旋钮的周边加工出齿纹或多边形，以增大摩擦力。对于带凸棱的指示型旋钮，手握和施力的部位是凸棱，因而凸棱的大小必须与手的结构和操作运动相适应，才能提高操纵工效。

(2) 旋钮的尺寸。旋钮的大小应使手指与其轮缘有足够的接触面积，以便捏紧和施力。因此，旋钮的直径应尺寸得当。实验发现，不论对正常的轴摩擦力还是较大的轴摩擦力，旋钮的直径以 50 mm 为最佳。此外，旋钮大小受操作的便捷性影响，过大或过小，都会引起操作者的不舒适感。图 6-12 提供了旋钮在使用中的常用尺寸。一般根据使用功能，旋钮直径的大小与操纵力相关。图 6-13 给出了旋钮直径大小与操纵形式的关系。

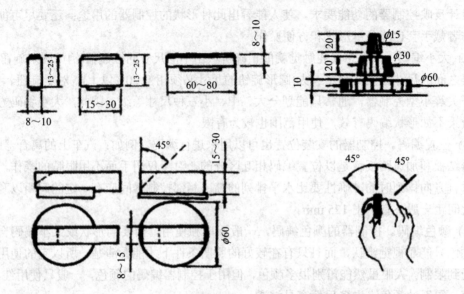

图 6-12　旋钮的尺寸(单位：mm)

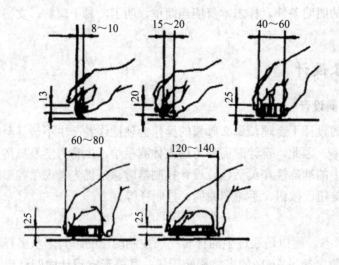

图 6-13　旋钮直径与操纵形式的关系(单位：mm)

2) 按钮设计

对于小型的食指按压的图形按钮，直径宜设计为 8~18 mm，方形按钮边长宜为 10~20 mm，矩形按钮宜设计为 10 mm×10 mm、10 mm×15 mm 或 15 mm×20 mm，压入深度为 5~20 mm，压力为 5~15 N；中型的大拇指按压的按钮，直径宜设计为 25~30 mm，压入深度为 15 mm，压力为 10~20 N；对于大型的用于手掌按压的按钮，直径宜设计为 30~50 mm，压入深度为 10 mm，压力为 100~150 N，如图 6-14 所示。

按钮开关一般用音响、阻力的变化或指示灯作为反馈信息。

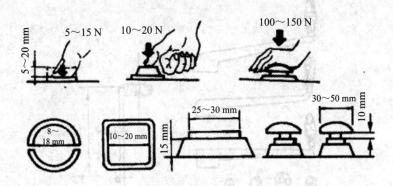

图 6-14　按钮的尺寸与操纵力

3) 控制杆

控制杆常用于机械操作，通过前后推拉或左右推拉等方向的运动完成控制操作，如汽车的变速杆。它一般需要占据较大的空间，但同时杆的长度也与操纵力的大小有关，该长度增加时更省力。操纵杆的操纵力最小为 30 N，最大为 130 N，使用频率高的操纵杆，操纵力最大不应超过 60 N。例如，汽车变速杆的操纵力约为 30～50 N。立姿时在肩部高度操作最为有力，如图 6-15 所示。坐姿时则在腰肘部的高度施力最为有力，如图 6-16(a)所示；而当操纵力较小时，在上臂自然下垂的位置斜向操作更为轻松，如图 6-16(b)所示。

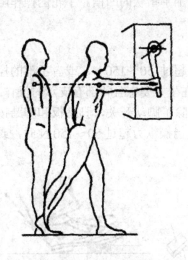
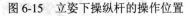

图 6-15　立姿下操纵杆的操作位置

(a)　　　　　　　(b)

图 6-16　坐姿下操纵杆的操作位置

4) 曲柄

曲柄可实现快速和连续调节，适用于大范围的粗调和精调，尺寸示意图如图 6-17 所示。重载荷时，L 为 500 mm；轻载荷或高速旋转时，L 为 12.5～100 mm；最小载荷时，L 为 12.5 mm，d 为 13～25 mm。曲柄的操作阻力与旋转半径和转速相关。高速回转运动的曲柄，当旋转半径 L 为 12.5～75 mm 时，阻力为 9～22 N；旋转半径为 125～200 mm 时，阻力为 22～44 N；当在 0.5～1 r/min 之间作精确定位时，阻力为 2.5～9 N；阻力最大不超过 35 N。

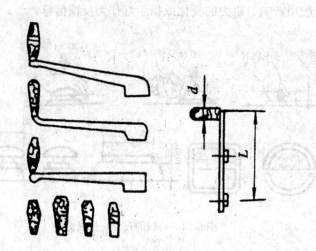

图 6-17　曲柄的形状和尺寸

5) 手轮

手轮的功能与旋钮或曲柄类似，但其转动力量很大，通常较适合于要求控制力量较大的情形。手轮一般可连续旋转，因此操作时没有明确的定位位置，常用作汽车、轮船的驾驶盘，也用于机械设备的控制。手轮可以双手同时或交替作业。单手操作时，其直径最小为 50 mm，最大为 110 mm。双手操作时，其直径最小为 180 mm，最大为 530 mm。轮圈直径为 19~50 mm，为便于施力，可以在轮圈的边缘刻上手指状的凹槽。手轮的操作阻力在单手和双手操作时分别为 22~133 N 和 22~220 N。

2. 脚动控制器设计

如果需要连续操作，而且用手不方便，或者操纵力超过 50~150 N，或者手部的控制负荷过大时，可以采用脚动控制器。脚动控制器通常是在坐姿姿态且背部有支承时操作的，多用右脚，操纵力较大时用脚掌，快速操作时用脚尖。除了脚动开关，脚踏板和脚踏按钮是最常用的两种脚动控制器，如图 6-18、图 6-19 所示。当操纵力超过 50~150 N 时，或者操纵力小于 50 N 但需连续操纵时，优选脚踏板。

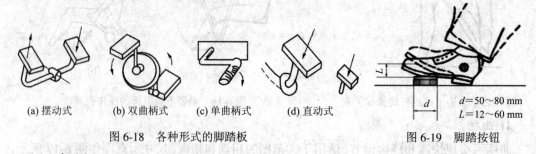

(a) 摆动式　　　(b) 双曲柄式　　　(c) 单曲柄式　　　(d) 直动式　　　　　d=50~80 mm
　　　　　　　　　　　　　　　　　　　　　　　　　　　　　　　　　　　　L=12~60 mm

图 6-18　各种形式的脚踏板　　　　　　　　　　　图 6-19　脚踏按钮

1) 脚踏板

脚踏板多采用矩形或椭圆形平面板，设计时应以脚的使用部位、使用条件和用力大小为依据，如表 6-13 所示。用脚的前端进行操作时，脚踏板上的允许用力不宜超过 60 N；用脚和腿同时进行操作时，脚踏板上的允许用力可达 1200 N；对于快速动作的脚踏板，用力应减至 20 N。

表 6-13 脚动控制器的适宜用力

脚控操纵器	适宜用力/N	脚控操纵器	适宜用力/N
休息时脚踏板受力	18～32	离合器最大蹬力	272
悬挂脚蹬	45～68	方向舵	726～1814
功率制动器	<68	可允许的最大蹬力	2268
离合器和机械制动器	<136	—	—

在操纵过程中，操作者往往会将脚放在脚踏板上，为了防止脚踏板被无意碰触而发生误操作，脚踏板应有一定的启动阻力。该启动阻力至少应当超过脚休息时脚踏板的承受力，至少应为 45 N。

此外，脚踏板的形式也会影响操纵效率，图 6-20 所示是各种结构形式的脚踏板，每分钟脚踏次数(x)的实验值依次为 187、178、176、140、171。实验结果还显示，图 6-20(a)所示踏板的效率最高，图 6-20(d)所示踏板的效率最低，它比图 6-20(a)所示踏板多用 34% 的时间。

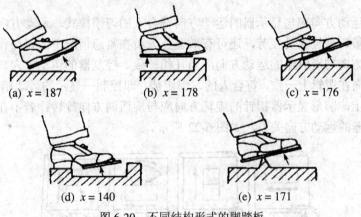

(a) $x = 187$　　(b) $x = 178$　　(c) $x = 176$

(d) $x = 140$　　(e) $x = 171$

图 6-20　不同结构形式的脚踏板

2) 脚踏按钮

脚踏按钮与按钮的型式相似，特定情形下还可以替代手动按钮。它多采用圆形或矩形，可用脚尖或脚掌操纵。踏压表面应设计成齿纹状，以避免脚在用力时滑脱，它还要能够提供操纵的反馈信息。

6.4　控制器和显示器的相合性

6.4.1　空间关系的相合性

显示器与控制器空间关系配合一致时，可减少发生错误的次数，缩短操作时间，确保操作效果。例如，著名的恰帕尼斯试验以煤气炉的 4 个灶眼作为显示器，研究了 4 种旋钮和 4 种仪表的位置对应关系，总共进行了 1200 次操作试验(见图 6-21)。结果表明，出现操作差错的次数分别为 0、76、116、129 次。由此可见，控制器应尽可能地靠近相联系的显示器，并配置于显示器的正下方或右侧。

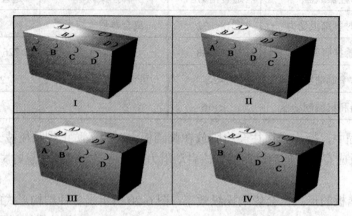

图 6-21　恰帕尼斯试验中灶眼和开关的排列

6.4.2　运动关系的相合性

控制器的运动方向应与显示器的运动方向符合人的习惯模式，运动方向协调时，有助于提高操作质量、减轻人员疲劳，还可有效避免人员在紧急情况下的误操作。显示器指针或光点的运动方向与操纵器的运动方向应当互相一致。控制器的运动方向与显示器或执行系统的运动方向在逻辑上一致，符合人的习惯定势，即控制—显示的运动相合性好。例如，若在同一平面上，圆形显示器指针的旋转方向应与旋钮同方向旋转；若不在同一平面上，显示器与控制器的运动方向关系，如图 6-22 所示。

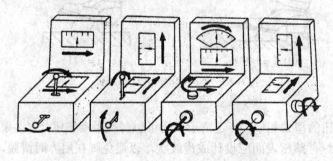

图 6-22　在不同平面上的显示器与控制器的运动关系

6.4.3　控制—显示比

控制—显示比(简称 C-D 比)是指控制器的位移量与对应的显示器的位移量之比。位移量可用直线距离或角度、旋转次数等来表征。

控制—显示比表示系统的灵敏度。当操纵器移动同样的距离时，所对应的显示器的指示量就越大，即 C-D 比低，表示灵敏度低，如图 6-23 所示。

控制—显示比相对较小的操纵器，适用于粗调或要求快速调节到预定位置的场合，调节操作过程时间较短，但不容易控制操纵的精确度。而控制—显示比相对较大的操纵器，适用于细调或要求操纵准确的场合，调节操作过程时间较长。

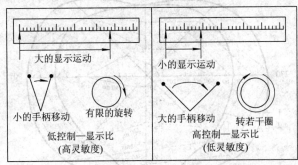

图 6-23　控制—显示比与灵敏度的关系

6.4.4　显示器和控制器的布置

1. 显示器和控制器的布置原则

一台复杂的机器，往往在很小的操作空间集中了多个显示器和控制器。为了便于操作者迅速、准确地认读和操作，获得最佳的人机信息交流系统，布置显示器和控制器时遵循如下原则：

(1) 使用顺序原则。如果控制器或显示器是按某一固定使用顺序操作，则控制器或显示器也应按同一顺序排列布置，以方便操作者的记忆和操作。

(2) 功能原则。按照控制器或显示器的功能关系安排其位置，将功能相同或相关的控制器或显示器组合在一起。

(3) 使用频率原则。将使用频率高的显示器或控制器布置在操作者的最佳视区或最佳操作区，即布置在操作者最容易看到或触摸到的位置。对于只是偶尔使用的显示器或控制器，则可布置在次要区域。但对于紧急制动器，尽管其使用频率低，也必须布置在当操作者需要时，即可迅速、方便操作的位置。

(4) 重要性原则。按照控制器或显示器对实现系统目标的重要程度安排其位置。对于重要的控制器或显示器应安排在操作者操作或认读最为方便的区域。

2. 视觉显示器的布置

对于视觉显示器，在确定它在仪表板上的安装位置时，除考虑上述原则以及它与相对应的控制器的空间关系外，还必须考虑它的可见度。因为视觉显示器是否能发挥作用，完全依赖于它是否能被操作者看见。然而，人对显示反应的速度和准确度则是随显示器在人的视野中的位置的不同而不同。图 6-24 所示为视野中等反应时的曲线，可用于确定重要程度不同的显示器的位置。显然，对于重要显示器应布置在反应时间最短的视区之内。

人眼的分辨能力，也是随视区而异的。以视中心线为基准，视线向上 15° 到向下 15°，是人出现最少差错的易见范围。在此范围内布置显示器，操作者的误读率最小。若超出此范围，误读率将增大。

对于用作检查目的的显示仪表群，往往是由多个相同的仪表构成的。如果将这种仪表群中各个仪表的指针的正常位按一定的规律组合排列图案，对于发现异常则极为方便。图 6-25(a)所示的构型效果比图 6-25(b)所示的构型效果好。

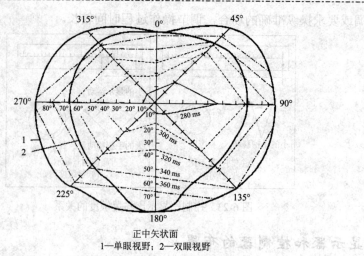

正中矢状面
1—单眼视野；2—双眼视野

图 6-24　视野中等反应时的曲线

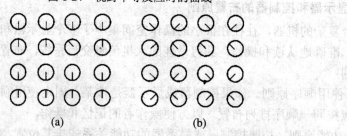

(a)　　　　　　　　　　(b)

图 6-25　仪表群的构造(每种构型中都有一个指针反常)

3. 控制器的布置

控制器可根据其重要性、使用频率、施力大小等安排其空间位置。图 6-26 所示是考虑人体尺寸和运动生物力学特性所确定的在操作者正前方的垂直控制板上布置控制器的 4 个区域。对于不同的控制器，由于其操作动作的不同，它们的最佳操作区域范围是有区别的。

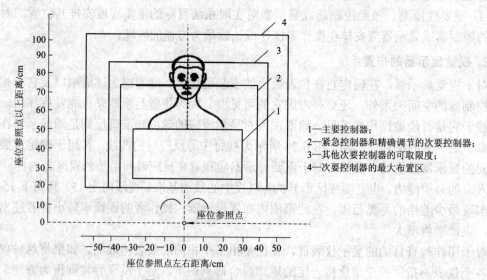

1—主要控制器；
2—紧急控制器和精确调节的次要控制器；
3—其他次要控制器的可取限度；
4—次要控制器的最大布置区

图 6-26　受控制器在垂直板上的布置区域

　　图 6-27 表示出了在合理操作时间内，三种控制器的分布范围。由图可知，按钮、旋钮的最佳操作区域范围都比肘节开关大，说明肘节开关对安装位置的要求较高。

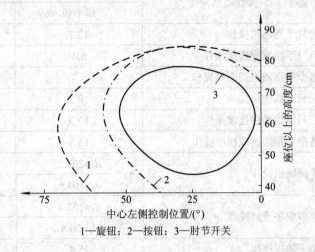

1—旋钮；2—按钮；3—肘节开关

图 6-27　左手操作的按钮、旋钮和肘节开关最佳位置布置区域

　　许多控制器排列在一起时，控制器之间应有适宜的间距，若彼此之间的间隔距离太大，将增加操作者四肢不必要的运动量，且不利于控制板空间的充分利用；若间隔距离太小，又极易发生无意触动，造成误操作。

　　控制器之间的最小间距，主要取决于控制器的类型(用手还是用脚操纵)、控制操作的方式(是按顺序还是随机的，双手还是单手，手同时操纵几个控制器等)以及操作者有无防护衣等。例如，用手指指尖操纵的按钮比用脚操纵的踏板所需要的控制间隔距离要小得多。又如，双手同时操纵两个杠杆比只需一只手操纵两个杠杆所需的间隔距离要大等。图 6-28 和表 6-14 分别给出了手动按钮、肘节开关、踏板、旋钮、曲柄、操纵杆等控制器的间距示意图及最小和最佳间距值。在没有限制保持最小间距时，应尽可能取表 6-14 中所示的最佳值，以减少偶发启动。

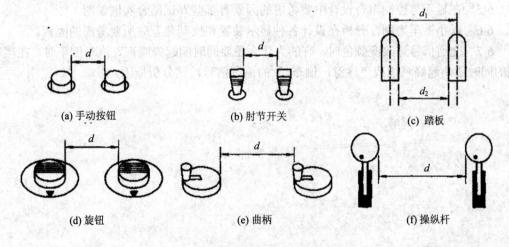

(a) 手动按钮　　　　(b) 肘节开关　　　　(c) 踏板

(d) 旋钮　　　　(e) 曲柄　　　　(f) 操纵杆

图 6-28　各种控制器的间距

表 6-14　各种控制器之间的间隔距离值　　　　　　　mm

控制器名称	操作方式	控制器之间的距离(d)	
		最小值	最佳值
手动按钮	一只手指随机操作	12.7	50.8
	一只手指顺序连续操作	6.4	25.4
	各个手指随机或顺序操作	6.4	12.7
肘节开关	一只手指随机操作	19.2	50.8
	一只手指顺序连续操作	12.7	25.4
	各个手指随机或顺序操作	15.5	19.2
踏板	单脚随机操作	$d_1=203.2$	254.0
		$d_2=101.6$	152.4
	单脚顺序连续操作	$d_1=152.4$	203.2
		$d_2=50.8$	101.6
旋钮	单手随机操作	25.4	50.8
	双手左右操作	76.2	127.0
曲柄	单手随机操作	50.8	101.6
操纵杆	双手左右操作	76.2	127.0

习　题

6-1　视觉显示装置有哪些类型,各有何特点?选择视觉显示装置的一般原则是什么?

6-2　某工厂发生事故时,在报警信号灯亮的同时,响起警铃声,分析为什么这样设计?

6-3　试分析什么情况下采用视觉显示装置?什么情况下采用听觉传示装置?

6-4　有人说刻度盘大肯定比刻度盘小看得快又精确,试分析这种说法是否正确。

6-5　在显示与控制组合设计中要考虑的因素有哪些?试结合实例说明。

6-6　以小轿车为例,分析在设计各种显示装置和控制装置时所要考虑的因素。

6-7　交通信号灯改变颜色时,有的为什么还要同时响起蜂鸣声?汽车倒车时,在尾灯亮的同时还响起蜂鸣声或"注意,倒车!"的语言信号,试分析原因。

第 7 章　作业环境与作业空间

主要内容

(1) 作业环境。

(2) 作业空间安全性设计。

学习目标

(1) 学习温度、照明、色彩、有毒、噪声、振动等作业环境条件对人的工作绩效和健康的影响以及对这些环境条件改善的一般方法及原则。

(2) 学习掌握作业空间安全性设计的基本原则、作业场所空间布置及作业姿势与作业空间布置的基本内容。

不论是室内作业还是室外作业，是地面作业还是井下作业，人们都面临不同的环境条件，如冶炼作业的高温，井下作业的高湿，露天作业的严寒，铆接作业和凿岩作业的噪声和振动，破碎作业的粉尘，化学作业的有毒、有害气体，某些作业的电磁辐射以及作业的照明、色彩等。这些环境条件直接或间接对人们的作业产生影响，轻则降低工作效率，重则影响整个系统的运行和危害人体安全。

人在操纵机器时所需要的操作活动空间和机器、设备、工具、被加工对象所占有的空间安全性设计是根据人的操作活动要求，对机器、设备、工具、被加工对象等进行合理的布局与安排，以达到操作安全、可靠、舒适、方便，提高工作效率的目的。

7.1　作　业　环　境

作业环境与整个人机系统有着密不可分的联系，它会影响人的生理、心理特性等，这些影响一般来自于温度环境、照明、色彩、有毒物质、噪声等。当人在舒适的区域内进行作业时，完成作业的有效性与准确性都能够得到有效的保证。因此，为了尽可能排除环境对人造成的不良影响，就需要把作业环境的设计作为安全人机系统的一个重要方面加以研究。

7.1.1　温度环境

环境的温度与人体健康密切相关，过热或者过冷都会对人体引起不良的生理反应，不利于正常作业。根据作业特性和劳动强度的不同，要求工厂车间内作业区的空气温度和湿度必须满足相应的标准，如表 7-1 所示。

表 7-1　工厂车间内作业区的空气温度和湿度标准

车间和作业的特征			冬　季		夏　季	
			温度/℃	相对湿度	温度/℃	相对湿度
主要放散对流热的车间	散热量不大的	轻作业 中等作业 重作业	14～20 12～17 10～15	不 规 定	不超过室外温度 3℃	不规定
	散热量大的	轻作业 中等作业 重作业	16～25 13～22 10～20	不 规 定	不超过室外温度 5℃	不规定
	需要人工调节温度和湿度的	轻作业 中等作业 重作业	20～23 22～25 24～27	≤80%～75% ≤70%～65% ≤60%～55%	31 32 33	≤70% ≤70%～60% ≤60%～50%
放散大量辐射热和对流热的车间 (辐射强度大于 2.5×10^5 J/(h·m²))			8～15	不 规 定	不超过室外温度 5℃	不规定
放散大量湿气的车间	散热量不大的	轻作业 中等作业 重作业	16～20 13～17 10～15	≤80%	不超过室外温度 3℃	不规定
	散热量大的	轻作业 中等作业 重作业	18～23 17～21 16～19	≤80%	不超过室外温度 5℃	不规定

1. 高温

1) 高温作业环境界定

《工业场所有害物质因素接触限值——物理因素》(GBZ2.2—2007)规定：高温作业指的是在生产劳动过程中，工作地点平均 WBGT 指数(Wet Bulb Globe Temperature Index，又称湿球黑球温度)≥25℃的作业。而一般情况下，凡具有下述情形之一者即为高温作业环境：

(1) 在有热源的生产场所中，热源的散热率大于 83 736 J/(m³·h)；

(2) 作业环境的温度在寒冷地区高于 32℃，在炎热地区高于 35℃；

(3) 作业环境的热辐射强度超过 4.186 J/(cm²·min)；

(4) 作业环境的温度高于 30℃，相对湿度(RH)大于 80%。

2) 高温环境人的生理反应

高温环境下进行作业会导致一系列的生理变化和心理变化，比如大量出汗、增加心脏负荷以及人体对环境应激的耐力降低。此时人体的热平衡会遭到破坏，高温对人体的这种负面作用会随着环境中热负荷的加重更加强烈，通常会经历代偿、耐受和病理损伤三个阶段。

作业者刚接触高温环境时，体内的对流和辐射散热都受到抑制，散热低于产热，导致人体的热平衡开始受到破坏，体内的热含量增加。此时，体温调节中枢(即代偿机能)会通过两种途径增大散热量：一是通过扩张皮肤血管增加体表血流，提高对流和辐射散热的能力；二是通过汗腺排汗产生显性出汗蒸发散热。这一达到新的动态热平衡的过程即为代偿段。

当高温环境持续严重时，体温调节中枢就无法有效地调节和控制散热量，无法达到新的动态热平衡。此时，机体体温调节机制遭到抑制，造成心率过快，外周血流过大，回心血不足，大脑及肌肉出血。而且由于大量排汗，失水失盐过多，会出现口渴、恶心等症状。机体无力进行代偿，转而进入耐受阶段。

如果高温环境更加恶劣，机体的体温调节机制完全被抑制，人体已无法承受此时的热刺激，随即进入病理损伤阶段。该阶段会出现各种功能性热病，例如热衰竭、热昏厥、热痉挛等，但是在症状初发的情况下，如果抢救及时就能迅速恢复。一旦热环境进一步恶化，血管高度收缩，排汗基本停止，体温便会升至41℃以上，导致机体各部分尤其是大脑产生不可逆的严重损伤，甚至会有生命危险。

上述机体在高温环境下的生理反应具体如图7-1所示。

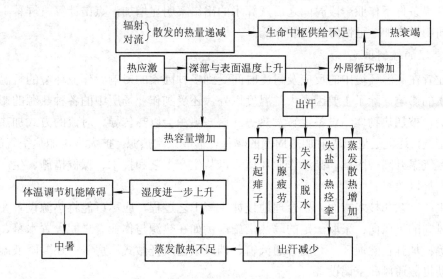

图 7-1　机体在高温环境下的生理反应

3) 高温环境的影响

人在高温环境中作业时体温会升高，心情容易烦躁不安，由此引起的各种不舒适会影响机体的脑力劳动、信息处理、记忆力等部位的正常功能发挥。以空气温度为33℃、相对湿度为50%、穿薄衣服进行作业时所处环境的温度为有效温度。Wing 等人在1965年对高温对脑力劳动工作效率的影响进行研究，并总结出了不降低作业效率的温度与暴露时间的函数关系，如图7-2所示。

除此以外，高温对重体力劳动效率影响更大。这是因为在高温环境中，很大一部分的血液供给要用于皮肤散发热量，调节体温，而供给肌肉活动的血液就相应减少了。图 7-3 所示为马口铁工厂的相对产量在不同季节的变化趋势，整个曲线图显示，高温条件下重体力劳动的效率会明显下降。

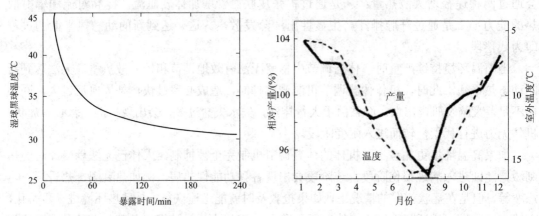

图 7-2　不降低脑力劳动效率的温度与暴露时间的关系　　　图 7-3　温度对劳动效率的影响

O'Neal 和 Biship 对 10 位男性实验对象在高温下(湿球黑球温度为 30℃)重复重体力劳动前、后的认知能力(算术、反应时间、短期记忆等)进行了对比研究，结果表明，部分实验对象在高温条件下作业一段时间之后，算术的出错率明显增加，点击计算机屏幕上小点的反应时间明显增加，记忆力也明显降低。

4) 高温的控制措施

作业者在高温环境中的反应及耐受时间受到多种因素的影响。作业环境的气温会受到很多因素的影响，除了主要因素大气温度以外，还受到作业场所中的各种热源的影响，例如加热炉、被加热物体、设备运转发热等。这些热源会以热传导、对流的方式加热作业环境中的空气，还会通过热辐射加热周围的物体，形成二次热源，扩大直接加热空气的面积，最终导致气温升高。因此，高温作业环境可以从生产工艺和技术、保健措施、生产组织措施等方面加以改善。

在生产工艺和技术方面，要合理地设计生产工艺过程，应尽可能将热源设置在作业场所主导风向的下风向；采取一定的隔热措施，例如在热源与作业者之间设置水幕、水箱、遮热板等；加强自然通风，利用普通天窗、挡风天窗及开敞式厂房等；还要降低湿度、必要时辅助机械通风和空调设备。

在保健方面，由于高温作业时会大量出汗，需要及时补充水分和营养。为了维持高温作业工人水盐代谢平衡，应适当饮用含盐饮料，如盐汽水和盐茶水等，茶除了含有多种生物碱和维生素外，还具有强心、利尿、清热等作用。一般每人每天需补充 3～5 L 水，20 g 左右盐。高温作业时能量消耗增加，需要从食物中补充足够的热量和蛋白质，尤其是动物蛋白。同时还应增加维生素的摄入，特别是 B 族维生素和维生素 C，以利于提高机体对高温环境的耐受能力。高温作业工人应穿导热系数小、透气性好的工作服，加强个人防护。根据不同作业的要求，还应适当佩戴防热面罩、工作帽、防护眼镜、手套、护腿等个人防护用品，特殊高温作业工人，如炉衬热修、清理钢包等，为防止强烈热辐射的作用，可以穿特制的隔热服、冷风衣、冰背心等。要加强医疗预防工作，高温作业工人应进行就业前和入暑前健康体检，了解职工在热适应能力方面的差异。

在生产组织方面，要通过增加休息次数、延长午休等途径合理安排作业负荷；在远离热源的场所设置工间休息场所并备有足够的椅子、茶水、风扇等。而且为了不破坏皮肤的汗腺机能，休息室中的气流速度和温度都要适中；最好采用集体作业，以便能及时发现热昏迷的作业者。训练作业者能区分热衰竭和热昏迷，便于及时施救。

2. 低温

1) 低温作业环境界定

《低温作业分级》(GB/T 14440—1993)规定：在生产劳动过程中，其工作地点平均气温不高于 5℃的作业称为低温作业。常见的低温作业有高山高原工作、潜水员水下工作、现代化工厂的低温车间以及寒冷气候下的野外作业等。

2) 低温环境人的生理反应

与高温环境下类似，在低温环境下进行作业时，人体也会经历代偿、耐受和病理损伤三个阶段。

刚接触低温环境时，机体对流和辐射散热的作用会明显增强，热平衡开始遭受破坏，体内含热量有所减少。此时，为了减少散热，体温调节中枢会通过收缩皮肤血管减少体表流血，降低对流和辐射散热的能力。而另一方面，人体在感到不舒适以后会自发性改变体位，保持全身性散热率与产热率在新的平衡状态。这一过程为适应性的代偿。

低温环境比较恶劣时，体温调节中枢作用也难以达到新的热平衡。此时，即使机体外周血管有所收缩，对流和辐射散热也不会减少，进而会导致核心温度下降。这样一来，机体无力进行代偿，随即进入耐受阶段，机体会出现局部性和全身性的冷应激。

如果低温环境极端严峻时，机体的体温调节机制完全被抑制，冷应激已经超出了人体的生理耐受范围，人体就会进入病理损伤阶段。在这一阶段，人体会出现心率减慢，语言发生障碍，意识不清，完全丧失工作能力等。如果作业者在上述症状发生初期能够得到及时复温抢救，就能逐渐恢复；反之，体温迅速下降会出现生命危险。

3) 低温环境的影响

在认知能力方面，低温环境对简单的脑力劳动影响不明显。Horvath 和 Freedman 以一群在 −29℃的气候室内居住了 14 天的士兵作为研究对象，研究结果表明，他们的视觉分辨反应时间与在中等热环境下比较相似。但是，冷风会分散人的注意力，所以会延长人的反应时间。

此外，低温对体力劳动也会造成负面影响。因为低温环境中，人体皮肤血管收缩，组织温度下降，手指会麻木，手部操作的灵巧性会下降。而且当手部皮肤温度低于 8℃时，触觉敏感性也会变弱。一般手指灵巧性的临界温度为 12～16℃。

图 7-4 所示为某军火工厂相对事故发生率与环境温度的关系。由图可见，事故发生率随着温度降低而增加。Imarmura 也做了相关研究，他让研究对象在 −110℃的环境中站立 40 min 之后进行手工操作。结果表明，低温环境会降低手工操作效率，尤其是那些对手指的灵活性要求比较高的工种，受到的影响更大。

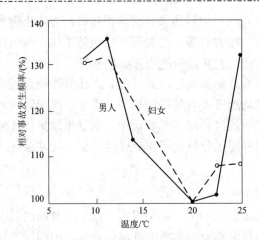

图 7-4　军火工厂相对事故发生率与环境温度的关系

4) 低温的控制措施

对于低温的主要防护措施包括对低温环境的人工调节和对个人的防护。通过暖气、隔冷和炉火等方法进行人工调节，使室内气温保持在人体可耐的范围内。个体的防护可以穿用符合标准的防寒服装，冬季应有防寒、采暖设施，露天作业要有取暖棚。尽量保持车间、个人衣着干燥，进行耐寒锻炼，提供高热饮食。合理安排工作时间与休息时间。

7.1.2　照明环境

照明状况对人的精神状态和心理感受会产生一定的影响，良好的照明能振奋精神，提高工作效率和产品质量。目前，照明采用的光源主要有天然光源和人工光源两大类。作业场所的合理采光与照明，对生产中的安全有着非常重要的意义。

1. 照明环境

美国照明工程学会(Illuminating Engineering Society of North America，IES)指出，光照是一种能够使视网膜兴奋，并产生视觉感的辐射能。

光学光度学参量中的照度经常被用来定量描述某个特定场所的照明环境是否符合要求，具体是指每单位面积接收到的光通量，用字母 E 表示。它的物理意义是物体被照亮的程度，单位为勒克斯(lux 或 lx)。1 勒克斯等于 1 流明的光通量均匀分布于 1 m^2 面积上的光照强度。照度的计算可采用概率曲线法、利用系数法、比功率法等，而且经常应用的是用照度计直接进行测量。

照度的影响因素较多，例如光源、与光源的距离和光照面倾斜程度的关系。在光源与光照面距离一定的条件下，垂直照射与斜射比较，垂直照射的照度大；光线越倾斜，照度越小。有时为了充分利用光源，常在光源上附加一个反射装置，使得某些方向能够得到比较多的光通量，增加该被照面上的照度。例如汽车前灯、手电筒、摄影灯等。

为了确保各种不同场所能够得到合理的照明，我国颁布了有关标准作为现场照明设计的依据，如《视觉工效学原则　室内工作系统照明》(GB/T 13379—2008)、《建筑采光设计标准》(GB/T 50033—2013)、《建筑照明设计标准》(GB 50034—2013)等。其中部分工业建筑的照度标准值如表 7-2 所示。

表 7-2　部分工业建筑一般照明标准值

房间或场所		参考平面及其高度	照度标准值/lx	UGR	R_a	备注
1. 机、电工业						
机电仪表装配	大件	0.75 m 水平面	200	25	80	可另加局部照明
	一般件	0.75 m 水平面	300	25	80	可另加局部照明
	精密	0.75 m 水平面	500	22	80	可另加局部照明
	特精密	0.75 m 水平面	750	19	80	可另加局部照明
抛光	一般装饰性	0.75 m 水平面	300	22	80	防闪频
	精细	0.75 m 水平面	500	22	80	防闪频
2. 电力工业						
火电厂锅炉房		地面	100	—	40	可另加局部照明
发电机房		地面	200	—	60	—
主控室		0.75 m 水平面	500	19	80	—
3. 钢铁工业						
轧钢	棒线材主厂房	地面	150	—	40	—
	加热炉周围	地面	50	—	40	—
	垂绕、横剪及纵剪机组	0.75 m 水平面	150	—	—	—
	打印、检查、精密、分类、验收	0.75 m 水平面	200	22	80	—
4. 木业和家具制造						
一般机器加工		0.75 m 水平面	200	22	60	防闪频
精细机器加工		0.75 m 水平面	500	19	80	防闪频
锯木区		0.75 m 水平面	300	25	60	防闪频
模型区	一般	0.75 m 水平面	300	22	60	—
	精细	0.75 m 水平面	750	22	60	—
胶合、组装		0.75 m 水平面	300	25	60	—
磨光、异形细木工		0.75 m 水平面	750	22	80	—

注：需增加局部照明的作业面，增加的局部照明照度值宜按该场所一般照明照度值的 1.0～3.0 倍选取。

另一个能够表述照明环境的物理量是亮度，它是指发光体(反光体)表面发光(反光)强弱的物理量，用字母 L 表示，单位是坎德拉/平方米(cd/m^2)，物理意义是指人对光强度的主观感受。照度是光源照在物体上的强弱程度，而亮度是物体反射光到眼里的强弱程度。但相似的是，为了达到一个比较舒心的照明环境，亮度的分布也应达到均匀化。

2. 照明的影响

良好的照明可改善人的视觉条件(生理因素)和视觉环境(心理因素)，使人易于识别物体，可减轻视觉疲劳。良好的照明条件对于提高生产效率，降低事故发生率，也都有重要的作用。它有利于提高工作精度和效率，增加产量，减少差错。相反，照明不当，难以估准物体的相对位置，引起工作失误；照度太低，识别物体的时间长，效率低。照明还影响人的情绪，明亮的房间令人愉快，阴暗的地方使人烦躁。

图 7-5 可以用来说明良好照明的积极作用。此外，照明不良也是事故发生的因素之一。据英国调查，在机械、造船、建筑、纺织等部门，人工照明事故比天然采光情况下增加 25%。良好的照明对降低事故发生率和保证工作人员的安全有明显的效果。图 7-6 反映了良好照明可以有效降低事故次数、出错次数以及缺勤人数。

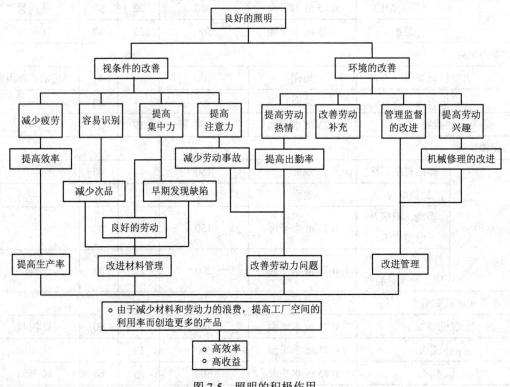

图 7-5 照明的积极作用

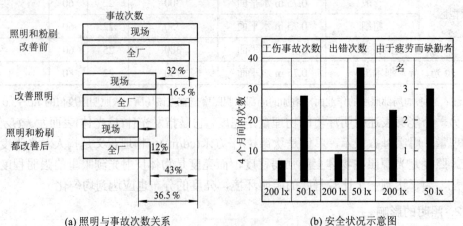

(a) 照明与事故次数关系　　　　(b) 安全状况示意图

图 7-6 照明与安全状况的关系

3. 作业场所的照明设计

1) 适宜的照明方式

自然采光和人工照明是作业场所光环境的主要组成部分，大部分采用两者兼用的方式。如果考虑到灯光的照射范围和效果，工业企业的建筑物通常采用的人工照明方式又可分为一般照明、局部照明、混合照明和分区一般照明。选择合理的照明方式，必须要同时考虑照明质量和相应的费用支出问题。

一般照明是指为照亮整个场所而设置的均匀照明。对于工作位置密度很大而对照明方向没有特殊要求，或受条件限制不适宜装设局部照明且采用混合照明不合理时，宜采用一般照明，如办公室、体育馆和教室等。

局部照明是为特定视觉工作用的为照亮某个局部而设置的照明。其优点是开、关方便，并能有效地突出对象。需要注意的是，在一个工作场所内不应只装设局部照明。

混合照明是由一般照明和局部照明组成的。对于那些工作位置需要有较高照度并对照射方向有特殊要求的场合，宜采用混合照明。为了防止一般照明和局部照明对比过强使人产生不舒适感，影响作业效率，建议两者比例为 1∶5 较好。较小的工作场所，其比例可适当提高。

2) 光源选择

太阳光是最环保而且取之不尽的能源，人工照明则只是对作业场所光环境的完善，在设计作业场所的照明时应充分利用自然采光。选择人工光源时，应优先选择接近自然光的光源，还应根据生产工艺的特点和要求选择。通常，荧光灯的光谱近似太阳光，发热量较小，发光率高，光线柔和，视野范围内的照度比较均匀，而且经济性较好，是一种较为理想的光源。

除此以外，在设计选择光源时，还应考虑光源的色温和显色性。当某一光源所发出的光的光谱分布与不反光、不透光完全吸收光的黑体在某一温度辐射出的光谱分布相同时，我们就把绝对黑体的温度称为这一光源的色温(Color Temperature)。它表示光源光色的尺度，单位为 K(开尔文)。光源色温不同，光色也不同，带来的感觉也不相同，如表 7-3 所示。

表 7-3　部分光源的色温和一般感觉

名称	色温/K	说　　明
暖色光	3300	暖色光与白炽灯相近，红光成分较多，能给人以温暖、健康、舒适、比较想睡的感受，适用于家庭、住宅、宿舍、宾馆等场所或温度比较低的地方
冷白色光	3000～5000	又叫中性色，光线柔和，使人有愉快、舒适、安详的感受，适用于商店、医院、办公室、饭店、餐厅、候车室等场所
冷色光	5000	又叫日光色，光源接近自然光，有明亮的感觉，使人精力集中及不容易睡着，适用于办公室、会议室、教室、绘图室、设计室、图书馆的阅览室、展览橱窗等场所

显色性就是指不同光谱的光源照射在同一颜色的物体上时，所呈现不同颜色的特性。

通常用显色指数(R_a)来表示光源的显色性。光源的显色指数越高，其显色性能越好。白炽灯的显色指数定义为 100，视为理想的基准光源，其他光源的显色指数均小于 100，如表 7-4 所示。低于 20 的光源通常不适于一般用途。显色指数越小，显色性越差。

表 7-4　人工光源的显色指数

光源	R_a	光源	R_a
日光	100	白色荧光灯	55～85
白炽灯	97	金属卤化物灯	53～72
日光色荧光灯	75～94	高压汞灯	22～51
氙灯	95～97	高压钠灯	21

3) 照度分布

任何一个工作场所，除了需要满足标准中规定的照度值要求以外，对于在其内的工作面，最好能保证照度分布的比较均匀。所谓照度均匀度，是指规定表面上的最小照度与平均照度之比。均匀的照度分布是视觉感受舒服的重要条件，照度均匀度越接近 1 越好；反之，该值越小越增加视觉疲劳。

以往的研究结果得出了比较合理的照度分布比例，即局部工作面的照度值最好不要超过这个环境中照度值的 1/4；而一般照明的最小照度与平均照度之比应大于 0.8。以羽毛球馆为例，如果要实现照度均匀，可以从灯具布置方面入手解决，保证边行灯至场边的距离在灯具间距的 1/2～1/3 之间。如果场内，尤其当墙面反光系数太低时，还可以将灯至场边的距离减小至灯具间距的 1/3 以下。室外照明的均匀度可适当放宽要求。

4) 亮度分布

作业环境亮度差异过大易导致眼疲劳，但也不必达到完全均匀的程度。若工作周围存在明暗环境的对比或者阴影，则不容易产生单调的感觉。室内亮度比最大允许值如表 7-5 所示。

表 7-5　室内亮度比最大允许值

室内各部分	办公室	车间
工作对象与其相邻近的周围之间(如书或机器与其周围之间)	3∶1	3∶1
工作对象与其离开较远处之间(如书或机器与墙面之间)	5∶1	10∶1
照明器或窗与其附近周围之间	—	20∶1
在视野中的任何位置	—	40∶1

5) 眩光控制

眩光是一种视觉条件。这种条件的形成是由于视野中的亮度分布不适宜或者亮度变化的幅度太大，或者在空间或时间上存在极端的对比，从而引起视觉的不舒适感和视觉功能下降。眩光有 3 种：直接眩光、反射眩光和对比眩光。直接眩光是指由高亮度光源的光线直接进入人眼内所引起的眩光，它与光源位置有关，如图 7-7 所示。而反射眩光是指光源通过光泽表面，尤其是抛光金属如镜面反射进入人眼引起的眩光。对比眩光是由于被视目标和背景明暗相差太大而造成的。

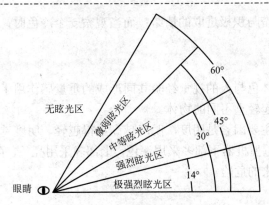

图 7-7　光源位置的眩光效应

眩光会造成很多不良影响，例如破坏暗适应，造成视觉后像；导致视功能降低，影响视觉效率；严重时可导致暂时失明。而且眩光还会破坏心情，使人精神不振，注意力不集中，进而影响作业效率及作业质量。因此，控制眩光是非常有必要的。常用的眩光控制措施包含以下几点：

(1) 限制光源亮度。当光源的亮度超过 $16 \times 10^4 \, \text{cd/m}^2$ 时，会产生严重的眩光。如果白炽灯的灯丝亮度超过 $3 \times 10^6 \, \text{cd/m}^2$，应考虑用半透明或者不透明材料减少其亮度或将其遮住。

(2) 合理布置光源。尽可能将光源布置在视线外刺激比较微弱的区域，例如可以采用悬挂的方法使光源在 45° 范围以上。也可以采用不透明的材料挡住眩光源，使灯罩的边缘至灯丝连线与水平线之间的角度尽量保持在 45°，或者至少不小于 30°。

(3) 适当提高环境亮度，尽量保证物体的亮度与背景亮度的比值在 100：1 以下，以减少两者之间的亮度对比，防止对比眩光的出现。

(4) 在室外戴太阳镜(滤光镜)，如戴灰色镜可以降低射入眼内的光线的强度。

(5) 使光线经灯罩或天花板、墙壁漫射到作业场所。

7.1.3　色彩环境

首先，60%以上的外界信息是人们通过视觉通道来进行的，图形、图像、文字、色彩等都是通过视觉传递的信息元素，而色彩是优于其他元素更快、更直接被大脑处理的视觉信息。在人机工程学中，作业空间的色彩会直接影响操作者的情绪、情感和认知，进而会对作业者的身心健康和工作效率造成负面影响。因此，合理地设计作业环境中的各种色彩，不但能够使人感到身心愉悦，还可以有效避免许多潜在事故的发生。

1. 色彩的心理效应

色彩的辨别力、明视性等会对人的心理产生不同的影响，并由于性别、年龄、个性、生理状况、心情、生活环境、风俗习惯的不同而产生不同的个别或群体的差异。总体包含以下几种心理效应。

1) 温度感

红色使人有一种温暖的感觉。因此，将红、橙、黄色称为暖色；而橙红色为极暖色。蓝色使人想到海水，会有一种寒冷感。因此青、绿、蓝色称为冷色；而青色为极冷色。色彩的温度感是人类长期在生产、生活经验中形成的条件反射。当一个人观察暖色时，会在心理上明显出现兴奋与积极进取的情绪；而当观察一个冷色时，会在心理上明显出现压抑与消极退缩的情绪。

2）轻重感

色彩的轻重感是物体色与人的视觉经验共同形成的重量感作用于人的心理结果。深浅不同的色彩会使人联想起轻重不同的物体。

决定色彩轻重感的主要因素是明度，明度越高显得越轻，明度越低显得越重。例如，在工业生产中，高大的重型机器下部多采用深色，上部多采用亮色，可给人以稳定安全感，否则会使人感到有倒下来的危险。

3）硬度感

色彩的硬度感是指色彩给人以柔软和坚硬的感觉，与色彩的明度和纯度有关。一般常采用高明度和中等纯度的色彩来表现软色。在无彩色中的黑、白是硬色，灰色是软色。

4）胀缩感

色彩的胀缩感是指色彩在对比过程中，色彩的轮廓或面积给人以膨胀或收缩的感觉。色彩的轮廓、面积胀缩的感觉是通过色彩的对比作用产生出来的。

通常，明度高的色和暖色有膨胀作用，该种色彩给人的感觉比实际大，如黄色、红色、白色等。而明度低的色和冷色则有收缩作用，该种色彩给人的感觉比实际小，如棕色、蓝色、黑色。

5）远近感

色彩的远近感是指在相同背景下进行配置时，某些色彩感觉比实际所处的距离显得近，而另一些色彩又感觉比实际所处的距离显得远，也就是前进或后退的距离感。这主要与色彩的色相、明度和纯度三要素有关。

从色相和明度来说，冷色感觉远，暖色感觉近；明度低的色感觉远，明度高的色感觉近。而纯度则与明度不同，暖色且纯度越高感觉越近，冷色且纯度越高感觉越远，如在白色背景中，高纯度的红色比低纯度的红色感觉近，高纯度的蓝色比低纯度的蓝色感觉远。

6）情绪感

不同颜色对人的影响不同，如红色有增加食欲的作用；蓝色有使高烧病人退烧和使人情绪稳定的作用；紫色有镇静作用；褐色有升高血压的作用；明度较高而鲜艳的暖色，容易引起人疲劳；明度较低、柔和的冷色，使人有稳重和宁静的感觉；暖色系颜色给人以兴奋感，可以激发人的感情和情绪，但也易疲劳；冷色系颜色给人以沉静感，可以抑制人的情感和情绪，使人沉着、冷静和宁静的休息。

另外，明亮而鲜艳的暖色给人以轻快、活泼的感觉，深暗而浑浊的冷色给人以忧郁、沉闷的感觉。无彩色系列中的白色与纯色配合给人以明朗活泼的感觉，而黑色产生忧郁感觉，灰色则为中性。因此，在色彩视觉传达设计中，可以合理地应用色彩的情绪感觉，营造适应人的情绪要求的色彩环境。

2. 色彩设计

1）色彩设计分类

(1) 环境色彩。它包括厂房、商店、建筑物，室内环境等色彩设计。

(2) 物品配色。它包括机床设备、家具、纺织品、包装等。

(3) 标志管理用色。它有安全标志、管理卡片、报表、证件等。

2) 色彩设计的方法与步骤

(1) 色彩设计方法：可用计算机色彩模拟来分析配色。用模拟系统可以改变、分析、评价各种色彩的组合，确定某一设计的色彩。当进行环境色彩设计时，还可以把有代表性的四季景象协调、对比来确定建筑物的最佳配色，也可参考已有的设计院经验，或用绘画的方式进行评价。

(2) 色彩设计步骤：

① 根据造型、用途确定色彩设计原则。

② 按以上原则指出各种设计方案。

③ 进行模拟。

④ 制定评价标准，确定理想配色的条件，分析、评价所提出的各种设计方案，从中选出最佳方案。

3. 色彩调节及应用

1) 色彩调节的概念

选择适当的色彩，利用色彩的效果，可以在一定程度上对环境因素起到调节作用，称为色彩调节。

利用色彩对环境因素进行调节则不需要继续追加运行成本，更不会消耗能源，并且它是直接作用于人的心理，只要人的视线所及，不论什么空间类型都能发挥作用。因此，色彩调节在作业空间设计和工业设备的施色等方面具有广泛的应用。

2) 色彩调节的目的

色彩调节的目的就是使环境色彩的选择更加适合于人在该环境中所进行的特定活动。色彩调节的目的可分为三大类：① 提高作业者作业愿望和作业效率；② 改善作业环境、减轻或延缓作业疲劳；③ 提高生产的安全性，降低事故率。其中：① 适用于生产劳动和工作学习的环境，以提高作业者主观工作愿望和客观工作效率；② 适用于人的各种特定活动，在客观上改善作业环境的氛围，主观上减少作业者的生理和心理疲劳；③ 适用于生产劳动现场，如生产车间厂房或户外工地现场，是为了排除作业者受到身体甚至于生命的危害，实际上这种调节并不能调节环境因素，而是改变了安全因素，因此称为安全色。

3) 色彩调节的应用

色彩调节在作业空间设计和工业设备的施色等各方面具有广泛的应用，可以改善生产现场的氛围，创造良好的工作环境以提高工效，减少疲劳，提高生产的安全性、经济性，降低废品率。对于车间厂房的施色可分为两部分：一部分是车间、厂房建筑的空间构件；另一部分是设置其中的机械、设备及其各种管线。对它们实施色彩调节的施色可分为三类：安全色、对比色和环境色。

(1) 安全色。安全色是传递安全信息含义的颜色。国家标准《安全色》(GB 2893—2008) 中规定红、蓝、黄、绿 4 种颜色为安全色，其含义和用途如表 7-6 所示。

表7-6 安全色含义和用途

颜色	含　义	用　途　举　例
红色	传递禁止、停止、危险或提示消防设备、设施的信息	禁止标志 停止信号：机器、车辆的紧急停车手柄或按钮以及禁止人们触动的部位
蓝色	传递必须遵守规定的指令性信息	指令标志：如必须佩戴个人防护工具，道路上指引车辆和行人行驶方向的指令
黄色	传递注意、警告的信息	警告标志 警戒标志：如作业内危险机器和坑池边周围警戒线 行车道中线 机械上齿轮箱 安全帽
绿色	传递安全的提示性信息	提示标志 车间内的安全通道 车辆和行人通行标志 消防设备和其他安全防护设备的位置

使用安全色必须有很高的打动知觉的能力与很高的视认性，所表示的含义必须能被明确、迅速地区分与认知。因此，使用安全色必须考虑以下三方面：

① 危险的紧迫性越高，越应该使用打动知觉程度高的色彩。

② 危险可能波及范围越广，越应使用视认性高的色彩。

③ 应该制定约定俗成的色彩作为安全色标准，以防止安全色含义的错误理解。

凡属有特殊要求的零部件、机械、设备等的直接活动部分与管线的接头、栓等部件以及需要特别引起警惕的重要开关，特别的操纵手轮、把手，机床附设的起重装置，需要告诫人们不能随便靠近的危险装置都必须施以安全色。对于调节部件，一般也应施以纯度高、明度大、对比强烈的色彩加以识别。

此外，色彩也应用于技术标志中，表示材料、设备设施或包装物等。《工业管道的基本识别色、识别符号和安全标识》（GB 7231—2003）中规定，根据管道内物质的一般性能，将基本识别色分为8种，见表7-7。

表7-7 八种基本识别色和颜色标准编号

种　类	色　彩	标　准　色
水	艳绿	G03
水蒸气	大红	R03
空气	浅灰	B03
气体	中黄	Y07
酸或碱	紫	P02
可燃液体	棕	YR05
其他液体	黑	
氧	淡蓝	PB06

(2) 对比色。对比色是使安全色更加醒目的反衬色，它包括黑、白两种颜色。安全色与对比色同时使用时，应按表 7-8 所示的规定搭配使用。

表 7-8　对比色

安　全　色	相应的对比色
红色	白色
蓝色	白色
黄色	黑色
绿色	白色

(3) 环境色。车间、厂房的空间构件包括地面、墙壁、天花板以及机械设备中除了直接活动的部件与各种管线的接头、栓等部件外，都必须施以环境色。车间、厂房色彩调节中的环境色应满足以下要求：

① 应使环境色形成的反射光配合采光照明形成足够的明视性。

② 应像避免直接眩光一样，尽量避免施色涂层形成的高光对视觉的刺激。

③ 应形成适合作业的中高明度的环境色背景。

④ 应避免配色的对比度过强或过弱，保证适当的对比度。

⑤ 应避免大面积纯度过高的环境色，以防视觉受到过度刺激而过早产生视觉疲劳。

⑥ 应避免如视觉残像之类的虚幻形象出现，确保生产安全。

如在需要提高视认度的作业面内，尽可能在作业面的光照条件下增大直接工作面与工作对象间的明度对比。经有关专家实验统计，人们在黑色底上寻找黑线比在白色底上寻找同样的黑线所消耗的能量要多 2100 倍。为了减少视觉疲劳，必须降低与所处环境的明度对比。

同样，在控制器中也应注意控制器色彩与控制面板间以及控制面板与周围环境之间色彩的对比，以改进视认性，提高作业的持久性。

综上所述，在设计工作场所的用色应考虑：颜色不要单一；明度不应太高或相差悬殊，饱和度也不应太高，根据工作间的性质和用途选择色彩，利用光线的反射率。而设计机器设备的用色应考虑：颜色与设备功能相适应，设备配色与色彩相协调，危险与示警部位的配色要醒目，突出操纵装置和关键部位，显示器要异于背景用色，设备异于加工材料用色。

7.1.4　有毒环境

生产性毒物在生产环境中常以气体、粉尘、蒸气等各种形态存在，如氯化氢、氰化氢等是以气态形态污染环境的；低沸点的物质，例如苯、汽油等是以蒸气形态污染环境的；而喷洒农药时的药物，喷漆时的漆雾等，是以雾的形态污染环境的。这些生产性毒物会引起职业中毒，危害作业者的身体健康甚至导致死亡事故的发生，因此，针对毒物环境的设计就显得尤为重要。

1. 毒物环境

有毒气体是指常温、常压下呈气态的有害物质。例如冶炼过程、发动机排放过程的一氧化碳。有毒蒸气是有毒固体升华、有毒液体挥发形成的蒸气。空气中的有害气体或蒸气超过一定限值时，就会导致作业者中毒或者诱发其他职业性疾病。工业生产中几种常见的有害气体的浓度与人体的关系如表 7-9 所示。

表 7-9　几种常见有毒气体与人体的关系

气体名称	气体浓度/10^{-6}	对人体的影响
CO	50	允许的暴露浓度，可暴露 8 h(OSHA)
	200	2～3 h 内可能会导致轻微的前额头痛
	400	1～2 h 后前额头痛并呕吐，2.2～3.5 h 后眩晕
	800	45 min 内头痛、头晕、呕吐，2 h 内昏迷，可能死亡
	1600	20 min 内头痛、头晕、呕吐，1 h 内昏迷并死亡
	3200	5～10 min 内头痛、头晕，30 min 无知觉，有死亡危险
	6400	1～2 min 内头痛、头晕，10～15 min 无知觉，有死亡危险
	12 800	马上无知觉，1～3 min 内有死亡危险
H₂S	0.13	最小的可感觉到的臭气味浓度
	4.60	易察觉的有适度臭味的浓度
	10	开始刺激眼球，可允许的暴露浓度；可暴露 8 h(OSHA，ACGIH)
	27	强烈的不愉快的臭味，不能忍受
	100	咳嗽、刺激眼球，2 min 后可能失去嗅觉
	200～300	暴露 1 h 后，明显的结膜炎(眼睛发炎)呼吸道受刺激
	500～700	失去知觉，呼吸停止(中止或暂停)，以至于死亡
	1000～2000	马上失去知觉，几分钟内呼吸停止并死亡，即使个别的马上搬到新鲜空气中，也可能死亡
Cl₂	0.5	允许的暴露浓度(OSHA，ACGIH)
	3	刺激黏膜、眼睛和呼吸道
	3.5	产生一种易觉察的臭味
	15	马上刺激喉部
	30	30 min 内最大的暴露浓度
	100～150	肺部疼痛、压感，暴露稍长一会将引起死亡
NO	25	允许的暴露浓度(OSHA)
	0～50	较低的水溶性，因此超过 TWA 浓度，对黏膜也有轻微刺激
	60～150	咳嗽、烧伤喉部，如果快速移到清新空气中，症状会消除
	200～700	即使短时间暴露也会死亡
NO₂	0.2～1	可察觉的有刺激的酸味
	1	允许的暴露浓度(OSHA，ACGIH)
	5～10	对鼻子和喉部有刺激
	20	对眼睛有刺激
	50	30 min 内最大的暴露浓度
	100～200	肺部有压迫感，急性支气管炎，暴露稍长一会将引起死亡

续表

气体名称	气体浓度/10-6	对人体的影响
SO₂	0.3～1	可察觉的最初的 SO₂
	2	允许的暴露浓度(OSHA，ACGIH)
	3	非常容易察觉的气味
	6～12	对鼻子和喉部有刺激
	20	对眼睛有刺激
	50～100	30 min 内最大的暴露浓度
	400～500	引起肺积水和声门刺激的危险浓度；暴露时间更长会导致死亡
HCN	10	允许的暴露浓度(OSHA)
	10～50	头痛、头晕、眩晕
	50～100	感到反胃、恶心
	100～200	暴露在此环境里 30～60 min 即引起死亡
NH₃	0～25	对眼睛和呼吸道的最小刺激
	25	允许的暴露浓度(OSHA，ACGIH)
	50～100	眼睑肿起，结膜炎，呕吐、刺激喉部
	100～500	高浓度时危险，刺激变得更强烈，稍长时间会引起死亡

工业粉尘是指能长时间漂浮在作业场所空气中的固体微粒，粒子大小多在 0.1～10 μm。例如木材、油、煤类等燃烧时产生的烟尘，固体物质的粉碎，铸件的翻砂、沉积粉尘遇到振动等情况都易在作业环境中造成粉尘。

烟(尘)则是指直径小于 0.1 μm 的悬浮在空气中的固体微粒，一般形成于燃料的燃烧、高温熔融和化学反应等过程中。某些金属熔融时所产生的蒸气在空气中会迅速冷凝或者氧化，期间也会形成烟，例如熔铜铸铜时会产生氧化锌烟。

如果作业者在操作过程中长期暴露在上述毒物环境中，就会由于接触过量的有毒有害物而发生中毒，甚至死亡。

2. 毒物的危害

不同的毒物会对人体的不同部位或者生理机能造成损害，例如有害气体或蒸气会引发职业中毒。粉尘会诱发职业性呼吸系统疾患，例如尘肺病、职业性过敏性肺炎等。常见的毒物损害有以下几方面：

1) 神经系统

毒物对中枢神经和周围神经系统均有不同程度的危害作用，其表现为神经衰弱症候群：全身无力、易于疲劳、记忆力减退、头昏、头痛、失眠、心悸、多汗，多发性末梢神经炎及中毒性脑病等。汽油、四乙基铅、二硫化碳等中毒还表现为兴奋、狂躁、癔病。

2) 呼吸系统

氨、氯气、氮氧化物、氟、三氧化二砷、二氧化硫等刺激性毒物可引起声门水肿及痉挛、鼻炎、气管炎、支气管炎、肺炎及肺水肿。有些高浓度毒物(如硫化氢、氯、氨等)能直接抑制呼吸中枢或引起机械性阻塞而窒息。

3) 血液和心血管系统

严重的苯中毒,可抑制骨髓造血功能;砷化氢、苯肼等中毒,可引起严重的溶血,出现血红蛋白尿,导致溶血性贫血;一氧化碳中毒可使血液的输氧功能发生障碍;钡、砷、有机农药等中毒,可造成心肌损伤,直接影响到人体血液循环系统的功能。

4) 消化系统

肝是解毒器官,人体吸收的大多数毒物积蓄在肝脏里,并由它进行分解、转化,起到自救作用。但某些称为亲肝性毒物,如四氯化碳、磷、三硝基甲苯、锑、铅等,它主要伤害肝脏,往往形成急性或慢性中毒性肝炎。汞、砷、铅等急性中毒,可发生严重的恶心、呕吐、腹泻等消化道炎症。

5) 泌尿系统

某些毒物损害肾脏,尤其以汞和四氯化碳等引起的急性肾小管坏死性肾病最为严重。此外,乙二醇、汞、镉、铅等也可以引起中毒性肾病。

6) 皮肤损伤

强酸、强碱等化学药品及紫外线可导致皮肤灼伤和溃烂。液氯、丙烯腈、氯乙烯等可引起皮炎、红斑和湿疹等。苯、汽油能使皮肤因脱脂而干燥、皲裂。

7) 眼睛的危害

化学物质的碎屑、液体、粉尘飞溅到眼内,可发生角膜或结膜的刺激炎症、腐蚀灼伤或过敏反应。尤其是腐蚀性物质,如强酸、强碱、飞石灰或氨水等,可使眼结膜坏死糜烂或角膜混浊。甲醇影响视神经,严重时可导致失明。

8) 致突变、致癌、致畸物

某些化学毒物可引起机体遗传物质的变异。有突变作用的化学物质称为化学致突变物。有的化学毒物能致癌,能引起人类或动物癌病的化学物质称为致癌物。有些化学毒物对胚胎有毒性作用,可引起畸形,这种化学物质称为致畸物。

9) 对生殖功能的影响

工业毒物对女工月经、妊娠、授乳等生殖功能可产生不良影响,不仅对妇女本身有害,而且可累及下一代。

接触苯及其同系物、汽油、二硫化碳、三硝基甲苯的女工,易出现月经过多综合征;接触铅、汞、三氯乙烯的女工,易出现月经过少综合征。化学诱变物可引起生殖细胞突变,引发畸胎,尤其是妊娠后的前三个月,胚胎对化学毒物最敏感。在胚胎发育过程中,某些化学毒物可致胎儿发育迟缓,可致胚胎的器官或系统发生畸形,可使受精卵死亡或被吸收。有机汞和多氯联苯均有致畸胎作用。

3. 毒物环境的改善措施

我国颁布的《工作场所有害因素职业接触限值化学有害因素》(GBZ2.1—2007)适用于工业企业卫生设计及存在或产生化学有害因素的各类工作场所、工作场所卫生状况、劳动条件、劳动者接触化学因素的程度、生产装置泄露、防护措施效果的监测、评价、管理及职业卫生监督检查等。其中公布了多种有害气体、粉尘、烟雾等物质的时间加权平均容许浓度、短时间接触容许浓度、最高容许浓度和超限倍数，可以作为毒物环境设计的依据。为了使毒物环境符合标准规范的要求，保障作业人员的人身健康及安全，可以采取以下几种措施加以改善：

(1) 以无毒或毒性小的原材料代替有毒或毒性大的原材料。例如，有毒的四氯化碳可用氯仿等代替；铸造业所用的石英砂容易引起矽肺，可用其他无害的或含硅量较少的物质代替；选择无硫或低硫燃料，或采取预处理法去硫等。

(2) 改变操作方法。改变操作方法通常是改善作业环境条件的最好办法。如将人工洗涤法改为蒸气除油污法，蓄电池铅板的氧化铅改为机械涂法以及静电喷漆法等。尽可能使生产过程机械化、自动化。

(3) 隔离或密闭法。为了将有害作业点与作业人员隔开，可采用隔离措施。隔离的方式有围挡隔离、时间隔离、距离隔离、密闭等。密闭是在产生有毒气体、蒸气、液体或粉尘的生产过程中，将机器设备、管道、容器等加以密闭，使之不能逸出。

(4) 湿式作业。对于产生粉尘的作业过程，可利用水对粉尘的湿润作用，采用湿式作业可以收到良好的防尘效果，如耐火材料、陶瓷、玻璃、机械铸造行业等所使用的固体粉状物料采用湿式作业，使物料含水量保持在 3%～10%，即可避免粉尘飞扬。石粉厂用水碾、水运可根除尘害。

(5) 通风。通风是改善劳动条件、预防职业毒害的有力措施。特别是在上述各项措施难以解决的时候，采用通风措施可以使作业场所空气中有毒有害物质含量保持在国家规定的最高容许浓度以下。

(6) 合理的厂区规划。在新建、扩建、改建工业企业时，要在厂址选择、厂区规划、厂房建筑配置以及生活卫生设备的设计方面加以周密的考虑，应遵照《工业企业设计卫生标准》中有关规定执行。

(7) 作业场所的合理布置。作业场所布置应做到整齐、清洁、有序，按生产作业、设备、工艺功能分区布置。

(8) 个体防护措施。当采用各种改善技术措施还不能满足要求时，应采用个体防护措施，使作业人员免遭有害因素的危害。

(9) 包装及容器要有一定强度，经得起运输过程中正常的冲撞、振动、挤压和摩擦，以防毒物外泄，封口要严，且不易松脱。

(10) 加强厂区的绿化建设。

7.1.5　噪声环境

通常情况下，凡是影响人们正常学习、工作和休息的声音都称为噪声。它能够使人感到烦躁，还会因为音量过强而危害人体的健康。如机器的轰鸣声，各种交通工具的马达声、鸣笛声，建筑施工、人的嘈杂声及各种突发的声响等，均称为噪声。不同的人由于感觉、习惯等不同，对噪声的主观感受也不同。

1. 噪声环境

根据来源的不同，可将噪声分类为

(1) 工业噪声：主要是指工业生产中产生的噪声，大部分是由机器和高速运转的设备产生的。

工业噪声按其产生的机理又可分为机械噪声，是指由于机械设备运转时，机械部件间的摩擦力、撞击力或非平衡力，使机械部件和壳体产生振动而辐射的噪声；空气动力性噪声，是指由于气体流动过程中的相互作用，或气流和固体介质之间的相互作用而产生的噪声(如空压机、风机等进气和排气产生的噪声)；电磁噪声，是指由电磁场交替变化引起某些机械部件或空间容积振动而产生的噪声(如变压器发出的声音)。

(2) 交通噪声：主要是机动车辆、火车、飞机等交通工具发出的声音，这些噪声源具有流动性，因此干扰的范围往往比较大。

(3) 社会噪声：主要是由于人们在一些娱乐场所、大型集会、体育竞赛中产生的噪声，或者电视机、电风扇、空调等家电的嘈杂声。

(4) 建筑施工噪声：主要指建筑施工现场产生的噪声。在施工中要大量使用各种动力机械，要进行挖掘、打洞、搅拌，要频繁地运输材料和构件，会产生大量噪声。

按噪声随时间变化的规律，可以分类为

(1) 稳态噪声：声音强弱随时间变化不明显，声级波动小于 3 dB(A)(A 表示噪声的 A 声级)的噪声。

(2) 非稳态噪声：声音强弱随时间变化较明显，声级波动大于等于 3 dB(A)的噪声。还有可能是周期性变化。

(3) 脉冲噪声：噪声突然爆发又很快消失，一般持续时间不超过 0.5 s、间隔时间 1 s 以上、声压有效值变化超过 40 dB(A)的噪声。

为了保证作业者的身心健康及工作效率，国家颁布了一系列标准规范，规定了相应作业场所的噪声排放标准，如《声环境质量标准》(GB 3096—2008)、《工业企业厂界环境噪声排放标准》(GB 12348—2008)等。

根据上述标准，结合考虑区域的使用功能特点和环境质量要求，将声环境功能区分为以下 5 种类型：

0 类声环境功能区：康复疗养区等特别需要安静的区域。

1 类声环境功能区：以居民住宅、医疗卫生、文化体育、科研设计、行政办公为主要功能，需要保持安静的区域。

2 类声环境功能区：以商业金融、集市贸易为主要功能，或者居住、商业、工业混杂，需要维护住宅安静的区域

3 类声环境功能区：以工业生产、仓储物流为主要功能，需要防止工业噪声对周围环境产生严重影响的区域。

4 类声环境功能区：交通干线两侧一定区域之内，需要防止交通噪声对周围环境产生严重影响的区域，包括 4a 类和 4b 类两种类型。4a 类为高速公路、一级公路、二级公路、城市快速路、城市主干路、城市次干路、城市轨道交通(地面段)、内河航道两侧区域；4b 类为铁路干线两侧区域。

各功能区对应的噪声排放标准如表 7-10 所示。

表 7-10　环境噪声限值　　　　　　　　dB(A)

声环境功能区类别		时　段	
		昼间(6:00～22:00)	夜间(22:00～6:00)
0 类		50	40
1 类		55	45
2 类		60	50
3 类		65	55
4 类	4a 类	70	55
	4b 类	70	60

《工作场所有害因素职业接触限值——物理因素》(GBZ2.2—2007)中规定每周工作 5 d，每天工作 8 h，稳态噪声限值为 85 dB(A)，非稳态噪声等效声级的限值为 85 dB(A)。

《工业企业设计卫生标准》(GBZ1—2010)中规定，非噪声工作地点的噪声声级的设计要求应符合表 7-11 所示的规定设计要求。

表 7-11　非噪声工作地点噪声声级设计要求

地点名称	噪声声级/dB(A)	工效限值/dB(A)
噪声车间观察(值班)室	≤75	≤55
非噪声车间办公室、会议室	≤60	
主控室、精密加工室	≤70	

2. 噪声的影响

一旦超过了规定的排放标准，噪声便会对人产生各种各样的负面影响，心理影响方面包括引起烦恼、降低功效、分散注意力等；其他的生理影响有听觉疲劳、爆发性耳聋、神经系统影响等。

1) 影响噪声对人体作用的因素

(1) 噪声的强度。噪声强度大小是影响听力的主要因素。强度越大，听力遭受损伤的时间越早，程度越严重，影响的人数也越多。

(2) 接触时间。环境中的噪声不超过 80 dB 时，终生暴露都不会引起听力损伤。而如果噪声超过 85 dB 时，暴露时间越久，听力损伤越严重，概率也越大。产生听力损伤的人数超过 5%的暴露年限，在 85 dB 时为 20 年，90 dB 时为 10 年，95 dB 时为 5 年，100 dB 以上均在 5 年之内。在高强度引起听力损伤所需要的时间差异比较大，短则几天，长则数年，大部分约为 3～4 个月。

(3) 噪声的频率及频谱。当强度相同时，高频噪声比中低频对听力的危害要大，2000～4000 Hz 的声音最易导致耳蜗损害，窄频带或纯音比宽频带影响要大。此外，间断性的噪声比持续性噪声的危害小，突发性噪声比逐渐产生的噪声危害大。与纯噪声相比，伴随有振动的噪声更易造成内耳损害。

(4) 个体差异。由于个人的健康状况及体质有差异，他们对噪声造成的听力损伤发生率及严重程度也不同，即多噪声的敏感度不同。噪声易感者约占人群 5%，他们不仅在接触噪声后引起的暂时性阈移(TTS)与一般人比较非常明显，并且恢复也慢。相反，也有小部分人对噪声的敏感度极低。

(5) 噪声类型和接触方式。脉冲噪声比连续噪声的危害大，连续性噪声比间断性噪声的危害大。

(6) 其他因素。它包括年龄因素、个人防护用品的使用、耳疾因素等。年龄越大，患有耳病的人群，不注重使用护耳器等个人防护用品的人群，接触噪声后的损伤越严重。

2) 噪声的影响

(1) 噪声的生理影响。如果人长时间遭受强烈噪声作用，听力就会减弱，进而导致听觉器官的器质性损伤，造成听力下降。它表现为以下方面：

① 听觉疲劳。在噪声的作用下，人的听觉敏感性会降低，导致听觉迟钝，此时的听阈会有所提高，但离开噪声环境几分钟即可恢复，这种现象称为听觉适应。但是听觉适应有一定的限度，如果人长时间遭受强烈噪声作用，听力就会减弱，听觉敏感性进一步降低，听阈会比正常值提高 15 dB 以上。这种情况下，离开噪声环境以后恢复的时间会比较久，该现象称为听觉疲劳，属于病理前的状态。

② 噪声性耳聋。噪声对听觉的损伤效应是不断积累的，每次的强噪声只会导致短时间的听力损伤。长时间暴露在强噪声环境，就会产生永久性的听阈位移，该位移超过一定限度时，就会产生噪声性耳聋。国际标准化组织(ISO)规定，500 Hz、1 kHz、2 kHz 三个频率的平均听力损失超过 25 dB(A)时称为噪声性耳聋。

③ 爆发性耳聋。除了上述缓慢形成的噪声性听力损失，当巨大的声压并且伴有强烈的冲击波时，人的听觉器官会发生鼓膜破裂出血，一次刺激就有可能使人双耳完全失去听力，这种现象称为爆发性耳聋。

噪声还会对其他的生理机能产生影响，具体表现为

① 对消化系统的影响。受噪声的影响，消化系统会抑制胃运动和减少唾液分泌量，胃液分泌减少，胃酸降低，胃蠕动减弱，食欲不振，引起胃溃疡。研究表明，噪声大的行业里溃疡病的发病率比安静环境下的发病率高 5 倍。

② 对心血管系统的影响。噪声会引起心跳过速、心律不齐、心电图改变、高血压，以及末梢血管收缩、供血减少。当噪声达到 80～90 dB(A)时，心血管系统易遭受慢性损伤。据调查，在高噪声环境中，钢铁工人和机械工人的心血管系统发病率要高于在安静条件下的发病率。

③ 对内分泌系统的影响。噪声的刺激会导致甲状腺机能亢进、肾上腺皮质功能增强等症状。会导致女性性机能紊乱、月经失调、流产率增加等。双耳受到长时间不平衡的噪声刺激时，易引发前庭反应、呕吐等现象产生。

④ 对神经系统的影响。噪声是一种恶性刺激物长期作用于人的中枢神经系统，可使大脑皮层的兴奋和抑制失调，条件反射异常，出现头晕、头痛、耳鸣、多梦、失眠、心慌、记忆力减退、注意力不集中等症状，严重者可产生精神错乱。

(2) 噪声的心理影响。噪声会对人的情绪产生很大的影响，很容易使人感到焦躁、烦恼、生气等。环境中的噪声越大，越容易引起不愉快情绪的产生。但需要注意的是，在不同区域内的居民对环境中噪声的烦恼反应也不相同。例如在居民住宅中，60 dB(A)的噪声

就会引起不满的情绪；但如果是在生产区域，人们对噪声的敏感度会较高一些。此外，在响度相同时，高调的噪声更为恼人；比起连续噪声，脉冲噪声的负面影响更大。

3) 噪声对信息传递的影响

由于噪声对听觉信号有掩蔽作用，作业者不易觉察或者分辨一些听觉信号，导致他们无法进行充分、有效的语言沟通，甚至无法进行语言沟通，很容易造成事故和工伤。500～2000 Hz 的噪声对语言的干扰最大，噪声过强，声音信号就只能传递非常有限的信息。在这种情况下，作业者往往需要借助手势动作配合声音信号来完成彼此之间的交流。

4) 噪声对作业能力和工作效率的影响

噪声对体力劳动的影响不大，但是会极大地干扰人的思维活动，尤其对一些长时间内需要保持紧张注意的作业影响更甚，例如检查作业、监视控制作业等。在噪声环境里，人们心情烦躁、工作容易疲劳、反应迟钝、注意力不易集中等，都会直接影响作业能力与工作效率。研究发现，打字室的噪声从 60 dB(A)降至 40 dB(A)，打字的错误率会下降 30%。有关部门对噪声在精密加工作业中对工作效率的影响进行了调查，调查分为对精神集中的影响、对动作准确性的影响以及对工作速度的影响等三个方面。调查分析结果如表 7-12 所示。这三方面的效应表现出相同的阶段特性。在三种效应中，以对精神集中程度的影响最大。

表 7-12　噪声对工作效率影响的调查结果

噪声效应	各声级(dB(A))下的平均反应等级		
	50　55　60	65　70　75　80	90
对精神集中程度的影响	2.3	2.7～2.8	3.1
对动作准确性的影响	1.8～1.9	2.1	2.8
对工作速度的影响	2.0	2.3	2.8

3. 噪声环境的改善措施

噪声的产生过程中包含三个要素，即声源、传播途径及接收者。为了有效改善噪声环境和控制噪声的产生，也必须从这三方面入手加以解决。最直接有效的方法是降低噪声源的噪声级，但受到技术可行性和经济合理性的因素的限制，往往采用的方法是阻止噪声的传播。若仍无法满足要求，应采取个人防护措施。

1) 控制噪声源

生产现场的噪声主要来自机器设备本身的振动和噪声。工作噪声主要包括机械噪声和空气动力噪声两部分。控制噪声源，最好选择低噪声的设备，改革生产加工工艺，提高机械设备的精度等，使发声物体的发声强度降至最小。

机械噪声一般来自运动部件之间的摩擦、振动、撞击等。降低其的措施主要有：可以选用产生噪声小的材料。传统的金属材料内摩擦、内阻尼较小，消耗振动能量的能力弱。因此，如果使用这类材料制造生产设备及机器，就无法避免辐射振动的产生。相反，如果采用新型的高分子材料或高阻尼的合金制造某些机件，辐射噪声就会减小很多。也可以合理设计传动装置，最好采用噪声小的传动方式。从传动的结构设计、材料选用、参数选择等方面入手，降低噪声。还可以改善生产工艺，用电火花代替切削、用焊接或高强度螺栓代替铆接，用电动机代替内燃机等。

空气动力噪声主要是由气体涡流、压力急剧变化和高速流动引起的，发生的场合有：被压缩气体由空中排除时，物体在空气中运动速度很高时，燃烧器内雾状燃料燃烧时等。此时，可以通过降低气流速度、减少压力脉冲、减少涡流控制噪声的产生。

2) 控制噪声传播

控制噪声的传播，可以从以下几方面着手：

(1) 总体设计的布局要合理。在总体设计时，要正确估计工厂建成后可能出现的厂区环境噪声状况，并对此进行全面考虑。如将高噪声车间、场所与低噪声车间、生活区分开设置；对特别强烈的噪声源，设在距厂区比较远的偏僻地区，使噪声级最大限度地随距离自然衰减。

(2) 利用天然地形，如山岗土坡、树丛草坪和已有建筑屏障等，阻断或屏蔽一部分噪声向接收者传播。在噪声严重的工厂、施工现场和交通道路的两旁设置有足够高的围墙或屏障，以减弱声音的传播。绿化亦可阻止噪声的传播。

(3) 利用声源的指向性控制噪声。对高强度噪声源，如受压容器的排气和放空，可使其出口朝向上空或野外。

(4) 在声源周围采用消声、隔声、吸声、隔振、阻尼等局部措施。消声是利用装置在气流通道上的消声器来降低空气动力噪声，用以消除风机等进排气噪声的干扰。隔声是用围护构件如机罩等隔绝声源的传播。吸声是将吸声材料或吸声结构安装在室内，吸收室内的混响，或者作为管道内衬吸收气流噪声。隔振是在机器设备下方垫以减震的弹性材料以阻止振动通过地面传向其他地方。阻尼是将胶状材料涂刷到机器表面，增加材料的内摩擦，消耗机器板面振动的能量，减小振动。

图 7-8 所示是几种控制噪声传播的措施。

(a) 公路隔音板　　　　　　　(b) 消声器　　　　　　　(c) 隔音室

图 7-8　控制噪声传播的措施

3) 个人防护

如果无法从噪声源和噪声控制两方面有效改善噪声环境，就必须使用个人防护用具减少噪声对接收者产生不良的影响。常用的防护用具有橡胶或塑料制的耳塞、耳罩、防噪声帽以及塞入耳孔内的防声棉(加上蜡或凡士林)等。

4) 音乐调节

音乐调节是指利用听觉掩蔽效应，在工作场所创造良好的音乐环境，以掩蔽噪声。最终可以缓解噪声对人心理的影响，使作业者减少不必要的精神紧张，推迟疲劳的出现，提高作业能力。

5) 其他

调整班次，增加休息次数，轮换作业等也是很好的防护方法。

7.1.6 振动环境

现实生活中，各种工业、农业及家用的机械工具，甚至乘坐的交通工具也会对人产生振动影响。振动会影响人的舒适感和工作效率，长期暴露在振动环境中可能会引发疾病，还会影响仪表、设备等的正常运行。

1. 振动环境及人体的振动特性

振动是指一个质点或物体在外力作用下沿直线或弧线围绕平衡位置来回重复的运动。单位时间内完成的振动次数称为频率，单位是赫兹(Hz)。一般有局部振动和全身性振动之分。前者是指生产中使用振动工具或接触受振动的工件时，直接作用或传递到人手臂的机械振动或冲击，例如电锯、钻机作业。后者指人体足部或臀部接触并通过下肢或躯干传导到全身的振动，例如人在行驶中的飞机上、火车上受到的振动。

人体本身是一个很复杂的振动系统，有着固有的振动频率。生物力学研究表明，人体大致有三类共振峰。第一类是在正常的重力环境中，人体对垂直方向的振动能量的传递率在 4~8 Hz 时最大，为第一共振峰。它主要由胸部共振产生，因此对胸腔内脏影响最大。10~12 Hz 时的振动传递率次之，它主要由腹部共振产生，对腹部内脏影响最大。20~25 Hz 时的振动能量略低于第二共振峰，称之为第三共振峰。此后随着频率不断增大，振动在体内的传递速率逐步衰减，对应的生理效应也越来越弱。可见，低频振动对人体的影响较大。人体不同器官的共振频率不同，如表 7-13 所示。当外界振动频率接近器官的共振频率时，即产生共振，振幅迅速增大，此时外界振动所引起的器官的生理反应也最大。

表 7-13 人体各部位的共振频率

器官名称	共振频率/Hz	器官名称	共振频率/Hz
胸腔内脏	4~8, 10~12	手	30~40
脊柱	30	神经系统	250
眼	15~50	鼻窦腔、鼻、喉等	1000~1500
头部	2~30	上、下颌	6~8, 100~200

《工业企业设计卫生标准》(GBZ1—2010)中规定，全身振动强度卫生限值应满足表 7-14 中所示的要求。

表 7-14 全身振动强度卫生限值

工作日接触时间/h	卫生限值/(m·s⁻²)
$4 < t \leqslant 8$	0.62
$2.5 < t \leqslant 4$	1.10
$1.0 < t \leqslant 2.5$	1.40
$0.5 < t \leqslant 1.0$	2.40
$t \leqslant 0.5$	3.60

《工业场所有害因素接触限值——物理因素》(GBZ2.2—2007)中规定，当日接触时间为4 h 时，4 h 等能量频率计权振动加速度限值应为 5 m/s²。

此外，关于人体全身振动标准和界限还可参阅 ISO2631《人体承受全身振动的评价指南》，其中制定了4个不同因素下，即1/3倍频程中心频率1~80 Hz 范围，振动加速度(0.1~20 m/s²)、振动方向和人体接受振动的时间(1 min~24 h)。人体对振动刺激的 3 种不同感觉界限，包括：

(1) 疲劳-效率降低界限。它主要应用于对拖拉机、建筑机械、重型车辆等振动效应的评价，超过该界限，将引起人的疲劳，导致工作效率下降。

(2) 健康界限。相当于振动的危害阈或极限，超过该界限，将损害人的健康和安全。它是疲劳-效率降低界限的 2 倍，即它比相应的疲劳-效率降低界限的振动级高 6 dB。

(3) 舒适性降低界限。它主要应用于对交通工具的舒适性评价。超过该界限，将使人产生不舒适的感觉。疲劳-效率降低界限为舒适性降低界限的 3.15 倍，即它比相应的疲劳-效率降低界限的振动级低 10 dB。

图 7-9 所示为疲劳-效率降低界限，图中实线为垂直振动(Z 向)疲劳-效率降低界限；虚线为水平(X、Y 向)疲劳-效率降低界限。

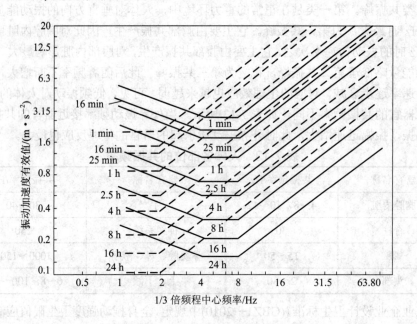

图 7-9　疲劳-效率降低界限

手部振动标准也可参阅 ISO 5349《机械振动—人体接触手传振动的测量和评价指南》。

2. 振动的影响

1) 影响振动对人体作用的因素

振动对人体的影响与振动的频率、振幅或加速度、受振动作用的时间以及人的体位等方面的因素有关。

(1) 振动的频率对人体的影响。由于人体各部分的共振频率不同，振动的频率对人体的主观影响通常起主导作用。

(2) 振动的振幅或加速度对人体的影响。振动对人体的影响常因振幅或加速度的不同而表现出不同的效应。当振动频率较高时,振幅起主要作用。比如作用于全身的振动在频率为 40～102 Hz 时,一旦振幅达 0.05～1.3 mm,便对全身起有害作用。当振动频率较低时,振动加速度起主要作用。

(3) 振动时间对人体的影响。振动作用下的时间越长,对人体的影响就越大。短期适量的振动,不但没有害处,有时还起良好的作用,如电子按摩器等可用来消除身体疲劳,增加肌肉力量,恢复组织的营养,提高新陈代谢等。因此,评价一种振动对人体是否有危害,必须考虑人体暴露在振动下的时间长短。

(4) 振动对不同体位人体的影响。立姿时对垂直振动比较敏感,而卧姿时对水平振动比较敏感。人的神经组织和骨骼都是振动的良好传导体。

2) 振动对作业者的影响

振动会对人体的多种器官造成影响和危害,从而导致长期接触的人员患多种疾病。

全身振动的影响与振动频率、强度和作用有关。例如当振动频率为 0.1～1 Hz 时,可使人产生不适感,主要表现为面色苍白、恶心、呕吐、头晕眼花;而 1～2 Hz 的低强度振动会对人产生催眠作用。手和脚的局部振动会引起外周血管收缩,长期使用手振动工具会导致振动病产生。此外,振动对其他生理机能的影响还表现在以下几个方面:

(1) 对神经系统的影响。振动对人体的影响,较早地表现在神经系统:大脑皮层机能减弱,如出现脑电图异常,条件反射潜伏期及运动时值延长;脊髓中枢受影响,可出现膝盖反射亢进或消失;植物神经受影响,表现为组织营养障碍,如指甲松脆,或因植物神经功能被扰乱而影响到其他内脏;前庭器官受影响,会引起前庭器官的壶腹背纤维细胞和耳石膜的退行改变,致使前庭功能兴奋性异常;皮肤感觉出现紊乱,其中尤以振动感觉和痛觉的改变最明显。

(2) 对心血管系统的影响。周围毛细血管张力的改变,是振动作用引起的极其明显的体症。振动能使周围血管神经调节机能发生障碍,使末梢血管呈现痉挛、短小,而后呈无力状态而扩张、扭曲;受振动作用的手指掌面皮温度较正常人低 2～5℃;心肌能改变,最主要的变化是节律与传导系方面的异常,其中心动过缓者占受检人数的 42.5%,且多伴有窦性心律不齐。传导系方面出现的异常在心房内、心室内、心房室间传导阻滞为多见。

(3) 对骨质的影响。骨质的改变一般发生较晚,大多数人要在强振动环境中生活 4 至 5 年才出现。最常见的是囊样改变、尺骨矩状突和各种变形性骨关节病。其次为末指指骨管养性破坏、肩关节周围炎、桡骨茎突炎、局限性骨质硬化、骨质疏松及外生骨疣等。

(4) 对听觉的影响。振动对听觉造成的损伤与噪声不同,噪声听力损伤以高频 3000～4000 Hz 为主;振动性听力损伤则以低频 125～250 Hz 为主。长期的振动能使耳蜗顶部受损伤,使耳蜗螺旋神经节细胞发生萎缩性病变,导致语言听力下降。振动引起的人体机能障碍,一般以性机能下降、气体代谢增加等机能障碍较为多见。妇女则有子宫下垂、流产及异常分娩等。

在心理效应方面,振动主要会引起不舒适感和烦恼情绪甚至疼痛感,进而影响工效。由于影响因素比较多,在不同的振动参数下,人体受振时的主观感觉不同。另外,坐姿的人,如果是 1～2 Hz 的轻度振动时,自我感觉较轻松和舒适;而对 4～8 Hz 的中度振动,则感觉十分不适。

3) 振动对工效的影响

人体没有特定的振动感受器，因此，振动对工效的影响一般是通过对视觉、触觉和本体感觉、情绪或操纵动作的影响而呈现出来的。振动对视觉绩效的影响主要有两种情形：

(1) 视觉对象处在振动环境中；

(2) 观察者处于振动环境中。

任何一种情形下，都会造成视觉模糊，在判读仪表和进行一些精细化作业的时候出错率提高。而且，振动的过程中动作不协调，反应时间增长，操作误差增大，如图 7-10 所示。振动时人体全身会处于颠簸状态，致使语言失真或中断。如果是强烈的振动，还会降低脑中枢的机能水平，使作业者注意力分散，容易疲劳，加剧振动的心理损害。图 7-11 所示是人受到横向水平振动时的选择反应时间。

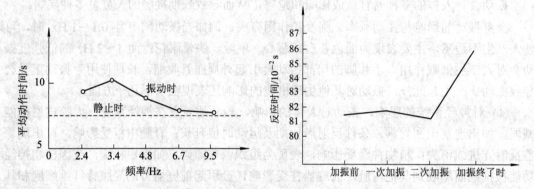

图 7-10 垂直振动时人的手眼协调的平均动作时间　　图 7-11 人受到横向水平振动时的选择反应时间

振动负荷引起的操作能力的降低主要表现在操纵误差、操作时间和反应时间的变化，如图 7-12 所示。

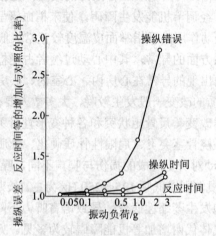

图 7-12 振动对操作能力的影响

3. 振动环境的改善措施

虽然振动很难完全消除，但是可以采取一定的措施加以改善，减少对作业者的损害。图 7-13 所示为几种减振措施。

(a)　多组弹簧减振器　　　　　(b)　液压阻尼器　　　　　　(c)　减振垫层

图 7-13　常见的减振方法

1) 减少和消除振源

减少和消除振源是减少振动最根本的措施。通常采取以下方法：

(1) 隔离振源。可以在振源与受控对象之间串加隔振器，减弱振动效应。

(2) 改进生产工艺。如用液压、焊接代替铆接可消除或减少振动。

(3) 增加设备的阻尼，能抑制振动物体产生共振，降低振动物体在共振频率区的振幅。例如可以采用吸振材料、安装阻尼器或阻尼环、附加弹性阻尼材料等，以减轻设备的振动。对于可能引起机械振动的陈旧设备，应定期检查、维修或改造。

(4) 采取隔振、吸振、阻尼等措施来消除或减小振动，阻止振动的传播，最大限度地减少振动对人体的不良影响。例如设计减振座椅、弹性垫，以缓冲振动对人的影响。

(5) 采用钢丝弹簧类、橡胶类、软木类、毡板和空气弹簧等多种形式的减振器。

(6) 降低设备减振系统的共振频率。可通过减少系统刚性系数或增加质量来降低共振频率。例如风扇、吹风机、泵、空气压缩机等，常用增加质量的方法来降低共振频率。

2) 个体防护

使用防振手套，在全身振动时使用防振鞋等。由于防振鞋内有由微孔橡胶做成鞋垫，利用其弹性使全身减振。对于坐姿作业人员，可使用减振座椅、弹性垫，以缓冲振动对人的影响。

3) 限制接触振动时间

建立合理的劳动制度，执行合理的工间休息以及轮流作业制度，促进短时间振动反应的迅速恢复。注意保持作业场所的环境温度在 16℃ 以上。

4) 其他

做好定期检查，尽早发现受振动损伤的作业人员，及时采取措施进行预防及治疗。严格限制有相应职业禁忌的人员从事振动作业，对于正在进行振动作业的人员应加强技术训练，减少静力作业。

7.2　作业空间安全性设计

人在操纵机器时所需要的操作活动空间和机器、设备、工具、被加工对象所占有的空间的总和，称为作业空间。作业空间安全性设计是根据人的操作活动要求，对机器、设备、工具、被加工对象等进行合理的布局与安排，以达到操作安全、可靠，舒适、方便，提高工作效率的目的。人在作业环境中进行活动必然会与作业中的机器、设备、工具等作业对象产生一定的关联，合理的作业空间能避免给人带来空间的不适感，还可促进人和机器的功能有效发挥。

7.2.1　作业空间安全性设计的基本原则

1. 作业空间的类型

人与机器设备等互相配合完成工作任务是在一定的空间范围内进行的。人在完成工作任务过程中的活动空间，即设备、工具、被加工对象等所占据的空间称为工作空间或者作业空间。按照作业空间包含的范围不同，可以将其分为近身作业空间、个体作业场所和总体作业空间。

1) 近身作业空间

近身作业空间是指作业者在某一固定的工作岗位上，考虑人体的静态或动态的尺寸限制，保持站姿或坐姿的工作姿势，完成作业任务时所涉及的空间范围。

2) 个体作业场所

个体作业场所是指作业者周围与作业有关的、包含设备因素在内的作业区域，简称为作业场所，如吊车驾驶室。在个体作业场所中，不仅要考虑近身作业空间，还要考虑信息显示器、控制器、操作目标的布置，以有利于操作者准确、快速地获取信息并及时操作。

3) 总体作业空间

将彼此之间有相互联系的多个个体作业场所布置在一起就构成了总体作业空间。总体作业空间不是直接的作业场所，而是反映个体作业场所之间尤其是多个作业者之间的相互联系。

广义上讲，作业空间的设计就是结合考虑人的生理、心理等方面的因素，对作业空间中的作业者、机器、设备、工具等按照工艺流程、作业者的要求进行合理的布置，提高整个人机系统的可靠性和经济性。狭义上讲，作业空间设计就是为了合理设计作业者的坐姿或站姿工作岗位，确保作业者工作的健康、安全和舒适。

2. 作业空间设计的步骤

(1) 前期调研。要制定作业空间的设计目的和任务，必须要对现场情况进行调查研究。一方面需要了解作业内容、作业过程、作业所需的工具和设备、作业的生产要求与环境要求等；另一方面需要了解工作人员群体的人体尺度、人体模型、培训要求等。

(2) 确定初步设计方案。根据前期的调研结果总结作业空间的设计要求，确定初步的设计方案，即空间的初步规划。结合作业性质及工艺特点等布置现场作业者和作业对象。

(3) 空间模型。空间模型有比例模型和全尺寸模型两种。比例模型是一种抽象的概念性描述；全尺寸模型可以作为一模拟手段，检验现实的作业空间设计是否合理，舒适性是否满足，有助于设计者全面分析并改进设计结果。作业空间设计模型往往被应用于设计一些重要而且复杂的作业空间(如井下调度中心控制室)。

(4) 讨论并修正设计方案。对初步的设计方案进行多方论证，调整其中未体现出设计要求的部分内容，补充和改进不足之处，并进行空间的总体合理性验证。

(5) 撰写设计报告。设计报告是对整个设计过程的全面描述，体现了设计师的设计思想及设计手段。它包括空间设计概念的建立、问题的提出以及问题的解决方法。

3. 作业空间设计应遵循的原则

操作者对作业空间的具体要求受到很多因素的影响，例如作业特点、作业空间特点、视觉范围、作业姿势、个体因素、维修活动等。为了使作业空间设计的既经济、合理，又能给作业人员的操作带来舒适和方便，作业空间设计时一般应遵守以下原则：

(1) 正确协调总体设计与局部设计相互之间的关系。作业空间的设计应从全局的角度出发，保证空间内人和机的合理布局，避免某一处的作业者和作业对象过于集中，造成该处的空间劳动负荷过大。在此前提下，再考虑空间内各局部要素之间的平衡与协调。由于总体与局部之间相互依存而又相互制约，因此需要正确协调它们之间的关系。

(2) 工作空间的设计要以人为中心，以设备为切入点。也就是说，设计的时候要围绕操作要求，把人的生理心理需求作为设计的主要依据，最终为操作者设计一个舒适的作业环境。如果依据人体测量数据设计时，则要保证至少 90% 的操作者都能够适应而且可操作。

7.2.2　作业场所空间布置

作业空间布置是指在有限的作业空间内，在完成作业面设定的前提下，合理地安排与布局显示器、控制器等其他作业对象。工作空间的设计应实现人—机—环境的全局整体性和局部协调性。既需要从机器、设备的功能和结构因素上考虑如何方便地完成工序并保证一定的经济性，又要从作业主体人上考虑如何高效地完成工作任务并保证一定的安全性。

1. 作业场所布置的原则

由于作业场所工艺复杂，人员繁多，现场的机器设备也种类不一。虽然每种机器设备都有自身在作业场所的最优放置点，但不可能保证所有的机器设备都在最理想的位置。因此，需要按照一定的原则安排各自的位置，以最大程度方便作业者进行操作。

(1) 重要性原则。依据设施或元件重要程度进行空间布置，最重要的显示器、控制器或其他重要装置放置在空间最佳作业区域内，便于作业者的观察和操作。

(2) 使用顺序和频率原则。按设施或元件的使用频率和操作顺序进行布置。依据作业的先后顺序，使用频率较高的放置在最佳操作范围内，并把它们相互间的位置尽可能排列接近些，形成一条流畅的操作路线。

(3) 功能原则。按空间内设施或元件所具有的功能进行布置，功能相同或相互联系的设施和元件进行适当编排，便于操作和管理。

(4) 组织原则。整个作业空间的布置既要便于操作，还应按作业安全、人流、物流的组织来进行。

实际应用中，只能优先遵循上述原则中的一种，因为满足了某一原则，有可能会削弱另一原则。一般情况下，对作业场所在区域定位时，适用重要性和使用频率原则；在对某一区域内的所有机器设备进行布置时，适用使用顺序和功能原则。

2. 主要工作岗位的空间尺寸

对作业场所进行布置时，除了要了解人的身体测量数据和机器设备等固有的尺寸以外，还要考虑动态作业时人的舒适活动范围以及机器设备与周围环境之间合理的间距尺寸。人在作业场所中会从事一些主要的生产工作，同时，也会进行一些故障排查或检修工作等，工作空间尺寸是否合适对工作效率有着很大的影响，因此必须要进行合理的设计。

1) 工作间

工作间是操作者的主要活动场所，为了使操作人员活动自如，避免产生心理障碍和身体损伤，要求工作地面积大于 $8\ m^2$，每个操作者的活动面积应大于 $1.5\ m^2$，且自由活动场地的宽度大于 $1\ m$。最优活动面积为 $4\ m^2$。不同作业姿势的操作者所需要的工作空间尺寸也不同，如表 7-15 所示。

表 7-15　基本尺寸要求

作业者	工作空间/m^3
坐姿工作人员	12
不以坐姿为主人员	15
重体力作业者	18

2) 机器设备与设施间的布局尺寸

作业场所中多台机器协同作业时，机器设备与设施间要保持足够的空间距离。按照各活动机件处于正常作业时能达到的最大范围计算，所需要的最小间距如表 7-16 所示。另外，如果是高于 $2\ m$ 的运输线，需有附加牢固护罩。

表 7-16　不同设备类型之间的最小间距　　　　　　　　　　　　m

间 距 类 型	设备类型		
	小型	中型	大型
加工设备之间	0.7	1	2
设备与墙、柱	0.6	0.7	0.9
操作空间	0.6	0.7	1.1

3) 办公室管理岗位和设计工作岗位

多人共同作业的办公区域，空间太小会使人肢体难以伸展，过于收缩会带来身体的不适感。而从心理方面考虑，空间太小会使作业者缺乏私密空间，容易感到拘谨，不利于工作的进行。因此，办公室管理岗位和设计工作岗位的空间设计，应同时从生理和心理的角度考虑。办公室人员的空间尺寸如表 7-17 所示。

表 7-17　办公室人员的空间尺寸

空间尺寸 ╲ 人员类别	面积/m^2	活动空间/m^3	高度/m
管理人员	≥5	≥15	≥3
设计人员	≥6	≥20	≥3

3. 辅助性工作场地的空间设计

工作场所的出入口、通行道、楼梯、扶梯和斜坡道等。这些辅助性的工作场地又称为公共工作位置或公共活动区域，也是作业空间重要组成部分。因此，除了主要工作岗位的空间尺寸以外，还必须考虑这些辅助的工作场地尺寸。

1) 出入口

对于一些封闭的工作区域，往往必须要考虑设置一些常规出入口供日常通行，允许预期的人员、车辆和货物不受限制地通过。出入口的位置不应使进、出人员意外地启动控制器或堵塞通往控制器的通道。应急出口还必须能用手或者脚一触即开，若采用把手或者按钮打开方式，操纵力应小于 220 N。

　　出入口的宽度和高度应视具体情况(如是否进出车辆及车辆和负荷的大小等)确定。仅供人员进、出的出入口，最小高度不得低于 2.1 m，最小宽度不得窄于 0.81～0.86 m。除了用于防风雨或通风等其他用途以外，出入口一般应避免采用门槛。

　　封闭的工作场所还要有必要的应急出口，用以特殊紧急情况下人员的疏散。因此，应急出口的设计既要保证人员的迅速撤离，又要考虑救援装备和防护服，如表 7-18 所示。

mm

表 7-18　应急出口的尺寸

应急出口的类型	尺　寸	
	最小	最优
矩形门窗开口	405 × 610	510 × 710
方形门窗开口	460	560
圆形门窗开口	560	710

2) 通道和走廊

　　工作区域经常存在一条或几条通道和走廊，在设计它们的高度、宽度和位置时，都应考虑该区域预定的人流和物流的大小和方向。

　　对仅供人通行的人行道和走廊来说，其尺寸相对可小些。但为了使人们通过不受限制，应在人体测量数据基础上，采用修正系数的办法，为穿臃肿防护服和携带装备的人员留出足够的余隙。例如，按人体测量尺寸，一个人可以侧身或者其他姿势通过 510 mm 宽的走廊。然而在考虑了着装等因素后，单人或单向通行的走廊宽度至少应为 760 mm。表 7-19 所示是各种通道的尺寸值；图 7-14 是对应的尺寸位置。

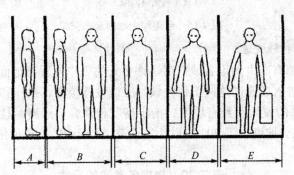

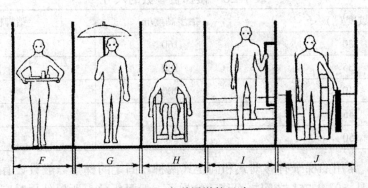

图 7-14　各种通道的尺寸

表 7-19　各种通道的尺寸　　　　　　　　　　　　　　　　mm

代号	A	B	C	D	E	F	G	H	I	J
静态尺寸	300	900	530	710	910	910	1120	760	单向 760	610
动态尺寸	510	1190	660	810	1020	1020	1220	910	双向 1220	1020

设计通道和走廊，应选择在视线良好的区域，尽量设双向通道，避免单向，保证通道流畅；明确通道的实质用途，避免作业者在其内搬运设备；为通道设置必要的标记及结构形式。图 7-15 所示为通道和走廊的最小空隙。

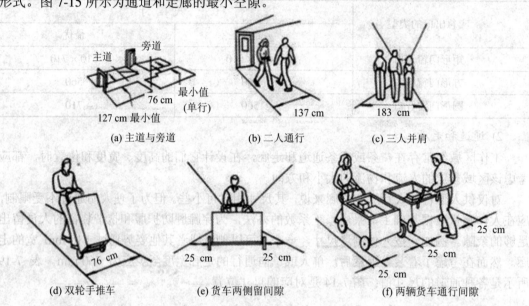

图 7-15　通道和走廊的最小空隙

3) 楼梯、扶梯和斜坡道

现代企业一般都有高大的设备或厂房，许多人的工作位置离地面都有一定的高度，为了最快、最有效地进入或通过这些工作区域，应该设置楼梯、扶梯和斜坡道。

(1) 楼梯。楼梯的设计参数有坡度、抬步高度和踏脚板深度。楼梯的最佳斜度应设计为 30°～35° 角左右，坡度小于 20° 应设计为坡道，大于 50° 应该使用梯子。楼梯各参数的尺寸如图 7-20 所示。

表 7-20　楼梯各参数的尺寸

坡度/(°)	抬步高度/m	踏脚板深度/m
30	160	280
35	180	260
40	200	240
45	220	220
50	240	200

(2) 梯子。常用的梯子有移动式和固定式两种。固定的梯子一般设计有扶手，称为扶梯，坡度范围是 50°～75° 之间。而移动的梯子一般可折叠，所以使用时应使其坡度大于

70°，防止出现滑移。梯子的坡度决定其抬步高度和踏板深度，坡度越小，踏板越深，而抬步高度也越小，具体尺寸可参考楼梯设计参数。

(3) 斜坡道。作业场所中有时会碰到两个不同高度的作业面，为了便于在这两个作业面之间进行装卸货物、运输重物等作业，需要设计一个连接两个作业面的地面通道，通常称为斜坡道。斜坡道的设计要考虑的是作业者的个人力量和操作安全性，一般对于手推车和运货车，斜度不能超过 15°，无动力时设计坡道要缓一些。而且坡道的表面也要防滑，并在两边安装扶手，在此上进行搬运作业的设备还要设计刹车装置。

4) 平台和护栏

(1) 平台。在生产中，常要求作业人员升至设备的最佳(或至少可以忍受)操作距离之内进行作业，就需要采用平台围绕工作区域或在工作区域相关部分之间提供连续的工作面。

在生产中，根据情况往往要求将作业人员升至设备的最佳操作范围之内进行作业，这时就需要建立围绕工作区域或在工作区域的相关部分建立连续工作面，这种工作面叫平台。平台的设计要求负荷要大于实际负荷，并与相邻工作设备表面的高度差小于±50 mm，平台的尺寸不得小于 910 mm×700 mm，空间高度大于 1800 mm。此外，还要在平台面板四周装踢脚板，高度不得小于 150 mm。

(2) 护栏。当护栏或走廊高度高出地面 200 mm 时，为防止作业人员从高处工作位置或地板开口掉下去，在所有敞开侧都必须装设护栏。护栏的扶手高度应根据第 95 百分位的人体垂心高度和可能携带的最大负荷量对重心高度的影响确定，其数值应大于 1050 mm。护栏可采用网状结构。当采用非网状结构形式时，护栏的立柱间距应小于 1000 mm，横杆间距应小于 380 mm。

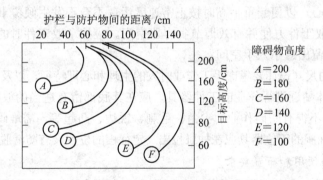

图 7-16　栏杆与防护物的间距关系

4. 工位器具的设计

工位器具是指企业在生产现场(通常指生产线)或仓库中用以存放生产对象工具的各种装置。它包括常用的辅助性器具，一般都是用来盛装各种零部件、原材料等，能同时满足生产的需要和方便生产工人的操作。工位器具的设计是否合理、适用，对作业环境有着很大的影响，设计时需要考虑工位器具的选用、工件器具设计要求、工位器具的使用和布置要求等内容。

1) 工位器具的选用

工位器具按其用途可分为通用和专用两种：通用的工位器具一般适用于单件小批生产；

专用的工位器具一般适用于成批生产。

工位器具按其结构形式可分为箱式、托板式、盘式、筐式、吊式、挂式、架式和柜式等。选用方法如下：

(1) 原材料毛坯等不需隔离放置的工件可选用箱式和架式。

(2) 大型零部件等可选用托板式。

(3) 小工件、标准件等可选用盘式。

(4) 需要酸洗、清洗、电镀或热处理的工件可选用筐式。

(5) 细长的轴类工件可选用吊式、挂式、架式。

(6) 贵重及精密件如工具、量具可选用柜式。

2) 工件器具设计要求

(1) 周转运输首先应考虑工件存放条件、使用的工序和存放数量，需防护部位及使用过程残屑和残液的收集处理等，并要求利用和现场定置管理。

(2) 应使工件摆放条理有序，并保证工件处于自身最小变形状态，易磕、砸、划伤部位应采用加垫等保护措施。

(3) 应便于统计工件数量。

(4) 要减少物件搬运及拿取工件的次数，一次移动工件数量要多，但同时应对人体负荷、操作频度和作业现场条件加以综合考虑。

(5) 依靠人力搬运的工位器具应有适当把手和手持部位。

(6) 重量大于 25 kg 或不便使用人力搬运的工位器具应有供起重的吊耳、吊钩等辅助装置，需用叉车起重的应在工位器具底部留有适当的插入空间，起吊装置应有足够的强度并使其分布对称于重心，以便起重抬高时按正常速度运输不至于发生倾覆事故。

(7) 应保证拿取工件方便并有效地节省容器空间。应按拿取工件时的手、臂、指等身体部位伸入形式，留出最小入手空间。

(8) 工位器具的尺寸设计要考虑手工作业时人的生理和心理特征，以及合理的作业范围。

(9) 对需要身体贴近进行作业的工件器具，应在其底部留有适当的放脚空间。

(10) 工位器具不得有妨碍作业的尖角、毛刺、锐边、凸起等，需堆码放置时应有定位装置以防滑落。带抽屉的工位器具应在抽屉拉出一定行程的位置设有防滑脱的安全保险装置。

3) 工位器具的使用和布置要求

(1) 放置的场所、方向和位置一般应相对固定，方便拿取，避免因寻找而产生走路、弯腰等多余动作。

(2) 放置的高度应与设备等工作面高度相协调，必要时应设有自动调节升降高度的装置，以保持适当的工作面高度。

(3) 堆码高度应考虑人的生理特征、现场条件、稳定性和安全。

(4) 带抽屉的工位器具应根据拉出的状态，在其两侧或正面留出手指、手掌和身体的活动距离。

(5) 为便于使用和管理，应按技术特征用文字、符号或颜色进行编码或标示，以利于识别。

(6) 编码或标示应清晰、鲜明，位置要醒目，同类工位器具标示应一致。

7.2.3　作业姿势与作业空间布置

正确的人体姿势和体位可以减少静态疲劳，有利于保证人的身体健康和工作质量，提高劳动生产率；反之，作业姿势不舒适，例如久站不动，长期地或经常重复地弯腰(指脊背弯曲角超过 15°)，经常重复地单腿支撑，手臂长时间向前伸直或伸开等，容易导致作业疲劳，时间久了甚至会引起劳损(如驼背、腰肌劳损和肩肘腕综合征等)，是职业病的一大起因。因此，作业的时候一定要尽量避免不正确的姿势。

生产活动中常见的作业姿势一般可以分为坐姿、立姿、坐—立交替姿势等。

1. 坐姿

坐姿是指身躯伸直或稍向前倾角为 10°～15°，上腿平放，下腿一般垂直地面或稍向前倾斜着地，身体处于舒适状态的体位。它适合于从事轻、中作业且不要求作业者在作业过程中走动的工作。坐姿不易疲劳，持续工作时间长；身体稳定性好，操作精度高；手脚可以并用作业；脚蹬范围广，能正确操作。

1) 适合坐姿的作业

(1) 持续时间较长的静态作业。坐姿时，支持身体的力较小，腿上消耗的能量和负荷较小，血液循环畅通，可减少疲劳和人体能量的消耗。

(2) 精密度要求高而又要求仔细的作业。坐姿时，若设备振动或移动，则人体有较大的稳定度和平衡度。

(3) 需要手足并用，并对一个以上踏板进行控制的作业。坐姿时，双脚容易移动，可借助座椅支撑对脚控制器施以较大力量。

2) 坐姿作业设计的因素

坐姿作业通常是在作业面上进行的，作业范围为操作者手和脚可伸及的一定范围的三维空间。空间布置时需要考虑的因素主要包括工作台、作业范围、人体活动余隙和工作座椅等的尺寸和布局等。

(1) 坐姿工作面的高度。坐姿工作面的高度取决于人体参数和作业性质等因素。设计工作面的高度时应以人体坐高或坐姿肘高的第 95 百分位数值作为参考数据。若少部分作业者无法适应这一设计高度时，可以选择合适的脚垫或踏板。一般不同作业高度适合不同性质的作业，如图 7-17 所示。工作面的高度可调最佳，这样操作者就可以根据工作性质和身高随时调节适宜的操作高度，如图 7-18 所示。

① a 适合对视力强度、上肢活动精度和灵活性要求很高的作业，如高精度轴组装配。工作面高度一般选为(880±20) mm，眼睛与被观察物体之间的距离为 120～250 mm，能区分直径小于 0.5 mm 的零件。

② b 适合对视力强度要求较高的工作，如仪表的组装，精确复制和画图等，工作面高度一般选为(840±20) mm，眼睛与被观察物体之间的距离为 250～350 mm，能区分直径小于 1 mm 的零件。

③ c 适合一般的作业要求，如一般的钳工、坐着的办公工作等，工作面高度一般为(740±20) mm，眼睛与被观察物体之间的距离小于 500 mm，能区分直径小于 10 mm 的零件。

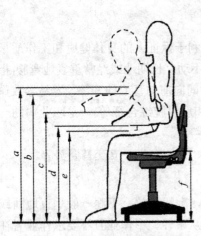

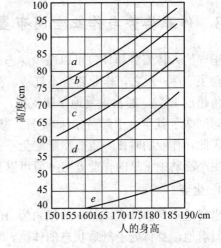

图 7-17　坐姿作业面的高度　　　　　图 7-18　工作面高度与身高和工作性质的关系

④ d 适合精度要求不高、需要较大力气才能完成的手工作业，如电脑输入数据、产品包装、大零件安装等，工作面高度一般为 (680 ± 20) mm，眼睛与被观察物体之间的距离大于 500 mm。

⑤ e 适合视力要求不高的作业，如操作一般机械等，工作面高度一般为 (600 ± 20) mm，眼睛与被观察物体之间的距离大于 400 mm。

从人体参数方面看，一般用座面高度加 1/3 坐高或坐姿时高减 25 mm 来确定工作面高度。一般固定的工作面高度是按照坐高或坐姿肘高的第 95 百分位数值设计的。对于这种固定的工作面，在工作面高度不适合某些人的身高时，可以正确选择座面和脚垫(踏板)的最佳高度来调整。从作业性质来说，作业需要的力越大，则工作面高度就应越低；作业要求视力越强，则工作面的高度就应该越高。

(2) 工作面宽度。工作面的宽度根据使用功能不同具体设定，如表 7-21 所示。

表 7-21　工作面的宽度

使用功能	宽度/mm	
	最小宽度	最佳宽度
仅供肘靠	100	200
仅当写字面	305	405
办公桌	—	910
实验台	根据实际情况确定，厚度为 50 mm	

(3) 坐姿作业范围：

① 水平面作业范围。水平面作业范围是指人坐在工作台前，以肩峰点为轴心，手臂在水平面上运动形成的轨迹范围，如图 7-19 所示。为适应至少 90% 以上的人群，肩峰点位置由 1/2 胸厚 g (取第 95 百分位数)和 1/2 肩宽 h (取第 5 百分位数)的交点确定。

最大水平面作业范围是指手臂向外伸直形成的轨迹范围，它主要由上肢前展长 k 决定。工作面上最远点的距离为 600 mm。

正常水平面作业范围是指手臂自然弯曲形成的轨迹范围，它主要由前臂前展长 j 决定。工作面上最远点的距离为 400 mm。k 和 j 均取第 5 百分位数。

② 垂直面作业范围。垂直面作业范围是上肢以肩峰点为轴心，在矢状面内上下运动手臂所形成的轨迹范围，如图 7-20 所示。垂直面中的肩峰点位置，是以坐标位表面为基准，由坐姿肩高 f(取第 5 百分位数)确定的。最大垂直面作业范围最高点的垂高为 $n+m+k$，正常作业范围的最高点的垂高为 $n+m+j$。其中，n 为臀高，m 为座面高。

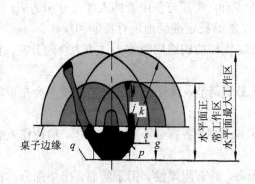
图 7-19　水平作业面的范围

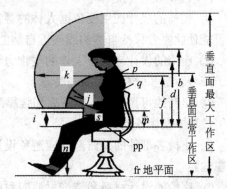
图 7-20　垂直作业面的范围

(4) 容膝空间。采用坐姿完成作业时，腿和脚在工作台下的充分活动空间称为容膝空间，如图 7-21 所示。在设计坐姿用工作台时，一般需要参考脚的可达到区布置容膝空间，相关尺寸如表 7-22 所示。

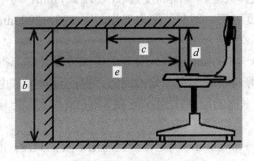
图 7-21　容膝空间

表 7-22　容膝空间的尺寸

符号	尺度部位	尺寸/mm	
		最小	最大
a	容膝空间宽度	510	1000
b	容膝空间高度	640	680
c	容膝空间深度	460	660
d	大腿空隙	200	240
e	容腿空间深度	660	1000

必须根据脚可达到区在工作台下部布置容膝空间，以保证作业者在作业过程中，腿脚

能有方便的姿势。

3) 座椅的设计

虽然坐姿作业可以减少体能消耗，减少疲劳，有利于保持身体稳定，改变了以脚支撑全身的状况，有利于发挥脚的作用。但是，不正确的坐姿会导致腰椎突出等疾病，因此设计符合人生理及心理需求的座椅非常重要。

(1) 座椅设计原则：

① 座椅的尺寸应主要依据人体的测量数据设计，使其与使用者的人体尺寸相适应，并尽可能使就座者保持自然的或接近自然的姿势，能够稳定准确地进行控制和操作。

② 座椅的设计应符合人体的生物力学特征。座椅的构造应能将人体重力合理分布，有助于减少背部和脊柱的疲劳与变形。

③ 座椅的可调部分，如座高和腰靠高，应易于调节，保证已调节好的位置不会在正常使用过程中发生松动。

④ 座椅各部件的外露部分应避免设计成尖锐形状，各部分不得存在挤压、剪钳伤人的潜在危险。

⑤ 座椅的设计材料和装饰材料应耐用、无毒，具有阻燃性。用于腰靠、坐垫部分的材料及外包层应采用不导电材料，柔软防滑，有好的透气性。

(2) 座椅设计的主要参数：

① 座面高度应根据坐姿腘窝高和坐姿时高的第 95 百分位设计，矮身材人可通过脚踏板(脚垫)调整。按我国人体尺寸，椅面高度宜取(420±20) mm。为了适应不同身材操作者需要，座椅最好设计成高度可调，调节范围为工作面下 270～290 mm，此时上半身操作姿势最方便。

② 座深一般按 350～400 mm 选取。合理的座深应能使臀部得到全面的支撑，腰部得到靠背的支撑，座面前缘与小腿间有一定的间隙，保证小腿可自由活动。座椅放置的深度距离(工作面边缘至固定壁面的距离)，至少应在 810 mm 以上，方便作业者起立、坐下及移动椅子。

③ 座宽一般取 400～500 mm，满足臀部就座所需要的尺度，使人能自如地调整坐姿。

④ 人在工作时身体会前倾，若倾角过大，会因为身体前倾而使脊椎拉直，破坏正常的腰椎曲线，所以座椅座面倾角一般小于 3°。

⑤ 靠背可以保持脊椎处于自然形状的放松姿势，分为腰靠和肩靠。作业场所的座椅大部分属于腰靠。靠背的最大高度可达 480～630 mm，最大宽度为 350～480 mm。支撑腰部以下的骨骼部分能增加舒适感，靠背下沿与座面之间最好留有一定的空间(70～80 mm 以上)，以容纳向后挤出的臀部肌肉。靠背的横截面可设计成半径大于 1000 mm 的圆弧。

⑥ 靠背与座面夹角一般可取 95°～105°，若小于 90°，腹部会受压迫；夹角太大会降低人的警觉状态。

⑦ 一般坐垫的高度是 25 mm。太软、太高的坐垫，易造成身体不稳，反易产生疲劳。

⑧ 扶手高度适宜时不致引起肩部酸痛。休息扶手高度一般取 200～230 mm，两扶手的间距可取 500～600 mm，运输工具中两扶手间距可取 400～500 mm。

座椅的扶手至侧面固定壁面的距离不得小于 610 mm，可允许作业者自由伸展胳膊等。

4) 脚活动空间

对于脚踏板、脚踏按钮这类控制器，需要用脚完成操作。脚的操作力比手大，但操作精度低，活动范围较小。脚的活动范围分布在身体前侧座面以下的区域，其舒适的作业空间与身体尺寸和作业性质有关，图 7-22 所示为脚活动空间。图中舒适伸展角约 90° 时最佳，当以脚掌为中心转动时，可向外或向内转 45°。图中右侧阴影区为人体中线左右各 15°，黑色阴影区是脚的灵活作业范围，适宜布置使用频率高的元件，其他区域需要大小腿协调动作。

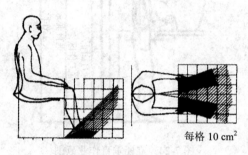

每格 10 cm²

图 7-22　脚的作业范围

2. 立姿

立姿是指人站立时上体前倾角小于 30° 时所保持的姿势。它适合于从事中、重作业，或由于设计参数或工作场所受到限制无法采用坐姿完成的工作。在立姿作业时，作业者可改变体位，减少疲劳和厌烦，不需要考虑容膝空间。

1) 宜采用立姿的作业

(1) 立姿不易消耗体能，适合需要频繁改变操作体位的作业。

(2) 立姿可随意走动，视觉范围或者手臂作业范围大，可操纵分布在较远区域的常用控制器或者需要手足有较大运动幅度才能完成的作业。

(3) 立姿时手臂力量较大，可操作大操纵杆，适合需要用力较大的作业。

2) 立姿作业设计的因素

设计立姿作业的空间尺寸需要考虑工作台、作业范围和工作活动余隙等的尺寸和布局。

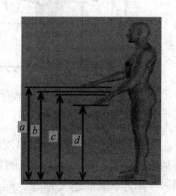

(1) 立姿工作面的高度。立姿工作面的高度主要取决于身高，还与许多其他因素有关，例如作业时施力的大小、视力要求和操作范围等。立姿工作面高度应按身高和肘高的第 95 百分位数设计。对男女共用的工作面高度按男性的数值设计。与坐姿作业类似，不同的立姿作业面高度也适合不同性质的作业，如图 7-23 所示。

① a 适合精密工作或靠肘支撑的工作(如绘图，书法等)，台面高度为 1050～1150 mm。

② b 适合的台面高度为 1130 mm，适合虎心钳的固定高度。

图 7-23　立姿作业面的高度

③ c 适合灵巧的工作，轻手工工作(如包装、安装等)，台面高度为 950～1000 mm。

④ d 要求用力大的工作(如刨床，重钳工等)，台面高度为 800～950 mm。

(2) 立姿作业范围。立姿作业的水平面作业范围与坐姿时相同，垂直面作业范围的设计如图 7-24 所示。

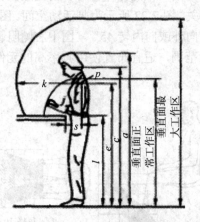

图 7-24　立姿垂直作业范围

与坐姿作业范围不同的是，垂直面作业范围的肩峰点需要结合以下几个参数确定：肩高 e 的第 5 百分位数、1/2 胸厚 g 的第 95 百分位数和 1/2 肩宽 h 的第 5 百分位数。同样，为了使作业范围适应 90%以上的人群，上肢前展长 k、前臂前展长 j、肘高 l 和站姿眼高 c 均取第 5 百分位数。这样，立姿时最大作业范围的最高点由 $e+k$ 确定，舒适作业范围的最高点由 $l+k$ 确定。图 7-25 所示为立姿作业时的最大和最佳作业范围。

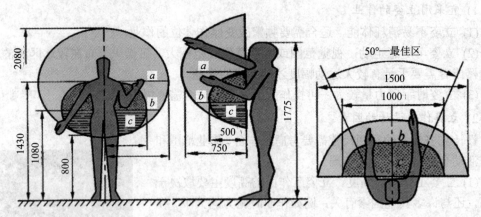

图 7-25　立姿的最大和最佳作业范围(单位：mm)

3) 工作活动余隙

立姿时作业者的活动幅度较大，为了不使人的动作受到限制，必须在周围留有一定的活动余隙。应按照人体尺寸的第 95 百分位数值加冬季身着防寒服的修正值设计，在条件允许的情况下该值越大越好。但是需要满足以下基本要求：

(1) 作业者所在的工作面边缘与身后墙壁之间的距离为站立用空间，需大于 760 mm，最好大于 910 mm。

(2) 身体左、右两侧间距为身体通过的宽度，需大于 510 mm，最好大于 810 mm。

(3) 在局部位置侧身通过的前、后间距为身体通过的深度，需大于 330 mm，最好大于 380 mm。

(4) 供双脚行走的凹进或凸出的平整地面宽度为行走空间宽度，需大于 305 mm，最好大于 380 mm。

(5) 虽然立姿作业不严格要求设计容膝容足空间，但最好提供，因为这样可以使作业者站在工作台前屈膝和向前伸脚，既增加了舒适感，又使身体更靠近工作台，上肢在工作台上的可及深度可以更大。容膝空间和容足空间应分别至少满足 200 mm 和 150 mm × 150 mm，当条件允许时，该值越大越好。

(6) 地面和顶板之间的距离为过头顶余隙。过头顶余隙可以指房高，有时也指机器附近的操纵控制室的高度。过头顶余隙过小容易产生压迫感，影响作业效率和持久性，最小应大于 2030 mm，最好大于 2100 mm 以上，而且在此高度下不应有任何构件通过。

4) 立姿活动空间

立姿作业允许作业者自由移动身体，作业区域较大，作业的对象也较多，同时人体各部位运动的幅度也比较大。作业者应选好作业位置，避免作业时出现伸臂过长的抓握、蹲身或身体扭转等姿势。立姿手臂活动空间如图 7-26 及图 7-27 所示，其中粗实线为手操作的最大范围；左边的虚线为手操作的正常范围，位于中间的虚线为最有利的抓握范围。

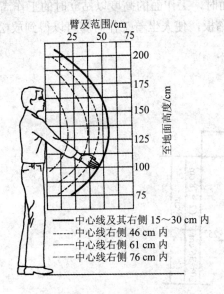

图 7-26　立姿单臂作业空间

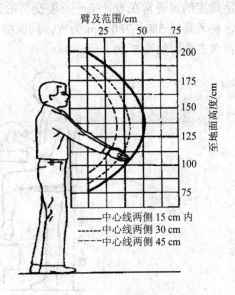

图 7-27　立姿双臂作业空间

3. 坐—立姿交替

作业工程中有时为了避免坐姿和立姿作业的缺点，不得不采用坐—立姿交替的方式完成作业。长期坐姿作业会导致腰椎疾病和心理性疲劳，而长期立姿作业会导致肌肉疲劳，都可以通过转换作业姿势加以改善、消除。由此可见，坐—立姿交替的作业方式可以通过变换作业体位，避免长期处于一种体位而引起的身体疲劳。

在坐—立姿作业设计时应考虑工作面高度、坐—立交替作业的座面高等因素。此外，在选用人体测量数据参数时，增加了两个坐姿作业的参数：坐姿膝窝高 n 和大腿厚 i，如图7-28 所示。

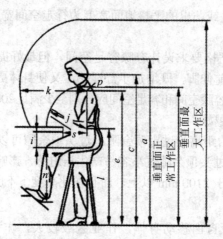

图 7-28 坐—立姿交替作业垂直面布局设计

坐—立姿交替作业的工作面高度、水平面和垂直面的最大作业范围和正常作业范围，都可以参照单独采用立姿作业的结果进行设计。但坐—立姿交替作业的座面与坐姿作业时的座面高不同，而是由立姿时的工作面高度减去工作台面板厚度和大腿厚度 i 的第 95 百分位数所确定的。通常在设计坐—立姿交替的工作面时，工作面的高度以站立时的工作高度为准，椅子高以 680～780 mm 为宜，同时提供脚踏板，使人坐着工作时脚可以得到放松，便于持久工作，如图 7-29 所示。

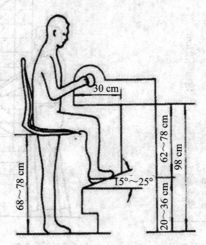

图 7-29 坐—立姿交替的工作面

坐—立姿交替作业中的座椅也是设计中很重要的一个因素。首先座椅应该可移动，立姿的时候可移开原位以方便立姿作业。其次，座椅的高度应可调，保证不同身高的操作者都可以适应。还应该提供脚垫，避免座椅过高导致座面前缘压迫大腿。

4. 其他姿势

除了正常的生产作业以外，大量的作业者从事机器设备安装、维修工作。当他们进入设备和管路布置区域或进入设备和容器的内部时，由于空间的限制，往往只能采取蹲姿、跪姿和卧姿等，如图 7-30 所示。

虽然这类空间大小有限，但在设计时必须考虑能够使作业者顺利通过。为了避免此类空间的尺寸过小，一般采取人体测量数据的第 95 百分位或者更高百分位数的数值作为依据，还要满足冬季穿着防寒服采用修正系数的要求。常见的几种姿势的空间尺寸要求见表 7-23。

表 7-23　受限作业空间尺寸/mm

代号	A	B	C	D	E	F	G	H	I	J	K	L	M	N	O	P	Q
高身材男性	640	430	1980	1980	690	510	2440	740	1520	1000	690	1450	1020	1220	790	1450	1220
中身材男性及高身材女性	640	420	1830	1830	690	450	2290	710	1420	980	690	1350	910	1170	790	1350	1120

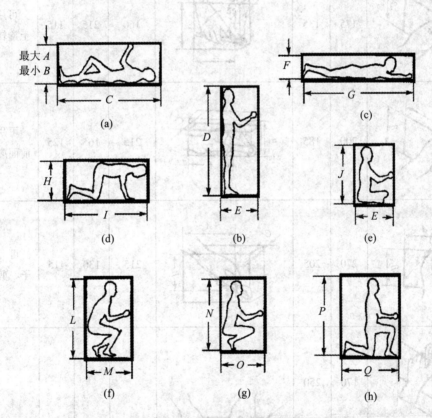

图 7-30　其他作业姿势的空间尺寸

检修时需要考虑两方面的问题：一是要求确保能够顺利到达检修点，因此检修通道必须采用使人体、零部工具等容易通过的形状。设计时还要考虑人携带零件和工具时的余隙以及人在通道内的视觉要求。最好将检修点布置在容易接近的设备表面或者设备内部容易接近的区域。还要远离高压电或危险转动部件。二是要确保在检修点可进行维修工作。使检修点的作业空间允许维修者在其内伸展自如，不致损伤肌肉骨骼组织等。由标准工具尺寸和使用方法确定的维修空间的尺寸如表 7-24 所示。

表 7-24　由标准工具尺寸和使用方法确定的维修空间的尺寸

开口部尺寸	尺寸/mm		开口部尺寸	尺寸/mm			使用工具
	A	B		A	B	C	
	140	150		135	125	145	可使用螺丝刀等
	175	135		160	215	115	可用扳手从上旋转60°
	200	185		215	165	125	可用扳手从前面旋转60°
	270	205		215	130	115	可使用钳子、剪线钳等
	170	250		305	150		可使用钳子、剪线钳等
	90	90					

习　题

7-1　什么是高温作业？高温作业环境如何界定？

7-2　高、低温作业环境对人体有哪些主要影响？如何改善不良作业温度环境？

7-3　什么是噪声性耳聋？噪声性耳聋有哪几种？评价噪声性耳聋的标准是什么？

7-4　简述噪声强度、噪声频率和噪声暴露时间对人耳听力的影响。

7-5　测量某车间的噪声，在一天 8 h 的工作时间内，81 dB(A)的暴露时间为 2 h，86 dB(A)的暴露时间为 3 h，94 dB(A)和 100 dB(A)的暴露时间都是 1.5 h，计算一天内的等效连续声级。

7-6　工业企业建筑物照明按照明形式分为哪几种？人工照明按灯光照射范围和效果又分为哪几种？选用何种照明方式与什么因素相关？

7-7　什么是照度均匀度？为什么对作业场所的亮度分布提出要求？亮度分布不同会产生什么样的生理、心理影响？

7-8　工作房间色彩调节的主要依据是什么？如何配色才能提高工效？

7-9　安全标志中安全色的含义是什么？怎样配置对比色？

7-10　空气污染按存在状态是如何分类的？主要的污染源有哪些？

7-11　车间空气调节的目的是什么？通风换气的主要方法有哪几种？

7-12　什么是坐姿最大平面作业范围和最舒适作业范围？

7-13　机器设备的布置应该遵循哪些原则？举例说明当这些原则相互矛盾时，如何实现最优布置？

7-14　进行作业空间安全性设计的基本原则是什么？

7-15　试述作业姿势与作业空间布置的关系。

7-16　某火车售票岗位，前方为售票窗口，距离人体中心线 600 mm。在距离售票员身体中心线为 600 mm 的左、右两侧各布置一个 1200 mm 长的票柜，售票员两肩关节中心距离为 400 mm。试分析此作业空间的平面布置有何人机工程学方面的缺陷，并提出改进建议。

第8章　人机系统事故分析及安全设计

(1) 人机系统事故成因分析。
(2) 人机系统事故发生规律模型。
(3) 人机系统事故控制的基本策略。
(4) 人机系统安全设计。

(1) 理解所有可能的人与机相互关系中人机系统事故产生机理。
(2) 掌握人机系统事故成因的主要方面，树立人机系统事故成因分析的思路。
(3) 理解人机系统事故从发生到发展的规律模型，掌握人机系统事故发展规律。
(4) 掌握人机系统事故控制的思路及方法。
(5) 掌握人机系统安全设计的要点及方法。

保障系统安全是安全人机工程学追求的主要目标之一，在前面几章关于安全人机工程基本理论介绍的基础上，本章重点介绍揭示预防人机系统事故的方法。

8.1　人机系统事故成因分析

保障系统安全是安全人机工程学追求的主要目标之一，在人机系统运行过程中有可能发生事故，就有必要对人机系统可能产生的事故进行成因分析。分析事故是什么错误造成的，可为人机系统最佳安全设计提供思路，因而事故成因分析必然是人机工程学研究的重要内容。

8.1.1　事故致因的逻辑

引发事故的原因非常复杂，但依据安全人机工程学理论，从事故原因的角度可将事故的基本成因归纳为人的原因、物的原因、环境条件的原因这三大因素的多元函数，当然，系统安全管理、事故发生机理也构成事故发生与否的关键因素。由此观点得出的事故致因逻辑关系，如图 8-1 所示。

从事故致因逻辑关系可知，事故原因有人、物、环境、管理四个方面，而事故机理则是触发因素。从寻求事故对策的角度来分析，一般又将上述四个方面的原因分为直接原因、间接原因和基础原因。如果将环境条件归入物的原因，则人机系统中事故直接原因是人的不安全行为和物的不安全状态；间接原因就是管理失误；而基础原因一般是指社会因素。

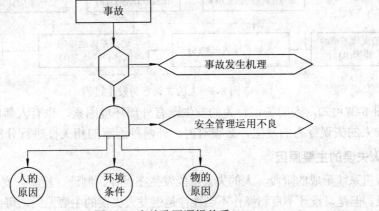

图 8-1　事故致因逻辑关系

所谓事故就是社会因素、管理因素和系统中存在的事故隐患被某一偶然事件触发所造成的结果。事故发生的后果轻则造成产量、质量的降低，重则造成物的损坏或人的伤害。图 8-2 所示为事故原因综合分析的思路。

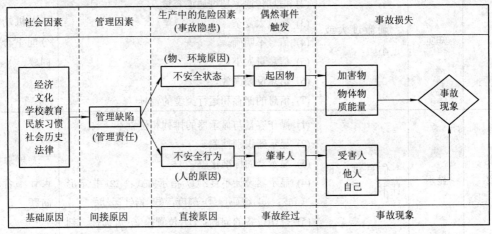

图 8-2　事故原因综合分析思路

8.1.2　人的不安全行为

从事故统计数据来看，发生事故的原因大多是人的不安全行为所致，其比例高达 70%～80%。随着现代科技水平的提高，人因事故比例还有进一步提高的趋势。因此，从提高人机系统安全性角度考虑，必须重视对人的不安全行为的研究。

1. 人的失误行为

人的行为是指人在社会活动、生产劳动和日常生活中所表现的一切动作。人的一切行为都是由人脑神经辐射，产生思想意识并表现于动作。

人的不安全行为是指造成事故的人的失误(差错)行为。在人机工程领域，对人的不安全行为曾做过大量研究，有较新的研究成果提出，人的不安全行为发生过程如图 8-3 所示。

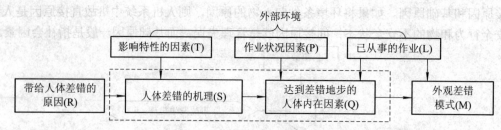

图 8-3　人的失误行为发生过程

由图 8-3 可知，人的失误行为的发生既有外部环境因素，也有人体内在因素。为了减少系统中人的失误行为的发生，必须对内、外两种因素的相关性进行分析。

2. 人失误的主要原因

按人机系统形成的阶段，人的失误可能发生在设计、制造、检验、安装、维修和操作等各个阶段。但是，设计不良和操作不当往往是引发人失误的主要原因，可由表 8-1 加以说明。

表 8-1　引发人失误的外部因素

序号	类型	失　误	举　例	所属范畴
1	知觉	刺激过大或过小	(1) 感觉通道间的知觉差异。 (2) 信息传递率超过通道容量。 (3) 信息太复杂。 (4) 信号不明确。 (5) 信息量太小。 (6) 信息反馈失效。 (7) 信息的储存和运行类型的差异	人机功能分配不合理问题
2	显示	信息显示设计不良	(1) 操作容量与显示器的排列和位置不一致。 (2) 显示器识别性差。 (3) 显示器的标准化差。 (4) 显示器设计不良：① 指示方式；② 指示形式；③ 编码；④ 刻度；⑤ 指针运动。 (5) 打印设备的问题：① 位置；② 可读性、判别性；③ 编码	人机界面设计不合理问题
3	控制	控制器设计不良	(1) 操作容量与控制器的排列和位置不一致。 (2) 控制器的识别性差。 (3) 控制器的标准化差。 (4) 控制器设计不良：① 用法；② 大小；③ 形状；④ 变位；⑤ 防护；⑥ 动特性	人机界面设计不合理问题
4	环境	影响操作机能下降的物理的、化学的空间环境	(1) 影响操作兴趣的环境因素：① 噪声；② 温度；③ 湿度；④ 照明；⑤ 振动；⑥ 加速度 (2) 作业空间设计不良：① 操作容量与控制板、控制台的高度、宽度、距离等；② 座椅设备、脚、腿空间及可动性等；③ 操纵容量；④ 机器配置与人的位置可移动性；⑤ 人员配置过密	环境不良

　　在进行人机系统设计时，若设计者对表 8-1 中的"举例"进行仔细分析，可获得有益的启示，使系统优化，将使诱发人的失误行为的外部环境因素得到控制，从而减少人的不安全行为。至于诱发人的失误行为的人体内在因素极为复杂，将其主要诱因归纳于表 8-2 中。

表 8-2　人失误的内在因素

项　目	因　素
生理能力	体力、体格尺度、耐受力、是否残疾(色盲、耳聋、音哑……)、疾病(感冒、腹泄、高温……)，饥渴
心理能力	反应速度、信息的负荷能力、作业危险性、单调性、信息传递率、感觉敏度(感觉损失率)
个人素质	训练程度、经验多少、熟练程度、个性、动机、应变能力、文化水平、技术能力、修正能力、责任心
操作行为	应答频率和幅度、操作时间延迟性、操作的连续性、操作的反复性
精神状态	情绪、觉醒程度等
其他	生活刺激、嗜好等

8.1.3　物的不安全状态

　　生产过程中涉及的物质包括原料、燃料、动力、设备、设施、产品及其他非生产性的物质。这些物质的本身固有属性及其潜在的破坏能力构成的不安全因素，是诱发事故的物质基础，因而物的不安全状态是事故发生的客观原因。

　　生产中存在的可能导致事故的物质因素称为事故的固有危险源。固有危险源是处于不安全状态的物质因素，按其性质可分为化学、电气、机械(含土木)、辐射和其他危险源共五大类，各大类中所包含的具体内容如表 8-3 所示。

表 8-3　导致事故的固有危险源

危险源类别	内　容
化学危险源	(1) 火灾爆炸危险源。它是指构成事故危险的易燃易爆物质、禁水性物质以及易氧化自燃物质。 (2) 工业毒害源。它是指导致职业病、中毒窒息的有毒、有害物质、窒息性气体、刺激性气体、有害性粉尘，腐蚀性物质和剧毒物。 (3) 大气污染源。它是指造成大气污染的工业烟气及粉尘。 (4) 水质污染源。它是指造成水质污染的工业废弃物和药剂
电气危险源	(1) 漏电、触电危险。 (2) 着火危险。 (3) 电击、雷击危险

危险源类别	内　　容
机械(含土木危险源)	(1) 重物伤害危险。 (2) 速度与加速度造成伤害的危险。 (3) 冲击、振动危险。 (4) 旋转和凸轮机构动作伤人危险。 (5) 高处坠落危险。 (6) 倒塌、下沉危险。 (7) 切割与刺伤危险
辐射危险源	(1) 放射源，指 α、β、γ 射线源。 (2) 红外线射线源。 (3) 紫外线射线源。 (4) 无线电辐射源
其他危险源	(1) 噪声源。 (2) 强光源。 (3) 高压气体。 (4) 高温源。 (5) 湿度。 (7) 生物危害，如毒蛇、猛兽的伤害

8.1.4　管理失误

管理失误是指由于管理方面的缺陷和责任，造成了事故的发生。虽然管理失误是事故的间接原因，但它却是背景原因，而且是事故发生的本质原因。

1. 管理失误的主要内容

(1) 技术管理缺陷。对工业建筑物、机械设备、仪器仪表等生产设备在技术、设计、结构上存在的问题管理不善；对作业环境的安排、设置不合理，缺少可靠的防护装置等问题未给予足够的重视。

(2) 人员管理缺陷。对作业者缺乏必要的选拔、教育、培训，对作业任务和作业人员的安排等方面存在缺陷。

(3) 劳动组织不合理。在作业程序、劳动组织形式、工艺过程等方面存在管理缺陷。

(4) 安全监察、检查和事故防范措施等方面存在问题。

2. 管理失误的事故模式

图 8-4 所示为以管理失误为主因的事故模式，它描述了事故发生的本质原因与社会、环境、人的不安全行为及物的不安全状态等各原因的逻辑关系。管理失误事故的发生，是因为客观上存在不安全因素和众多的社会因素和环境条件。人的不安全行为可促成物的不安全状态；而物的不安全状态又是诱发人的不安全行为的背景因素。隐患是由物的不安全状态和管理失误共同耦合形成的，当客观上出现事故隐患，主观上表现不安全行为时，必然导致事故的发生。

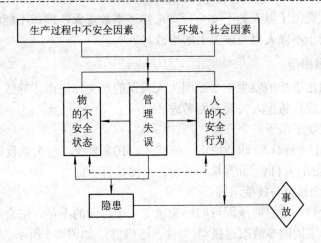

图 8-4　管理失误的事故模式

8.2　事故发生规律模型

专家和学者根据大量事故的现象来研究事故致因理论，在此基础上，又运用工程逻辑提出事故致因模型，用以探讨事故成因、过程和后果之间的联系，达到深入理解构成事故发生诸原因的因果关系。本书仅从人机工程学的角度，讨论几种以人的因素为主因的事故模型。

8.2.1　以人失误为主因的事故模型

1. 人失误一般模型

研究认为，从初始原因开始到最后结果为止的事故动态过程中，将所有因素联系在一起的理论体系或模型具有很大的实用价值。

人失误(Human Error)是指人的行为结果偏离了规定的目标或超出了可接受的界限，并产生不良的影响。Wiggle Sworth 曾指出人失误构成了所有类型伤亡事故的基础。即有一个事故原因构成了所有各类事故的基础，这个原因就是"人失误"。他把"失误"定义为"错误或不适当地响应一个刺激"。在工人操作期间，各种"刺激"不断出现，若工人的响应正确或恰当，事故就不会发生。如果没有危险，则不会发生伴随着伤害出现的事故；反之，若出现了人失误的事件，就有可能发生事故。图 8-5 所示为他绘制的事故模型：经典的以人失误为主因的事故模型。

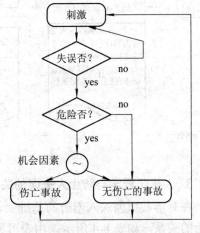

图 8-5　经典的以人失误为主因的事故模型

从模型中可知，即使客观上存在着不安全因素或危险，具体事故是否能造成伤害，还要取决于各种机会因素，即可能造成伤亡，也可能不发生伤亡事故。

尽管这个模型突出了以人的不安全行动来描述事故现象，但却不能解释人为什么会发生失误，也不适用于不以人为失误为主的事故。

2. 人失误扩展模型

根据该模型得出事故的发生主要原因为人失误的产生，进而才导致了事故的发生，因此为了预防事故，应从防止人失误方面考虑。

防止人失误取决于以下三个方面：

(1) 人机功能的合理分配(职业适应、机代人、冗余系统、耐失误设计)。

(2) 安全、友好的人机界面(容易、省力、方便、警示)。

(3) 有效的安全教育与技能培训。

换句话说，导致人失误的原因可归结为以上三个方面的不足，综合考虑以上分析，重新构建以人失误为主因的事故改进模型(简称改进模型)，如图 8-6 所示。该改进模型与经典以人失误为主因的事故模型(简称经典模型)相比较而言，详尽分析了经典模型中刺激的原因。经典模型实际上研究的是在客观已经存在"刺激(Stimulus)"(存在于人机环境系统运行中)的情况下，"刺激"与事故伤害损失之间的相互关系、反馈和调整控制的问题。然而，经典模型没有探究何以会产生潜在的"刺激"，没有涉及人机环境运行过程。改进模型总结了其不足，在经典模型的基础之上增加了"刺激"形成的人机工程学方面的原因及安全管理方面的原因。

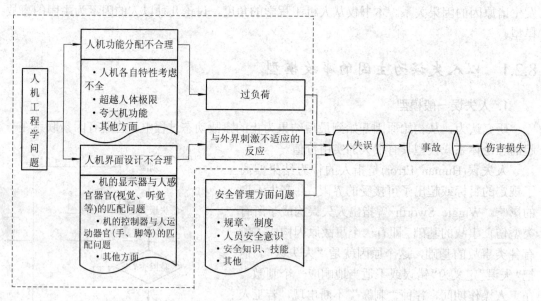

图 8-6　以人失误为主因的事故改进模型

3. 人机工程学与防止人失误的关系

在对事故原因深入剖析的基础上，进一步归纳、整理可得到防止人失误与人机工程学理论的关系，如表 8-4 所示。由表可见，1、2 两项属于人机工程学研究范畴，即人机功能分配问题及人机界面设计问题，可见，人机工程学在事故预防中的可行性及必要性。对 1、2 两项可参见表 8-1 进行较为详尽的分析。以下针对第 3 项，对作业者素质及安全知识技能等方面的问题(内在因素，也就是图 8-6 中安全管理方面)所引发的人失误的具体原因进行分析。

表 8-4　防止人失误与人机工程学理论的关系

序号	人失误产生的原因	原因所属	具体对策措施
1	超过人能力的过负荷	人机功能分配问题	做到人机功能合理分配,具体可通过职业适应方面、机代人、冗余系统、耐失误设计等考虑
2	与外界刺激的要求不相一致的反应	人机界面设计问题	设计出安全、友好的人机界面(通常从容易、省力、方便、警示等方面考虑)
3	由于不知道正确方法或故意采取不恰当行为	作业者素质及安全知识技能等方面问题	有效的安全教育与技能培训等

4．内在因素分析

1) 行为因素分析

(1) 训练与技能。在作业者已经形成习惯的动作或行为中,有些是安全的,有的则是不安全的。形成习惯是长时间训练过程导致的结果。如果长时间按安全操作方式进行作业,则不易发生作业事故。

训练方面导致事故的原因是:训练依据的标准是不安全的,训练结果可靠性不高,不能应对紧急情况;不安全的行为常比安全的行为更方便、节省时间,乐于被人接受,因而在受过训练的人中,还是有人不愿按安全的方式操作,这样的训练实际上是无效的。

(2) 记忆疏漏。许多作业要求有很好的记忆,才能准确、无误地按步骤完成各种操作。作业者须记住作业的次序、位置、各种信息的意义及作出的反应等,但人们存储有效信息的能力往往是有限的,较为复杂的或不经常的操作不易记住。记忆疏漏往往是错误的先导,它有两种类型:全部忘记和记忆错误。如果忘记控制系统中某一不太重要的环节,还不一定造成事故,因为操作还没有执行。但若记忆错误,比如操作顺序错误,则更容易造成事故。

有时记忆疏漏不是由于记忆能力不够造成的,而是由于心不在焉或走神造成的。往往熟练的作业者比新手更容易出现这种疏漏。因为对于熟练者,作业顺序是一种程式化的东西,单调的作业不能使其集中注意力。

(3) 年龄和经验。在做事故分析时,常常考虑到年龄的因素。根据统计分析发现,20岁左右的作业者,事故发生率较高;然后就急剧下降,25岁左右以后,事故发生率基本稳定;到50多岁以后,事故率又逐渐上升。在年龄对事故发生率的影响中,包含了经验、训练程度以及作业能力方面的因素。一般年轻作业者经验少,易于出错。若年龄过大,事故率又稍有增加,主要是由于作业能力减弱,在完成作业速度较高和认知要求较复杂的作业时,年长者较难胜任,一方面是难以注意细节;另一方面是注意力集中的持续时间短。

(4) 生活压力。生活紧张和压力会影响人的健康和行为,人增加了心理负担而使其陷入不安和焦虑,该因素常常是诱发事故的前奏。婚变、经济拮据、家庭不和、疾病等原因常会使人作业时不能保持精力集中,导致动作不协调。

2) 生理与心理因素分析

(1) 性格。就作业的安全性考虑,如系统设计得当,就能使大多数人少失误,但对某些特定的人，在相同的客观条件下，出的事故比一般人都要多。有些学者研究认为，这是一类"易出事故的人群"，其性格特征决定了其失误率高。易出事故的人应该被安排在相对较安全的工序上。人的性格的另一方面是所谓的外向型与内向型，外向型者适合担任集体性任务，而内向型者宜于单独作业。因此，应根据个人职业适应性检查的结果，按作业者不同的性格特点安排作业类型，以提高系统的安全性。

还有一类属于冒险型性格者。为避免冒险行为，减少事故率，应对作业者进行必要的训练，增强自我估计能力，在作业设计时，必须注意使作业者不能有捷径可走；还可以从保险装置的角度考虑减少冒险的机会。

(2) 生理节律。人体系统的各部分都在以自己的生理节律工作，人体的机能随其生理节律而变化。所以，生理节律影响人的工作效率，也影响人的作业安全。在人体机能上升时期，操作错误少，发生事故率低；相反，在人体机能下降时期，容易产生误操作，事故发生率也高。图 8-7 所示为人体机能与错误率的关系。因此，按生理节律科学地安排好劳动和休息，对减少事故和保障安全生产是有益的。

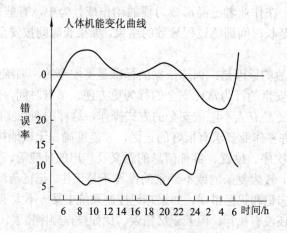

图 8-7　人体机能变化与错误率

(3) 作业疲劳。疲劳可分为生理疲劳和心理疲劳。生理疲劳主要表现为生理机能低下，局部肌肉酸痛，操作速度变慢，动作的协调性、灵活性、准确性降低，工作效率下降，人为差错增多等。心理疲劳表现为心理机能低下、思维迟缓、注意力不能集中、工作效率下降、人为差错增多等。如果疲劳长时间得不到解除而逐渐积累，则可造成过度疲劳。过度疲劳将导致一系列生理、心理功能的变化，它主要表现为肌肉痉挛，浑身酸痛，心率加快，血压上升，全身乏力，头昏脑涨，动作力度和速度下降等，感知能力、思维判断能力下降等，并产生一种难言的和难以忍受的不适感以及强烈的休息愿望，致使各种差错和事故增多。大量事实说明，疲劳是发生事故的重要原因。

8.2.2　事故发生顺序模型

事故发生顺序模型如图 8-8 所示。该模型把事故过程划分为几个阶段，在每个阶段，如果运用正确的能力与方式进行解决，则会减少事故发生的机会，并且过渡到下一个防避阶段。如果作业者按图示步骤作出相应反应的话，虽然不能肯定会完全避免事故的发生，但至少会大大减少事故发生的概率；如不采取相应的措施，则事故发生的概率必会大大增加。

按图 8-8 所示模式，为了避免事故，在考虑人机工程学原理时，重点可放在：

(1) 准确、及时、充分地传示与危险有关的信息(如显示设计)。

(2) 有助于避免事故的要素(如控制装置、作业空间等)。

(3) 作业人员培训，使其能面对可能出现的事故，采取适当的措施。

根据研究的结果表明，按照事故的行为顺序模式，不同阶段的失误造成的比例如下：

　　　　对将要发生的事故没有感知　　　　　36%

　　　　已感知，但低估了发生的可能性　　　25%

　　　　已感知，但没能做出反应　　　　　　17%

　　　　感知并做出反应，但无力防避　　　　14%

根据该结果可知，人的行为、心理因素对于事故最终发生与否有很大影响，而"无力防避"属环境与设备方面的限制与不当(也可能是人的因素)，只占很小的比例。

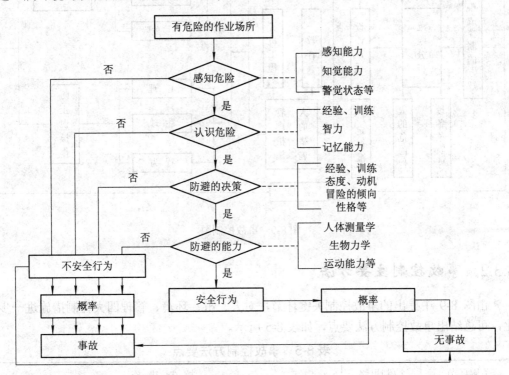

图 8-8　事故发生阶段顺序图

8.3　人机系统事故控制基本策略

8.3.1　事故控制基本思路

事故控制是安全决策的核心问题。由于事故与成因之间存在着一定的因果关系，因而在确定事故控制的方针时，总是先分析事故成因。依据设计的安全标准，从分析事故直接原因入手，进而寻找事故间接原因，然后找出基础原因。对照事故发生规律的典型模型，进而可提出事故控制的主要措施，这是事故控制的基本思路。

生产活动过程是巨大的人—机—环境系统循环过程，而且系统中事故是由人、机、环境、管理等因素的不协调而引发的，显然，事故控制的关键环节就是在人、机、环境、管理等方面制订有效措施。根据事故控制基本思路和事故控制关键环节给出了事故控制图，如图 8-9 所示。

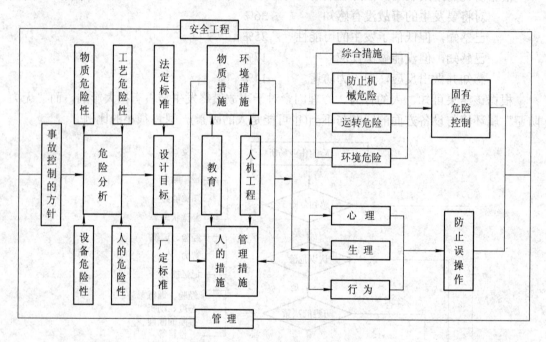

图 8-9　事故控制图

8.3.2　事故控制主要方法

由图 8-9 中提出的事故控制关键环节，对人、机、环境、管理四大控制措施进一步细化，可总结出事故控制方法要点，如表 8-5 所示。

表 8-5　事故控制方法要点

关键环节	控制思路	控制措施
物质因素和环境因素危险源控制	消除危险	1. 布置安全：厂房、工艺流程设备、运输系统、动力系统和脚踏道路等的布置做到安全化。 2. 机械安全：包括结构安全、位置安全、电能安全、产品安全、物质安全等
	控制危险	1. 直接控制。 2. 间接控制：包括检测各类导致危险的工业参数，以便根据检测结果予以处理

续表

关键环节	控制思路	控 制 措 施
物质因素和环境因素危险源控制	防护危险	1. 设备防护： (1) 固定防护：如将放射性物质放在铅灌中，并设置储井，把铅罐放在地下； (2) 自动防护：如自动断电、自动洒水、自动停气防护； (3) 联锁防护：如将高压设备的门与电气开关联锁，只要开门，设备断电，保证人员免受伤害； (4) 快速制动防护：又称跳动防护； (5) 遥控防护：对危险性较大的设备和装置实现远距离控制 2. 人体防护：包括安全带、安全鞋、护目镜、面罩、安全帽与头盔、呼吸护具
	隔离防护	1. 禁止入内：设置警示牌。 2. 固定隔离：设置防火墙、防火堤等。 3. 安全距离
	保留危险	当仅在预计到可能会发生危险，而又没有很好的防护方法时，必须做到其损失最小
	转移危险	对于难于消除和控制的危险，在进行各种比较、分析之后，选取转移危险的方法
人为失误控制	人的安全化	1. 录用人员时，切勿使用有生理缺陷或有疾病人员。 2. 必须对新工人进行岗前培训。 3. 对于事故突出、危险性大的特殊工种进行特殊教育。 4. 进行文化学习和专业训练，提高人的文化技术素质。 5. 要增强人的责任心、法制观念和职业道德观念
	操作安全化	进行作业分析，从质量、安全和效益三个方面找到问题所在，制定改善操作作业计划
管理失误控制		1. 认真改善设备的安全性、工艺设计的安全性。 2. 制定操作标准和规程，并进行教育。 3. 制定和维护保养的标准和规程，并进行教育。 4. 定期进行工业厂房内的环境测定和卫生评价。 5. 定期组织有成效的安全检查。 6. 进行班组长和安全骨干的培养

8.3.3 事故控制基本对策

根据事故控制关键环节和主要方法可提出各种事故控制对策。但已被人们认可且推行多年的事故对策有所谓 3E 原则和 4M 法。3E 意为技术(Engineering)、教育训练(Education)和法制(Enforcement)。而 4M 意为人(Man)、机械(Machine)、媒体或环境(Media)和管理(Management)。下面从事故控制的角度分别叙述有关 3E 和 4M 的一些要点。

1. 3E 原则

1) 技术对策

技术对策是保障安全的首要措施之一。当设计机械装置或工程项目以及工厂时，要认真地研究、分析潜在危险，对可能发生的各种危险进行预测，从技术上解决防止这些危险的对策。进行这种分析应当和技术设计结合起来，即进行技术设计时就应当考虑安全性，两者是不可分割的。

安全性一般包括功能性安全和操作性安全。功能安全与机器有关；而操作安全则与操作者有关，并取决于技术上、组织上和人行为上的因素。如机械安全已较高，则通过提高生产组织水平，熟悉所有有关的化学物质、材料、机械装置和设施，了解其危险性质、构造及控制的具体方法，就可以获得较高程度的系统安全性。

2) 教育对策

教育对策主要是指在产业部门的各个方面进行具体的安全教育和训练，教会如何对各种危险进行预测和预防。其次是指在教育机关组织的各种学校，同样有必要实施安全教育和训练。教育的目的是保持和强化在学校或进厂学习期间就懂得安全知识和养成良好的安全习惯，从而在工作中自觉地培养安全意识。

3) 法制对策

法制对策是从属于各种标准的，作为标准，除了国家法律规定的以外，还有如工业标准、安全指导方针、工厂内部的工作标准等。制定有关安全的各类法规是为了有效地防止事故、保障安全。因此，法规必须具有强制性，但是法规又必须具有适用性，应使最低标准的法规可以适用于所有的场合。

2. 4M 法

1) 在人方面的主要对策

生产活动中的人指车间里除本人之外的其他人，包括作业伙伴或上级与下级等。没有同心协力的关系和互助，就难以执行命令、指挥或指示与联络动作。因此，人们的横向和纵向的人事关系是很重要的。

至于在确定人的对策方面，关键是要形成一种和睦、严肃的车间气氛，使人认识到由于危险物而导致事故的严重性，从而在思想上能够重视，在行为上能够慎重，并能认真遵守安全规程。另外，要提高操作者在危险作业时的大脑意识水平和提高预知危险的能力；在进行危险作业时，要防止由于意外事件的插入而产生差错；对于非常事件，应预先设定实际对策(包括实施内容、方法和顺序)，并应进行反复的训练，以防止人在紧张状态下因思维能力下降产生误操作而引发的人为失误型事故。

2) 在机械方面的主要对策

(1) 对于重要的机械，可以使用联锁装置及故障安全装置。

(2) 设计设备时，要贯彻"单一最好"(Simple is Best)原则。对于紧急操作设防，应采用"一触即发"的结构方式(One Touch Shut Down)。

(3) 要有合理的机械形状和配置，操作装置应是适当的，同时要有合理的作业条件，恰当的信息指令，以及良好的环境条件。

(4) 为了易于识别而能有效地防止误操作，对于紧急操纵部件涂装荧光或醒目色彩。

(5) 重视大量危险物的处理，尤其应设有防止伤人的保护装置。

(6) 维修作业应当作为危险作业来对待。

3) 媒体或环境对策

除了作业环境设计应符合人机工程学要求以外，还应该做到：

(1) 用无线电对讲机进行通话时，必须认真研究紧急通话的有效方式。

(2) 对于非正常作业，要事先制定作业指示书。

(3) 对使人感到有危险的地方采用红色的标志。在要引起人们注意的地方，尽可能排除系统以外的各种不利因素的干扰。

4) 管理方面的对策

应健全系统安全管理体制，强化人的安全意识，以进一步挖掘潜力，调动人的积极性，把提高人的自觉性、主动性与实施强制性的行政法律措施结合起来，以便在人—机—环境系统实现安全、高效、合理的群体和个体行为。

8.4　人机系统安全设计

8.4.1　人机功能分配设计

1. 人机功能合理分配要点分析

人机功能分配，在人机系统设计中是指为了使人机系统达到最佳的匹配，在研究分析人和机器特性的基础上，充分发挥人和机器的潜能，将系统各项功能按照一定的分配原则，合理地分配给人和机器的过程。功能分配的合理与否直接关系着整个人机系统设计的优劣。

人机功能分配应主要从以下几个方面考虑：

(1) 人机特性研究：人和机器的性能、特点、负荷能力、潜在能力以及各种限度。

(2) 人适应机器所需的选拔条件和培训时间。

(3) 人的个体差异和群体差异。

(4) 人和机器对突然事件应激反应能力的差异和对比。

(5) 用机器代替人的效果，以及可行性、可靠性、经济性等方面的对比分析。

通过人与机器在感受能力、控制能力、工作效能、信息处理、作业可靠性和工作持久性等方面的特征比较，可以看出，人机功能分配的一般规律是：凡是快速、精密、笨重、有危险、单调重复、长期连续不停、复杂、高速运算、流体、环境恶劣的工作，适于由机器承担；凡是对机器系统工作程序的指令安排与程序设计、系统运行的监督控制、机器设备的维修与保养、情况多变的非简单重复工作和意外事件的应急处理等，则分配给人去承担较为合适。

2. 人机功能分配设计方法举例

目前，已有的功能分配方法仍以定性分析为主，人为主观性比较突出，特别对于一些复杂人机系统功能分配决策时缺乏定量分析。下面以模糊层次分析法(FAHP)用于人机系统功能分配的方法进行举例。

1) 模糊层次分析法

层次分析法(AHP)是将与总决策有关的元素分解成目标、准则、方案等层次，在此基础之上进行定性和定量分析的决策方法。该方法是美国运筹学家匹茨堡大学教授萨蒂于20世纪70年代初，在为美国国防部研究"根据各个工业部门对国家福利的贡献大小而进行电力分配"课题时，应用网络系统理论和多目标综合评价方法，提出的一种层次权重决策分析方法。这种方法的特点是在对复杂的决策问题的本质、影响因素及其内在关系等进行深入分析的基础上，利用较少的定量信息使决策的思维过程数学化，从而为多目标、多准则或无结构特性的复杂决策问题提供简便的决策方法。但是层次分析法(AHP)在判断矩阵建立以及判断矩阵的一致性检验中存在不足。

为了解决这一问题，提出了一种新的分析方法，即模糊层次分析法(FAHP)。该方法对层次分析法进行了有效改进，从而解决了层次分析法在判断矩阵建立以及判断矩阵的一致性检验中存在缺陷。运用 FAHP 解决问题，大体可以分为五个步骤：

(1) 明确问题，建立一个多层次的递阶结构模型。根据具体的目标，全面讨论评价目标的各个指标因素情况，建立一个多层次的递阶结构。

(2) 构造模糊互补矩阵。用上一层次中的每一元素作为下一层元素的判断准则，分别对下一层的元素进行两两比较，比较其对于准则的优度，并按事前规定的标度定量化，建立模糊互补矩阵。

(3) 一致性检验。对(2)所得的模糊互补矩阵进行一致性检验，将模糊互补矩阵转化为模糊一致判断矩阵。

(4) 计算单一准则下方案的优度值。这一步要解决在准则 B_k 下，n 个方案 C_1, C_2, …, C_n 对于该准则优度值的计算问题。

(5) 总排序。为了得到递阶层次结构中每一层次所有元素相对于总目标的优度值，需要把(4)的计算结构进行适当的组合，并进行总的判断一致性检验。这一步骤是由上而下逐层进行的。最终计算结构得出最低层次元素，即决策方案优先顺序的优度值。

2) 具体实例分析

为了说明 FAHP 这一方法在人机系统功能分配中的应用，我们以载人航天器复杂人机系统座舱内装置、仪器运行状态的监视这一较细层次上的操作为例进行功能分配实例分析，确定其功能分配的最优方案。

(1) 确定指标因素，建立层次递阶结构模型。确定人机系统功能分配最优方案需要考虑的指标主要有支持费用、作业效率、乘员安全、对完成任务需要的特殊要求、采取人工控制比自动控制的优越性以及操作负荷等。针对载人航天器复杂人机系统座舱内装置、仪器运行状态的监视这一操作功能的分配方案为指标，建立如图 8-10 所示的多层次的递阶结构模型。

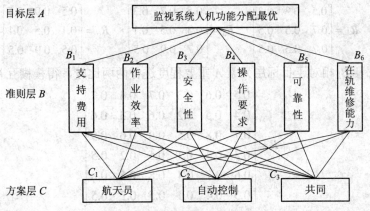

图 8-10　多层次的递阶结构模型

(2) 模糊互补矩阵的建立。模糊互补矩阵 **R** 表示针对上一层次某元素，本层次与之有关的元素之间相对优度的比较。假定上层次的元素 B 同下一层次中的元素 C_1，C_2，…，C_n 有联系，则模糊互补矩阵可表示为

B	C_1	C_2	$\cdots$	C_n
C_1	r_{11}	r_{12}	$\cdots$	r_{1n}
C_2	r_{21}	r_{22}	$\cdots$	r_{2n}
$\vdots$	$\vdots$	$\vdots$		$\vdots$
C_n	r_{n1}	r_{n2}	$\cdots$	r_{nn}

其中，r_{ij} 表示元素 C_i 和元素 C_j 相对于上一层元素 B 进行比较时，元素 C_i 和元素 C_j 具有模糊关系"…比…重要得多"的隶属度。为了使任意两个方案关于某准则的相对优度得到定量的描述，可以采用如表 8-6 所示 0.1～0.9 标度给予数量标度。

表 8-6　0.1～0.9 数量标度

标度	定义	说　　明
0.5	同等重要	两元素相比较，同等重要
0.6	稍微重要	两元素相比较，一元素比另一元素稍微重要
0.7	明显重要	两元素相比较，一元素比另一元素明显重要
0.8	重要得多	两元素相比较，一元素比另一元素重要得多
0.9	极端重要	两元素相比较，一元素比另一元素极端重要
0.1，0.2，0.3，0.4	反比较	若元素 C_i 与元素 C_j 相比较得到判断 r_{ij}，则元素 C_j 与元素 C_i 相比较得到的判断为 $r_{ji} = 1 - r_{ij}$

根据上面的数量标度理论，方案层元素 C_i 相对于准则层元素 B_k 重要程度进行两两比较，可得到模糊互补矩阵 $R_1 \sim R_6$ 如下：

$$R_1 = \begin{bmatrix} 0.5 & 0.2 & 0.4 \\ 0.8 & 0.5 & 0.7 \\ 0.6 & 0.3 & 0.5 \end{bmatrix}, \quad R_2 = \begin{bmatrix} 0.5 & 0.8 & 0.7 \\ 0.2 & 0.5 & 0.4 \\ 0.3 & 0.6 & 0.5 \end{bmatrix}, \quad R_3 = \begin{bmatrix} 0.5 & 0.9 & 0.7 \\ 0.1 & 0.5 & 0.3 \\ 0.3 & 0.7 & 0.5 \end{bmatrix}$$

$$R_4 = \begin{bmatrix} 0.5 & 0.3 & 0.3 \\ 0.7 & 0.5 & 0.5 \\ 0.7 & 0.5 & 0.5 \end{bmatrix}, \quad R_5 = \begin{bmatrix} 0.5 & 0.7 & 0.3 \\ 0.3 & 0.5 & 0.1 \\ 0.7 & 0.9 & 0.5 \end{bmatrix}, \quad R_6 = \begin{bmatrix} 0.5 & 0.9 & 0.5 \\ 0.1 & 0.5 & 0.1 \\ 0.5 & 0.9 & 0.5 \end{bmatrix}$$

准则层元素 B_k 相对于目标层元素 A 重要程度进行两两比较，得模糊互补矩阵 R：

$$R = \begin{bmatrix} 0.5 & 0.6 & 0.3 & 0.7 & 0.4 & 0.7 \\ 0.4 & 0.5 & 0.2 & 0.6 & 0.3 & 0.6 \\ 0.7 & 0.8 & 0.5 & 0.9 & 0.6 & 0.9 \\ 0.3 & 0.4 & 0.1 & 0.5 & 0.2 & 0.5 \\ 0.6 & 0.7 & 0.4 & 0.8 & 0.5 & 0.8 \\ 0.3 & 0.4 & 0.1 & 0.5 & 0.2 & 0.5 \end{bmatrix}$$

(3) 模糊互补矩阵一致性检验。这里由于研究问题的复杂性和人们认识上可能产生的片面性，使构造出来的模糊互补矩阵往往不具有一致性。这时可应用模糊一致矩阵的充要条件进行调整。具体的调整步骤如下：

第一步，确定一个同其余元素的重要性相比较得出的判断有把握的元素，不失一般性，设决策者认为对判断 r_{11}，r_{12}，…，r_{1n} 比较有把握。

第二步，用 R 的第一行元素减去第二行对应元素，若所得的 n 个差数为常数，则不需要调整第二行元素；否则，要对第二行元素进行调整，直到第一行元素减第二行的对应元素之差为常数为止。

第三步，用 R 的第一行元素减去第三行的对应元素，若所得的 n 个差数为常数，则不需调整第三行的元素；否则，要对第三行的元素进行调整，直到第一行元素减去第三行对应元素之差为常数为止。

上面步骤如此继续下去直到第一行元素减去第 n 行对应元素之差为常数为止。

根据上面方法对得到的各个模糊互补矩阵进行检验，$R_1 \sim R_6$ 及 R 均为模糊一致判断矩阵。

(4) 单一准则下方案的优度值。根据模糊一致判断矩阵的元素与权重的关系式给出的排序方法，即

$$w_i^k = \frac{1}{n} - \frac{1}{2\alpha} + \frac{1}{n\alpha} \sum_{h=1}^{n} r_{ih}, \quad i=1, 2, \cdots, n, \ k=1, 2, \cdots, m \tag{8-1}$$

式中：α 为满足 $\alpha \geqslant \dfrac{n-1}{2}$ 的参数。

在对模糊一致判断矩阵的几种排序公式中，公式(8-1)分辨率最高，再加上该式有可靠的理论基础，因此在实际应用中采用该式对模糊一致判断矩阵进行排序，有利于提高决策的科学性，避免决策失误。

① 计算方案 C_i 在目标准则 B_k 下的优度值 w_i^k：

式(8-1)中 $\alpha = (3-1)/2 = 1$，则

$$w_i^1 = (0.2, \ 0.5, \ 0.3)$$
$$w_i^2 = (0.5, \ 0.2, \ 0.3)$$
$$w_i^3 = (0.533, \ 0.133, \ 0.334)$$
$$w_i^4 = (0.2, \ 0.4, \ 0.4)$$
$$w_i^5 = (0.334, \ 0.133, \ 0.533)$$

$$w_i^6 = (0.467，0.066，0.467)$$

② 计算因素 B_k 在目标层 A 下的优度值 w_k：

式(8-1)中 $\alpha = (6-1)/2 = 5/2$，则

$$w_k = (0.18，0.14，0.26，0.1，0.22，0.1)$$

(5) 层次总优度排序。在单一准则优度值排序的基础上，计算诸方案的总体优度值 T_i：

$$T_i = \sum_{k=1}^{m} w_k w_i^k \tag{8-2}$$

按 T_i 的大小可对诸方案进行总优度排序，即若 $T_1 \geqslant T_2 \geqslant \cdots \geqslant T_n$，则方案从优到劣的次序为

$$C_1 \geqslant C_2 \geqslant \cdots \geqslant C_n$$

计算结果如表 8-7 所示。

表 8-7　总优度排序结果

准则		支持费用	作业效率	安全性	操作要求	可靠性	在轨维修能力	方案层总体优度值
准则层优度值		0.18	0.14	0.26	0.1	0.22	0.1	
方案层单排序优度值	航天员	0.2	0.5	0.533	0.2	0.334	0.467	0.3847
	自动控制	0.5	0.2	0.133	0.4	0.133	0.066	0.2284
	共同	0.3	0.5	0.334	0.4	0.533	0.467	0.3868

根据优度值的比较：0.3868 > 0.3847 > 0.2284，得出共同执行操作的方案最优，即在载人航天器这一复杂人机系统座舱内装置、仪器运行状态的监视这一任务安排由航天员和自动控制联合进行较为合适。

总结： 以上是在相关研究的基础上，提出将模糊层次分析法(FAHP)应用于人机系统功能分配中，并运用 FAHP 对载人航天器座舱内装置、仪器运行状态的监视这一较细层次上的操作进行功能分配与决策，经实例分析和验证，与实际相符，为人机系统功能分配提供了一种有效地定量决策方法。该方法对模糊互补矩阵的建立要求较高，是功能分配过程中的难点，同时也对最终结果的合理性起着决定作用，在实际应用中应特别注意。

8.4.2　人机界面匹配设计

1. 人机界面设计要点分析

既然人与机器在完成系统目标上有合理分工，那么随之而来的问题便是人机界面合理设计问题——主要解决人与机之间的信息交换问题。在人机系统模型中，人与机之间存在一个相互作用的"面"，称之为人机界面。人与机之间的信息交换和决策后的控制活动都发生在人机界面上，机的各种显示都"作用"于人，实现机—人的信息传递；人通过视觉和听觉等感官接收来自机的信息，经过人脑的加工、决策，然后做出反应，实现人—机的信息传递。可见，人机界面的设计直接关系到人机关系的合理性。

人机界面设计需要解决的问题集中于两点：

(1) 如何准确实现机—人的信息传递；

(2) 如何准确实现人—机的信息传递。

而其中最重要的两个问题是：

问题一：机的显示器与人感官器官(视觉，听觉等)的匹配。

问题二：机的控制器与人运动器官(手、脚等)的匹配。

基于以上关于人机界面设计要点分析，解决好人机界面设计两大问题，将最大限度地保障所设计出来的界面趋于理想状态。

2. 人机界面合理性评估

考虑到外界因素影响可能引起人机界面设计失误，应该对人机界面的合理性进行有效的评估。

目前，用于评估人机界面合理性的方法有很多种。人机界面的评价包括客观评价和主观评价。客观评价是指人"看到"或"触及到"人机界面上显示和控制装置的难易程度。其评价的依据是国家标准关于人眼的可视域划分、脚的可触及域划分等人体功能尺度。主观评价是指人机界面的易理解性、易操作性和美观性等主观感受。主观评价主要以评价人员的主观感受为评价依据。客观评价和主观评价是衡量人机界面可用性的重要依据，两者缺一不可；否则，易导致误读和误操作，诱发事故。

由于人的主观感受与人的辨识能力、认读过程、舒适性和系统功能有关，同时还与评价人的知识、经验和喜好等许多已知、未知或非确知因素有关，这使得人机界面的主观评价方法因其复杂性而一直未能得到很好的解决，目前还处于探讨之中。因此，寻求科学合理的人机界面主观评价理论和方法具有十分重要的现实意义。

在此提供一种设计人机界面合理性主观评价检查表的样式，如表 8-8 所示，仅作参考。

表 8-8　人机界面合理性评价检查表设计

项目	问　题　设　计	检查结果	改进措施
显示装置检查	(1) 能见性： 显示目标是否容易被操作人员觉察？ …… (2) 清晰性： 显示目标是否易于辨识而不会被混淆？ …… (3) 可懂性： 显示目标意义是否明确？ 显示是否易被作业人员迅速理解？ …… (4) 遵循公认惯例： 显示装置的指针和等效物的位移方向是否一致？ 显示装置上各种仪表等元件的色彩设计是否遵循人们公认惯例？ …… (5) 布局： 显示装置是否依据其重要性和使用频次布置？ …… (6) ……		

项目	问 题 设 计	检查结果	改进措施
控制装置检查	(7) 结构与尺寸设计： 控制装置的结构与尺寸是否按人手的尺寸和操作方式确定？ 其形状是否全面考虑尽量使手腕保持自然形态？ 是否考虑到抓握部位不宜太光滑，也不宜太粗糙，既易抓稳，又不易疲劳？ …… (8) 操作反馈和操纵阻力： 操作控制器时，操作者能否获得操作结果的信息？ 反馈信息是否易获得并且有效表现给操作人员？ 操纵阻力是否适合人的生理要求？ …… (9) 遵循公认惯例： 控制装置的动作方向设计是否遵循人们公认惯例？ 操作装置上各种仪表等元件的色彩设计是否遵循人们公认惯例？ …… (10) 布局： 控制装置是否依据其重要性和使用频次布置？ 控制装置是否设置在人肢体功能可及范围之内？ …… (11) ……		
协调性检查	(12) 逻辑位置协调性是否良好？ (13) 运动方向协调性是否良好？ (14) 位移量的协调性是否良好？ (15) 信息的协调性是否良好？ (16) ……		

8.4.3　机的本质安全化设计

从安全化设计的角度来讲，能从本质上解决人机系统安全问题是最好的。为此，在对人机系统进行设计之初就应尽量防止采取不安全的技术路线，避免使用危险物质、工艺和设备，如用低电压代替高电压，用阻燃材料来代替可燃材料，强电弱电化等。如果必须使用，可以从设计和工艺上考虑采取控制和防护措施，设计安全防护装置，使系统不发生事故或最大限度降低事故发生的严重程度。

安全防护装置是指配置在机械设备上能防止危险因素引起人身伤害，保障人和设备安全的所有装置。它对人机系统的安全起着重要作用。因此科学的设计安全防护装置有着重要的意义。

1. 安全防护装置概述

1) 安全防护装置的作用

安全防护装置的作用是杜绝或减少机械设备在正常或故障状态，甚至在操作者失误情况下发生人身或设备事故。其作用具体表现在以下几个方面：

(1) 防止机械设备因超限运行而发生机械事故。机械设备的超限运行指超载、超速、超位、超温、超压等，当设备处于超限运行状态时，相应的安全防护装置就可以使设备卸载、卸压、降速或自动中断运行，避免事故发生。如超载限制器、限速器、限位器、限位开关、安全阀、熔断器等。

(2) 通过自动监测与诊断系统，排除故障或中断危险；这类安全装置可以通过检测仪器及时发现设备故障，并通过自动调节系统排除故障或中断危险；或通过自动报警装置，提醒操作者注意危险，避免事故发生。如漏电保护器、自动消防灭火装置等。

(3) 防止因人为的误操作引发的事故。通过相互制约、干涉对方的运动或动作来避免危险的发生。如电气控制线路中的互锁、连锁等。

(4) 防止操作者误入危险区而发生的事故。机器在正常运行时，当人有意或无意地进入设备运行范围内的危险区，有接触危险有害因素致伤的可能，安全防护装置能阻止人进入危险区或从危险区将人体排出而避免伤害。如防护罩、防护屏、防护栅栏等。

2) 安全防护装置的分类

安全防护装置的分类方法很多，有按作用不同而分类的，也有按控制元件不同而分类的，还有按其功能进行分类的。本书仅从其安全保护方式不同分类：

(1) 当操作者处于危险区或设备处于不安全状态时，安全防护装置能直接起安全保护作用，因此可以分为以下几类：

① 隔离防护装置：用来将人隔离在危险区之外的装置，如防护罩、防护屏等。

② 连锁控制防护装置：用来防止同时接通相互干扰的两种运动或安全操作与电源通断等互锁的装置。如防护栅栏的开和关与电气开关的连锁，机床上工件或刀具的夹紧与启动开关的连锁等。

③ 超限保险装置：防止机械在超出规定的极限参数下进行运行的装置，一旦超限运行，能保证自动中断或排除故障。如过载保险装置、熔断器、限位开关、安全离合器和安全联轴器等。

④ 紧急制动装置：用来防止和避免在紧急危险状态下发生人身或设备事故的装置，它可以在即将发生事故一瞬间时，机器迅速制动。如带闸制动器、电力制动装置等。

⑤ 报警装置：能及时发现机械设备的危险与有害因素及事故预兆，并向人们发出警报信号的装置。如超速报警器、锅炉上的超压报警器和水位报警器等。

(2) 当操作者一旦进入危险区，则安全防护装置可以使机械不能启动或自动停止，或将人从危险区排出，控制人体不能进入危险区，此类安全防护装置称为安全防护控制装置，它对人身安全起间接防护作用。这种装置有双手按钮式开关、光电式安全防护装置等。

2. 安全防护装置的设计原则

安全防护装置的设计应遵循以下原则：

（1）坚持以人为本的设计原则。设计安全防护装置时，应以人为核心，确保操作者的人身安全。

（2）安全防护装置必须遵循安全、可靠的原则。安全防护装置必须符合一定的安全要求，保证在规定的寿命期内有足够的强度、刚度、稳定性、耐腐蚀和抗疲劳性，即确保装置本身必须要有足够的安全可靠性。还要尽可能考虑可能会产生危险的不安全状态，例如人的误操作、突发事件等。

（3）与机械装备配套设计的原则。这一原则要求，在机器设备的结构设计之时就应考虑附加安全防护装置，而且最好是生产设备的厂家或专门生产安全防护装置的厂家制造，以保证产品的系列化、标准化和通用化。坚决避免由用户制造安全防护装置，这是因为后期购置的装置很难与前期的产品配套，难以达到安全防护的目的和效果。所以，必须要求机器设备等产品具备足够的安全防护装置之后再出厂销售。

（4）简单、经济、方便的原则。安全防护装置的结构要简单，布局要简单，经济性好，操作方便，不会影响正常的作业，有一定的安全距离，便于检修。重要的一点是安全装置的使用不会对机器设备的使用造成影响，否则就会出现为了追求工作效率而不使用安全防护装置的现象。

（5）自组织的设计原则。安全防护装置自身应具有自动识别错误、自动排除故障、自动纠错及自锁、互锁、联锁等功能。

3. 典型设计举例

1）隔离防护安全装置的设计

保证人的安全是解决人机系统安全的首要问题。隔离防护安全装置可有效防止人进入危险区与外露的高速运动或传动的零件、带电导体等接触而受到伤害，或飞溅出来的切屑、工件、刀具等外来物伤人。这类装置有装在机械设备上的防护罩，还有置于机械周围一定距离的防护屏及防护栅栏等。

（1）防护罩。根据防护罩的结构特点，可将防护罩分为固定式、可动式和联锁式三种。其作用有：一是使人体不能进入危险区；二是阻挡高速飞向人体的外来物。

为此，防护罩的设计应满足如下基本要求：有足够的强度和刚度，结构和布局合理，而且应牢固地固定在设备或基础上；不允许防护罩给生产场所带来新的危险，其本身表面应光滑，不得有毛刺或尖锐棱角；防护罩不应影响操作者的视线和正常作业，且与运行零部件之间应留有足够的间隙，以免互相接触，干扰运动或碰坏零件；应便于设备的检查、保养、维修。

① 固定式防护罩。固定式防护罩应该用螺栓、螺母或铆接、焊接牢固地固定在机械上。当调整或维修机械时，只有专用工具才能打开。如飞轮、传动带、明齿轮、砂轮等的防护罩。

防护罩一般采用封闭式结构，但有时由于操作和安全等原因，需要看到危险区内部的工况，这时，应采用网状结构或栅栏结构，在设计和安装防护罩时，应根据国家标准确定开口和安全距离。所谓安全开口或安全间隙是指人体一部分(手指、手掌、上肢、足尖等)不能通过的最大开口尺寸；而安全距离是指人体任何一部分允许接近危险区(如作业点)的最小距离。

② 可动式防护罩。这种防护罩主要用来防护需要经常调整和维修的活动部件，以及需要将工件送入工作点或从工作点取出。该防护罩不需要专用工具就能打开，故又称开启防护罩。也可以在固定式防护罩上开设一个可以送取物料的孔。这种孔可能是绞式盖或推拉门。例如锯床上的可调防护罩、大型立式车床上的环形可动式防护罩、钻床钻头上的伸缩式防护罩、车床卡盘上的防护罩等。

③ 联锁式防护罩。前面介绍的可动式防护罩存在着罩未关而进行调整或维修等作业或人体某一部分在危险区内，如果这时有人去启动机械就有发生伤害事故的危险，联锁式防护罩就是为排除这种不安全因素而设置的。其工作原理是防护罩兼启动电气开关的作用，即罩不关上，机械就不能启动；另外，一旦防护罩被打开，机械就立即停止运行。

(2) 防护屏及防护栅栏。防护屏及防护栅栏主要适用于不需要人进行操作的机械，一般设置在离机械一定距离的地面上，且根据需要可以移动。一般用金属材料制成，并应有足够的强度。在设计防护屏时，其栅栏的横向或竖向间距、网眼或网孔的最大尺寸和防护屏高度以及防护屏放置的最小安全距离必须符合国家标准。

防护屏除可以防止机械伤害外，还可以防止由于灼烫、腐蚀、触电等造成的伤害。

2) 联锁控制防护安全装置的设计

联锁防护安全装置的特点主要体现在"联锁"两字上，它表示既有联系，又相互制约(互锁)的两种运动或两种操作动作的协调动作，实现安全控制。联锁装置可以通过机械、电气或液压、气动的方法使机械的操纵机构相互联锁或操纵机构与电源开关直接联锁，用来防止同时接通两个或两个以上相互干扰的运动，如车床上刀架的纵向与横向运动不允许同时接通，机床的启动或制动不允许同时发生；防止颠倒顺序动作，如机床上工件未夹紧，主轴不能启动；防止误操作功能相反的按钮或手柄。它是各类机械用得最多、最理想的一种安全装置。下面介绍几种典型的联锁防护安全装置。

(1) 机械式联锁装置。机械式联锁装置是依靠凸块、凸轮、杠杆等的动作来控制相互矛盾的运动。如利用钥匙开关、销子等来控制机械运动。

(2) 电气联锁线路：

① 顺序联锁。例如，锅炉的鼓风机和引风机必须按下述程序操作：在开机时，先开引风机，后开鼓风机；在停机时，先停鼓风机，后停引风机。如操作错误，则可造成炉膛火焰喷出，发生伤亡事故，为防止司炉误操作，在锅炉的控制电路中，设计引风机和鼓风机的安全程序联锁。

② 按钮控制的正、反转联锁线路。例如，电动机的正、反转控制电路中的互锁，就是防止同时按下正、反向运行按钮的误操作事故，避免造成相间短路。

③ 欠电压、欠电流联锁保护。例如，电磁吸盘欠电流保护电路，在平面磨床上工件是靠电磁吸盘固定在工作台上的，若遇电流不足或突然停电，工件有被甩出的危险，所以需要设置欠电流保护装置。

(3) 液压(或气动)联锁回路。在自动循环系统中，执行件的动作是按一定的顺序进行的，即各执行件之间的动作必须通过联锁环节约束；否则，将会因动作干涉而发生事故。在液压或气动系统中，这种联锁是靠一定油路或气路来实现的。例如防护门联锁液压回路。

3) 超限保险安全装置的设计

机械设备在正常运转时，一般都要保持一定的输出参数和工作状态参数。当机械设备由于某种原因发生故障时，将引起一些参数(温度、压力、噪声、振动、负载、速度、位置等)的变化，而且可能使其超出规定的极限值，如果不及时采取措施，将可能发生设备或人身事故，超限保险安全装置就是为防止这类情形发生而设置的。根据能量形式和工作特性不同此装置可分为中断能量流(剪断销、熔断器)、吸收能量(防冲撞装置、缓冲器)、积累能量(爪式、滚珠式离合器)和排除(安全阀)等四类。

(1) 超载安全装置。超载安全装置种类很多，但一般都由感受元件、中间环节和执行机构三部分组成一个独立的部件。其中，有一种是直接作用的安全装置；另一种是位于保护对象的不同位置间接作用的安全装置。超载安全装置的作用是处理设备由于人机匹配失衡造成的多余能量，通过中断能量流等措施，达到保护人和设备安全的目的。其工作原理有机械式、电气式、电子式、液压式及组合。

例如，起重量限制器，其型式较多，常用的有杠杆式、弹簧式起重量限制器和数字载荷控制仪，主要用来防止起重量超过起重机的负载能力，以免钢丝绳断裂和起重设备损坏。

电路过载保护盒短路保护。电动机工作时，正常的温升是允许的，但是如果电机在过载情况下工作，就会因过度发热造成绝缘材料迅速老化，使电机寿命大大缩短。为了避免这种现象，常采用热继电器作为电机的过载保护。另外，为了防止两相发生短路，导致同一线路上的其他电器元件被烧毁，在线路中设置了熔断器这个薄弱元件，在线路正常工作时，它能承受额定电流；在短路故障发生的瞬间，熔断器首先被熔断而切断电路，从而保护了整个电气设备的安全。

(2) 越位安全装置。机械以一定速度运行时，有时需要改变运动速度，或需要停止在指定位置，即具有一定的行程限度，如果执行件运动时超越规定的行程，可能会发生损坏设备或撞伤人的事故。为此，必须设置行程限位安全装置。例如，起重机械工作时，超载和越位是造成起重事故的两个主要原因，故必须设置相应的安全装置。越位安全装置有机电式、液压式等。

(3) 超压安全装置。超压安全装置广泛用于锅炉、压力容器(如液化气储存器、反应器、换热器等)，这些设备若超压运行就可能发生重大事故，如爆炸和泄漏等。超压安全装置主要有安全阀、防爆膜、卸压膜等。按其结构及泄压方法不同有阀型、断裂型(即破坏型)、熔化及组合型等。

安全阀是锅炉、气瓶等压力容器中重要的安全装置，其作用是，当容器中介质压力超过允许压力时，安全阀就自动开启，排气降压避免超压而引起事故。当介质压力降到允许的工作压力之后，便自动关闭。

根据驱动阀芯(阀瓣)移动的动力不同，安全阀有杠杆式、弹簧式等；按安全阀开启时阀芯提升的高度不同，有微启式和全启式安全阀。

4) 制动装置的设计

制动装置也属于安全装置，除了可以满足工艺要求外，它还可用在机器出现异常现象时(如声音不正常、零部件松动、振动剧烈，尤其是有人进入危险区等)，可能导致设备损坏和造成人身伤害的紧急时刻，立即将运动零部件制动，中断危险事态的发展。例如，在危险位置突然出现人；操作者的衣服被卷进机器或人正在受伤害；运行部件越程与固定件或运动件相撞等紧急情况下，为了防止事故的发生或阻止事故继续发展，必须使机器紧急制动。这是机器上设置制动器的主要目的。常用的制动器方式有机械制动和电力制动。

机械制动是靠摩擦力产生的制动转动或制动力矩而实现制动的，而电力制动则是使电动机产生一个与转子转向相反的制动转动转矩而实现制动的。例如，机床上常用的电力制动有反接制动和能耗制动。

反接制动的制动力矩大，制动效果显著，但制动过程中有冲击，且耗能较大。

能耗制动是使三相异步电动机停转时，在切除三相电源的同时把定子绕组任意两相接通直流电源，转子绕组就产生一个反向制动转矩。这个转矩方向与电机按惯性旋转的方向相反，所以起到制动作用。这种制动方法是把转子原来"储存"的机械能转变成电能，然后又消耗在转子的制动上，所以称为能耗制动。制动作用的强弱与通入直流电流的大小和电动机转速有关，在同样转速下，电流越大制动作用越强。一般取直流电流为电机空载电流的 3～4 倍，过大将使定子过热。直流电流串接的可调电阻 R 是为了调节制动电流的大小的设备。

能耗制动比反接制动平稳，制动准确，且能量消耗小，但制动力较弱，需要用直流电源。

5) 报警装置的设计

在机器设备运行状态发生异常情况，工艺过程参数超过规定值，以及人处于危险区域时，随时有可能发生设备或人身事故的情况下，监测仪器向操作人员或维修人员发出危险警报信号的装置，它可以提醒工作人员注意，严重时可通过联锁装置将自动启动备用设备或自动停止运行，不使事故扩大、损坏设备危及人身安全，保证系统处于安全状态。

根据所监视设备状态信号不同，机械设备上有相应的各种报警器，如过载、超速、超压报警等。报警的方式有机械式、电气式等。但其作用原理基本是相同的，可用图 8-11 来表示。

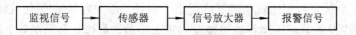

图 8-11　机械设备的报警装置作用原理图

报警器将监视信号(如温度、压力、速度、水位等)转换成电信号，然后以声或光信号发出警报。报警器发出的警报信号主要是音响信号，其次是光信号。重要的报警器最好利用音响和光组成"视听"双重警报信号。例如，锅炉中的高低水位报警器，它是用来监视锅炉极限水位的报警器。当锅炉水位达到最高或最低极限水位时，即将发生满水或缺水事故时，水位报警器及时发出声响信号，警告工作人员采取措施，防止严重满水或缺水酿成大事故。该报警器利用浮球或浮筒的上、下运动感受水位的变化，然后通过传感器装置将信号放大器传送到控制线路，使声光报警器发出声、光信号。当缺水严重时，还可以切断引风机、鼓风机和炉排电动机的控制电源，防止缺水事故的扩大。

6) 防触电安全装置设计

在人机系统中，触电是造成人身伤亡事故的主要原因之一。因此为了保证操作人员的安全,在机械设备上一定要设置防触电安全装置及安全措施。

电流通过人体是导致人身伤亡的最基本原因,触电伤害程度与通过人体的电流大小、持续时间、人体电阻等因素有关。设计防触电安全装置时就应从这些因素去考虑,如没有电流流过人体,可采取绝缘、间距、隔离等措施;缩短电流流过人体的持续时间,可采用漏电保护装置、漏电断路器等。常用的防触电安全装置有:

(1) 断电保险装置。最简单的断电保险装置是联锁开关。当打开设备的某通道口时,操作人员及检修人员从该通道口可以接触到设备内的某些部分,此时这些部分的电源在打开通道口的同时被切断。当操作检修完毕封闭通道口时,电源便自动接通。例如,桥式起重机安装驾驶室门安全联锁装置以及从驾驶室内上到大梁小车入口处(天窗)的安全联锁装置,出入口处的门打开时,电气线路应切断,起重机不能运行,从而可避免事故的发生;焊机空载时自动断电保护装置,可避免焊工更换焊条触及焊钳口时触电事故的发生。

(2) 漏电保护器。漏电保护器的工作原理是通过检测机构取得异常信号经中间机构的转换,传递给执行机构,检测的信号可能是电压或电流,微弱信号需通过放大环节再传送给执行机构,带动机械脱扣和电磁脱扣装置动作,断开电源。

(3) 电容器放电装置。仅切断电源的办法还不足以保证防止触电。设备内部可能有储存大量电荷的电容器,即使切断电源,电容器及其线路放电需要一段时间。如果电容器及其线路不能在切断电源后的 2 s 内放电降到 30 V 以下,则必须带有放电装置。这类放电装置应在操作或检修人员一打开通道口时就自动工作。例如,在直流电源各输出端跨接一个电阻就可以很好地保证电容自动放电(但它要强加一些分流)。如果没有这类分流措施,则打开通道口进行操作或检修以前,应该设法让电容器放电,如用接地杆等。

(4) 接地。为了防止人员受高压伤害,必须采取接地措施。

输电线路的安全也应注意。人体的接触、短路或输入线接地都可能触电以致着火。例如,某些变压器或电机出现故障时,初级供电线路就可能接地,所以在输电线路的两头及所有支路上都应装上保险丝或保险装置。

(5) 警告标志与警告信号。警告标志及信号作为一种防触电的辅助措施也是非常必要的。警告标志常用警告文字(如"小心高压")或用规定的图形作为警告记号;还有警告标志,在可能发生触电的部位漆上国家规定的标准警告色。

常用的警告信号还有警铃、警报、红色警告灯等声光信号。在可能引起触电的部位附近安装传感器(例如光电管),当人员接近危险时,传感器控制警告装置发出警告信号,避免触电。

习　题

8-1　阐述什么是人机系统。

8-2　简述安全人机系统事故模型在人机系统安全中的作用。

8-3　什么是人为失误?大致表现在哪些方面?

8-4　如何理解人为失误心理原因?

8-5　简述人为失误的控制方法。

8-6　概述防止事故的基本对策。

8-7　人为失误可能发生在计划制定、工程设计、制造加工、设备安装、设备使用、设备维修以至于管理工作等各种工作过程之中，在这样一种认识的前提下如何理解：① 人的不安全行为本身是人为失误的特例；② 管理失误也是一种人为失误。而且是一种更加危险的人为失误。请结合实例回答上述两个问题。

8-8　请用事故发生顺序模型分析一起生产安全事故，并说明这样做的好处是什么。

8-9　通过互联网查找两起生产安全事故加以分析，分析事故发生的主要原因是什么，试基于安全人机工程学理论阐述事故预防的方法。

8-10　论述人机功能合理分配及安全、友好的人机界面设计的要点。

8-11　何谓安全防护装置？它有哪几种类型？设计原则有哪些？

第9章　人机系统安全评价

主要内容

(1) 人机系统分析方法。

(2) 人机系统的可靠性分析。

(3) 人机系统评价。

学习目标

(1) 掌握连接分析法、作业分析法等人机系统分析方法的步骤及应用。

(2) 充分理解人机系统可靠性的内涵及人机系统可靠度的计算与评价方法。

(3) 掌握常用的人机系统评价方法，并能应用于实践。

人机系统是一个极其复杂的系统，系统的性能是否达到了人—机—环境三要素的最优(或较优)的组合，是评价、分析人机系统所要解决的问题。人机系统设计的目标是把系统的安全性、可靠性、经济性综合起来加以考虑，并以人的因素为主导因素，使人能在系统中安全、舒适、高效工作。系统分析、评价是运用系统的方法，对系统和子系统的设计方案进行定性和定量的分析与评价，以便提高对系统的认识，优化方案的技术。

9.1　人机系统分析方法

9.1.1　连接分析法

连接分析法(Link Analysis)是一种描述系统各组件之间相互作用的简单图解技术，是一种对已设计好的人、机、过程和系统进行分析、评价的简便方法。连接分析的目的是合理配置各子系统的相对位置及其信息传递方式，减少信息传递环节，使信息传递简捷、通畅，提高系统的可靠性和工作效率。

1. 连接的类型

连接是指人机系统中，人与机、机与机、人与人之间的相互作用关系，因此相应的连接形式有人—机连接、机—机连接和人—人连接。人—机连接是指作业者通过感觉器官接收机器发出的信息或作业者对机器实施控制操作而产生的作用关系；机—机连接是指机械装置之间所存在的依次控制关系；人—人连接是指作业者之间通过信息联络，协调系统正常运行而产生的作用关系。

连接分析是指综合运用感知类型(视、听、触觉等)、使用频率、作用负荷和适应性，分析、评价信息传递的方法。连接分析涉及人机系统中各子系统的相对位置、排列方法和交往次数。因此，按连接的性质，人机系统的连接方式主要有对应连接和逐次连接两种。

1) 对应连接

对应连接是指作业者通过感觉器官接收他人或机器发出的信息，或作业者根据获得的信息进行操作而形成的作用关系。对应连接有显示指示型和反应动作型两种。以视觉、听觉或触觉来接受指示形成的对应连接称为显示指示型对应连接。例如，操作人员观察显示器后，进行相应操作。即人的视觉与显示信号形成一个连接。操作人员得到信息后，以各种反应动作来操纵各种控制装置而形成的连接称为反应动作型对应连接。

2) 逐次连接

人在进行某一作用过程中，往往不是一次动作便能达到目的，而需要多次逐个的连续动作。这种逐次动作达到一个目的而形成的连接称为逐次连接。如汽车司机在交叉路口停车后重新起步的操作过程：确认允许通行信号(信号灯的绿灯显示或交通民警的指挥信号)→左脚把离合器踏板踩到底→右手操纵变速杆，迅速挂上起步挡→缓缓抬起左脚使离合器平稳结合，同时右脚平稳踏下加速踏板，使汽车平稳起步→汽车加速到一定车速时，左脚迅速把离合器踏板踩到底，同时右脚迅速抬起，把加速踏板迅速松开→右手操纵变速杆，迅速换入高一级挡位→缓慢抬起左脚，使离合器平稳结合，同时右脚平稳踏下加速踏板，使汽车进一步加速→汽车加速到更高车速时，左脚迅速把离合器踏板踩到底，同时右脚迅速抬起，把加速踏板迅速松开→右手操纵变速杆，迅速换入更高一级挡位(直接挡或最高挡)→缓慢抬起左脚，使离合器平稳结合，同时右脚平稳踏下加速踏板，使汽车加速到稳定车位后，保持稳速行驶。这一复杂的操作过程就构成一条典型的逐次连接。

2. 连接分析法的步骤

连接分析法的步骤可分为绘制连接关系图和调整连接关系两步。

1) 绘制连接关系图

连接分析通过连接关系图进行。将人机系统中操作者和机器设备的分布位置绘制成平面布置图，人机系统中的各种要素均用符号表示，各种要素之间的对应关系根据不同连接形式用不同的线型表示，连接关系图中的要素符号、线型的含义如表 9-1 所示。

表 9-1　连接关系图中的要素符号、线型的含义

要素符号、线型	○	□	——	------	-·-·-·-
含义	操作者	控制器、显示器等设备装置	操作连接	听觉信息传递连接	视觉观察连接

例如，在图 9-1 所示的控制系统设计中，作业者 3、1、4 分别对显示器和控制装置 C、A、D 进行监视和控制，作业者 2 对显示器 C、A、B 的显示内容进行监视，并对作业者 3、1、4 发布指示。其连接关系如图 9-2 所示。

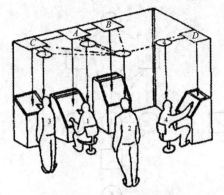

图 9-1　控制系统设计

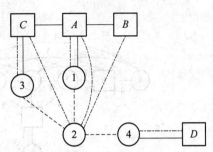

图 9-2　控制系统设计中的连接分析图

2) 调整连接关系

为了使各子系统之间达到相对位置最优化，在调整连接关系时常使用以下三个优化原则：

(1) 减少交叉。为了使连接不交叉或减少交叉环节，通过调整人机关系及其相对位置来实现。图 9-3(a)为某人机系统的初始配置方案；图 9-3(b)为修改后的方案。修改后交叉点消失，显然图 9-3(b)所示方案比图 9-3(a)所示方案合理。这样经过多次作用分析，直至取得简单、合理的配置为止。

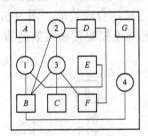

(a) 初始配置方案

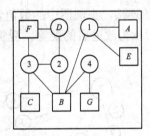

(b) 修改后的方案

图 9-3　连接方案的优化

(2) 综合评价。对于较为复杂的人机系统，仅使用上述图解很难达到理想的效果。必须同时引入系统的"重要程度"和"使用频率"两个因素进行分析优化。确定链的形态、重要度和频率，求出每一个链的链值。各链的重要性分值和使用频率分值的乘积称为联系链的链值，可据此来判定人机系统中各联系链之间的相对权重，从而为人机系统的合理布置提供量化的依据。系统的链值等于各个链值之和。

① 相对重要性。请有经验的人员确定连接链的重要程度。各链的重要度一般用 4 级计分，即"极重要"者为 4 分，"重要"者为 3 分，"一般重要"者为 2 分，"不重要"者为 1 分。

② 使用频率。各链的频率一般用 4 级计分，即"频率很高"者为 4 分，"频率高"者为 3 分，"一般频率"者为 2 分，"频率低"者为 1 分。

③ 综合评价。将相对重要性和使用频率两者相对值之乘积的大小作为综合评价值，进行优化配置。

图 9-4(a)所示是某连接图初始方案，连线上所标的数值是重要性和使用频率的乘积值，即综合评价值。在进行方案分析中，既考虑减少交叉点数，又考虑综合评价值，将图 9-4(a)所示方案调整为图 9-4(b)所示方案，与改进前相比，连接变得流畅且易使用。

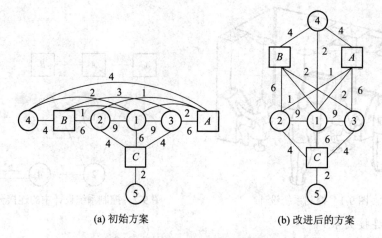

(a) 初始方案　　　　　　　　(b) 改进后的方案

图 9-4　采用综合评价的连接分析

(3) 运用感觉特性配置系统的连接。从显示器上获得信息或操纵控制器时，人与显示器或人与控制器之间形成视觉连接、听觉连接或触觉连接(控制、操纵连接)。视觉连接或触觉连接应配置在人的前面，由人的感觉特性所决定。而听觉信号即使不来自人的前面也能被感知，因此，连接分析还应考虑运用感觉特性配置系统的连接方式。图 9-5 描述了 3 人操作 5 台机器的连接，小圆圈中的数值表示连接综合评价值。图 9-5(a)所示为改进前的配置；图 9-5(b)所示为改进后的配置。视觉、触觉连接配置在人的前方，听觉连接配置在人的两侧。

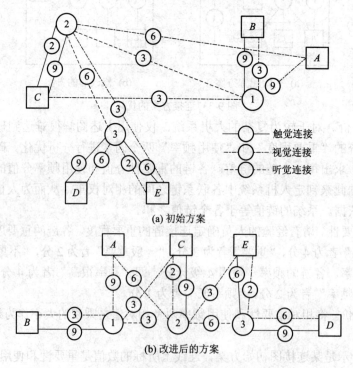

(a) 初始方案

(b) 改进后的方案

图 9-5　运用感觉特性配置系统连接

3. 连接分析法的应用

1) 对应连接分析

图 9-6(a)所示为某雷达室的初始平面图。为了减少交叉和缩短行走距离，运用连接分析法优化雷达室内的人机间的连接。利用连接图将图 9-6(a)简化为图 9-6(b)。图 9-6(c)所示为改进方案的连接图，改进方案的人机间连接关系与旧方案完全相同，但平面布置不同。改进方案的平面布置如图 9-6(d)所示。

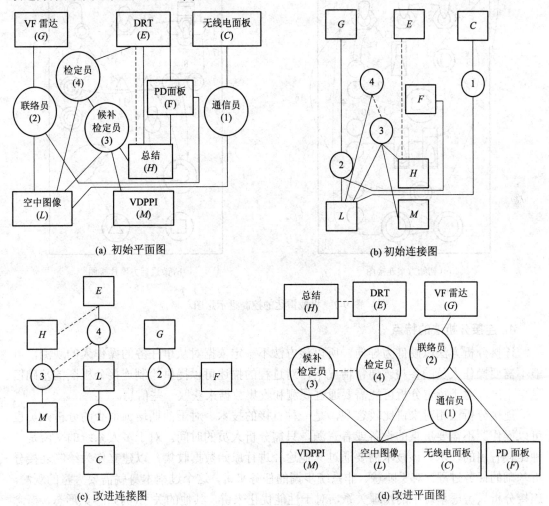

图9-6　雷达室平面布置设计

2) 逐次连接分析

连接分析可用于控制盘的布置。在实际控制过程中，某项作业的完成需对一系列控制器进行操纵才能完成。这些操纵动作往往按照一定的逻辑顺序进行，如果各控制器安排不当，各动作执行路线交叉太多，会影响控制的效率和准确性。运用逐次连接分析优化控制盘布局，可使各控制器的位置得到合理安排，减少动作线路的交叉及控制动作所经过的距离。

图 9-7 所示是机载雷达的控制盘示意图，标有数字的线是控制动作的正常连贯顺序。图 9-7(a)是初始设计示意图。显然，操作动作既不规则又曲折。当操作连续进行时，通过

对各个连接的分析，按每个操作的先后顺序，画出手从控制器到控制器的连续动作，得出控制器的最佳排列方案，如图 9-7(b)所示，使手的动作更趋于顺序化和协调化。其中，0 为控制动作起点与终点。

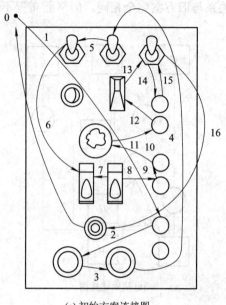 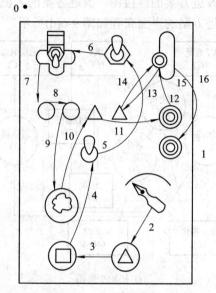

(a) 初始方案连接图　　　　　　　　　　(b) 改进后方案连接图

图 9-7　机载雷达的控制盘示意图

4. 连接分析法的特点

连接分析方法以硬件为导向，所以该方法不一定依据对从事任务的操作人的观测，可能不需要操作人员的参与。通常情况下，对过程的描述可以提供绘制连接分析图的基础信息。不过，对于特定分析可能需要通过观测和收集数据来获取一些信息。

连接分析法相对来讲比较客观，是一种直接的技术，对于前期培训很少的分析人员也可以操作。不需要贵重的设备或者资源，只需分析人员的时间。对于多人系统的交流是一种比较有用的技术。该技术需要通过其他途径进行原始数据收集，以建立作为绘制连接分析基础的任务过程。对于随意、非系统步调的任务来讲，这个过程本身就需要大量的观测。连接分析只考虑系统中的物理关系，对于性能优化来讲，其他的关系(例如感觉形态，概念兼容性等)可能更重要。由于分析图的复杂性，只有相对简单的子系统可以应用此技术。连接分析法将连接的重要性和它们的频率等同，连接分析只表明连接的频率，并没有提供有关连接可利用时间的信息。

9.1.2　作业分析法

作业分析法是以作业系统为对象，对现行各项作业、工艺和工作方法进行系统分析，从中找出不合理、浪费的因素并加以改进，以达到有效利用现有资源、增进系统功效的目的。作业分析法包括方法研究和时间研究两大类技术(见图 9-8)，它们紧密联系、相辅相成。作业分析始于被誉为科学管理之父的美国人泰勒。

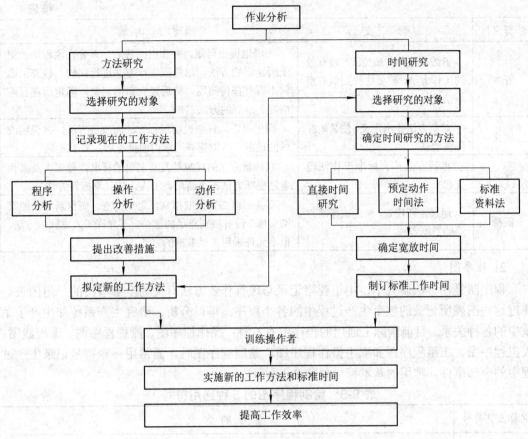

图 9-8　作业分析法

1. 方法研究

方法研究是对现行或拟议的工作方法进行系统的记录、严格的考查和进而分析改进的技术。方法研究的目的在于改进工艺和程序。改进工厂、车间和工作场所的平面布置，改进整个工厂和设备的设计，改进物料、机器和人力的利用，经济地使用人，减少不必要的疲劳以改善工作环境。

1) 方法研究的步骤

方法研究的步骤及实施如表 9-2 所示。

表 9-2　方法研究的步骤及其实施内容

步骤名称	含　义	实 施 内 容
选择	选择拟研究的工作对象	从经济上、技术上和人的反应三方面考虑，选择确定拟研究的工作对象
记录	通过直接观察，记录与现行方法有关的全部事实	使用一系列图表，清晰、准确地按顺序记录事件；或既记录事件顺序，又记录事件时间，以便比较容易地研究相关事件的相互作用
考查	使用最符合目的的提问，严格而有次序地考查所记录的事实	提问技术是进行严格考查所使用的有效方法。对所研究的每项活动依次进行系统的步步提问

步骤名称	含 义	实 施 内 容
开发	开发最实用、最经济、最有效的工作方法，但要估计到所有意外情况	正确地提出问题，并作出回答后，首先在流程图上记录所建议的方法，以便同现行方法进行比较、核查，确保不再有任何问题；然后建立新的记录，确定出在目前情况下最好的方法
定义	对新方法作出定义，使其始终能被辨认	写出报告，详细说明现行方法和改进方法，并说明改进的理由。在取得有关部门的批准后，着手实施
建立	将新方法作为标准工作法建立起来	宣传新方法的优越性及其制定的标准，使工人及其代表接受新方法。重新培训工人，使其掌握新方法
保持	通过定期检查，保证该标准方法的贯彻实施	有关部门必须采取措施，定期检查，确保新方法的贯彻实施。没有特别充足的理由，不允许工人重回旧方法，也不允许采用未经批准的方法

2) 程序图

程序图是在方法研究中，用于观察记录与现行作业方法有关的全部事实的一组图表。通过这些图表所记录的整个生产过程中的各个程序，可以分析、研究生产系统和生产子系统中的各种关系。目前国际上通用的程序图有 6 种：操作程序图、流程程序图、流程线图、人机程序图、工组程序图和双手操作程序图。绘制程序图时，通常用一套符号记录生产过程中的全部事件。常用的基本符号如表 9-3 所示。

表 9-3　绘制程序图的 5 种通用符号

名称及其符号	符 号 的 含 义
操作　○	表示工艺过程、方法或工作程序中的主要步骤。凡改变物料的物理或化学性质的过程均用此符号。在双手操作程序图中用以表示对工具、零部件或材料所进行的抓取、定位、使用、放松等动作
检验　□	表示加工中或加工后，对物料的质量和数量所进行的检验、试验、比较或鉴定。管理中的文件审核、数据核对、检查印刷品等也属于检验，也用此符号
动输或移动　⇒	表示工人、物料或设备从一处向另一处的移动。如物料搬上搬下运输工具、钳工台、仓库货架等。在双手操作程序图中定义为移动，表示手或肢体向工件、工具、材料移动或收回的动作
暂存或等待　◗	表示在操作、运输、检验中的等待，如物料放在小车上或工作台上等待加工、工人等候电梯、文件等待处理等。在双手操作程序图中定义为停顿，用以表示一只手或肢体空闲的状态
储存或握持　▽	表示受控制的储存，物料在某种方式的授权下存入仓库或从仓库发放，或为了控制目的而保存。在双手操作程序图中定义为握持，用以表示握住工件、工具或材料的动作

3) 考查和开发

用提问的方法对程序图所记录的全部事实做进一步分析，称为考查。考查清楚基本情况之后，即可优化现行方案，开发新的方法。可用 ECSIRR 法，它是删减(Elimination)、合并(Combination)、简化(Simplification)、改进(Improvement)、替换(Replacement)、重排

(Rearrangement)等 6 种方法的统称。

2. 程序分析

程序分析从宏观出发，对整个生产过程进行全面观察、记录和总体分析。程序分析的范围包括三个方面，即产品的生产过程、生产服务过程和管理活动过程。程序分析常用的分析工具为操作程序图、流程程序图和流程线图。

1) 操作程序图

操作程序图是以图表形式表示从原料投入生产直至加工成零件或装配成产品为止所经历的各种操作及检验。该图只反映操作和检验两种活动，运输、等待、储存在图中不作记录。图中用竖线表示操作程序的流程，用横线表示物料的投入。图 9-9 所示为摇杆的操作程序图。

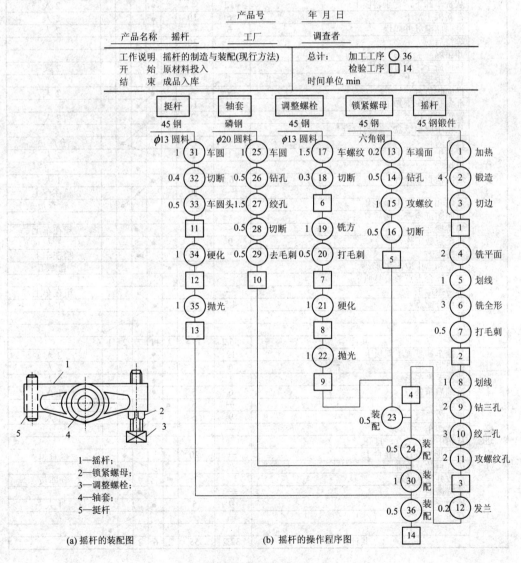

图 9-9　操作程序图

2) 流程程序图和流程线图

流程程序图是一种按时间顺序记录操作、检验、运输、等待、储存等 5 种活动的图表。它反映了生产过程中包括经过时间、移动距离以及等待在内的整个活动，是方法研究中最有用的工具。根据研究对象不同，流程程序图可分为物料型、人员型和设备型。图 9-10 所示为物料型流程程序图。

产品名称	BX487 T 形块	符　号	现行方法	改进方法	节省状况
作业内容	T形块一箱(20盒，每盒10件)的接收、检验、点数、打标记存入货架	操作○ 运输⇒ 等待D 检验□ 储存▽	2 11 7 2 1	2 6 2 1 1	— 5 5 1 —
地点	新产品 3 库				
操作人					
制表人		距离/m	56.2	32.2	24
审定人		时间(人—时)	1.96	1.16	0.80

	说明	距离/m	时间/min	符号（○⇒D□▽）	备注
现行方法	从货车卸下，置于斜板上	12			2 人
	在斜板上滑下	6	10		2 人
	滑向储藏处并码垛	6			2 人
	等待启封	—	30		
	卸箱垛	—			
	移掉盖子，交付票据取出	—	5		2 人
	置于手推车上	1			
	推向收货台	9	5		2 人
	准备从推车上卸下	—			
	置箱于工作台上	1	2		2 人
	从箱中取出纸盒，启封检查				
	重新装箱	—	15		仓库员
	置箱于手推车上	1	2		
	待运	—	5		
	运向检查工作台	16.5	10		1 人
	待检	—	10		箱在车上
	从箱和盒中取出 T 形块	1	20		检查员
	对照图纸检查，然后复原				
	等待搬运工	—	5		箱在车上
	推至点数工作台	9	5		1 人
	等待点数	—	15		箱在车上
	从箱和盒中取出 T 形块	—	15		仓库工
	在工作台上点数及复原				
	等待搬运工	—	5		箱在车上
	运至分配点	4.5	5		1 人
	存库				
	共计	56.2	174	2 11 7 2 1	
改进方法	从推车卸下置于斜板上	12			2 人
	在斜板上滑下	6	5		2 人
	放在手推车上	1			2 人
	推到启箱处	6	5		1 人
	移去箱盖	—	5		1 人
	推向收货台	9	5		1 人
	等待卸车	—	5		
	从箱中取出纸盒，打开				
	将 T 形块放在工作台上	—	20		检查员
	进行点数及检查				
	点数并重新装箱				仓库员
	等待搬运工	—	5		
	推至分配点	9	5		1 人
	存库	—	—		
	共计	32.2	55	2 6 2 1 1	

图 9-10　物料型流程程序图

　　流程线图是用来补充流程程序图的一种图表。它按照实际尺寸，采用一定比例，将流程程序图所涉及的工作区域、设备、工作台、检验台、原材料、制品或成品存放位置等画成平面布置图。流程线图一般与流程程序图结合使用，主要分析生产过程中物料和人员运动的路线。流程线图 9-11(a)(现行方法)和图 9-11(b)(改进方法)是流程程序图 9-10方法的补充。

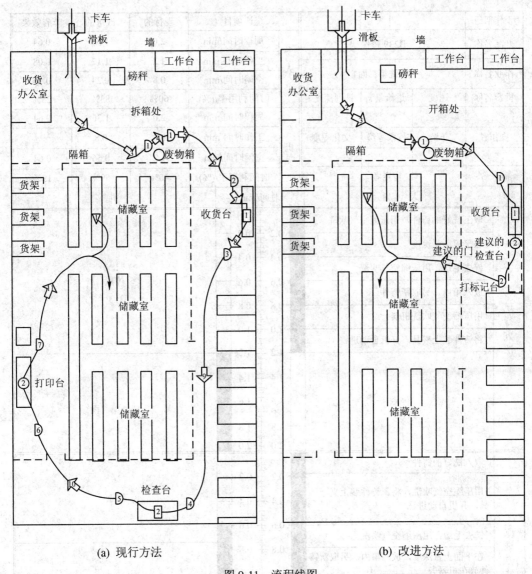

(a) 现行方法　　　　　　　　　　　　(b) 改进方法

图 9-11　流程线图

3. 操作分析

　　操作分析是研究一道工序的运行过程，分析到操作为止，而程序分析是分析到工序为止的。操作分析常用的工具为人机程序图、工组程序图和双手操作程序图。

　　操作分析的基本要求是，使操作总数最少，工序排列最佳，每一操作员简单、合理利用肌肉群，平衡两手负荷，尽量使用夹具；尽量用机器完成工作；减少作业循环和频率；

消除不合理的空闲时间；工作地点应有足够的空间等。

通过操作分析，应使人的操作及人机相互配合达到最经济、最有效的程度。

1) 人机程序图

人机程序图是记录在同一时间坐标上，人与机之间协调与配合关系的一种图表，如图 9-12 所示。通过对图 9-12 分析，可以减少人机空闲时间，提高人机系统效率。

工作部门		表号			统计项目		现行的	改进的	节省效果
产品名称		B239 铸件			人	周程时间/min	2.0	1.36	0.64
						工作时间/min	1.2	1.12	0.08
作业名称		精铣第二面				空闲时间/min	0.8	0.24	0.56
机器名称	速度	进给量 s	铣削深度 t			时间利用率/(%)	60%	83%	23%
					机	周程时间/min	2.0	1.36	0.64
操作者	年龄	技术等级	文化程度			工作时间/min	0.8	0.8	—
						空闲时间/min	1.2	0.56	0.64
制表者		审定者				时间利用率/(%)	40%	59%	19%

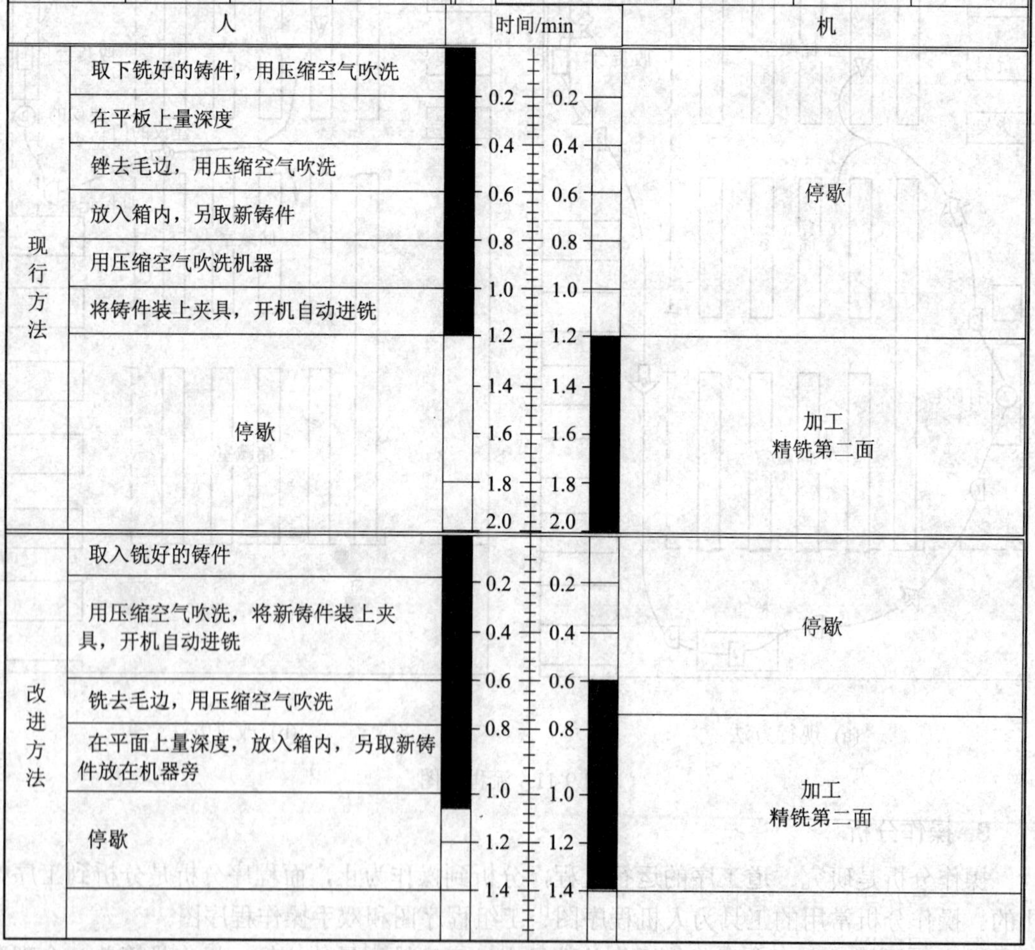

图 9-12　人机程序图

2) 工组程序图

工组程序图是记录在同一时间坐标上，一组工人共同操作一台机器或不同工种的工人共同完成一项工作时，他们之间的配合关系如图 9-13 所示。

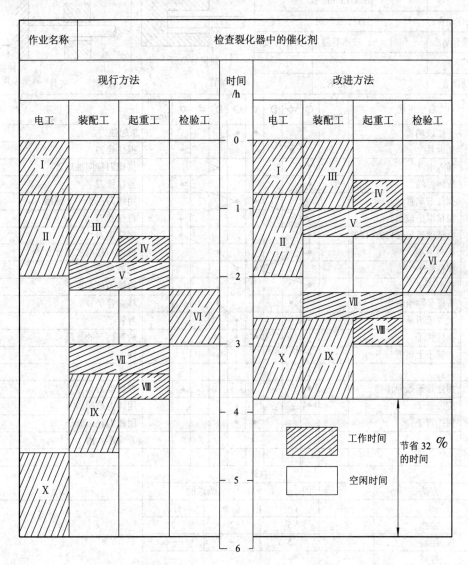

Ⅰ—卸走加热器；Ⅱ—检查维修；Ⅲ—松开顶盖；Ⅳ—挂上吊车钩；
Ⅴ—卸去顶盖；Ⅵ—检验、调节催化剂；Ⅶ—更换顶盖；Ⅷ—卸吊车钩；
Ⅸ—上紧顶盖；Ⅹ—换加热器

图 9-13　工组程序图

3) 双手操作程序图

双手操作程序图是按操作者双手动作的相互关系记录其手(或上、下肢)的动作的图表。双手操作程序图一般用来表示重复相同操作时的一个完整工作循环。它着眼于工作地点布置的合理性和零件摆放位置的方便性，如图 9-14 所示。

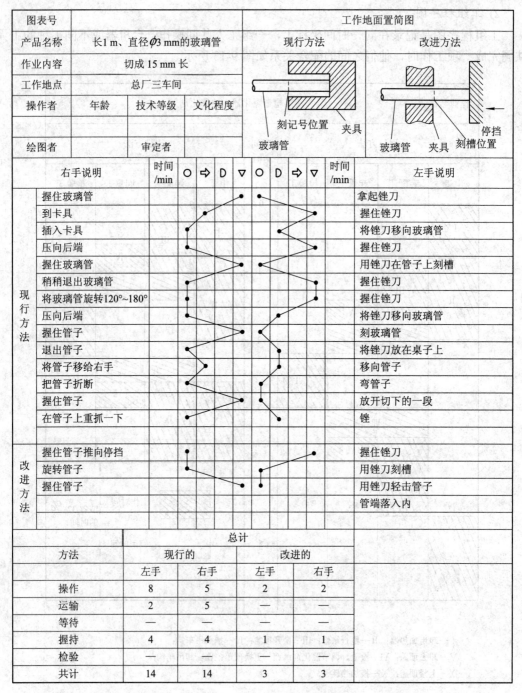

图 9-14 双手操作程序图

4. 动作分析和动作经济原则

1) 动作分析

动作分析是方法研究中的一种微观分析。它以操作过程中操作者的手、眼和身体其他部位为研究对象，按动作的目的分解为一系列的动素加以分析、研究。人体动作可划分为

18 种动素，如表 9-4 所示。这 18 种动素可归纳为三类：第一类为工作动素，即完成操作所必需的动素；第二类为干扰工作的动素，此类动素有妨碍第一类动素进行的倾向，通常可通过改进工作地点的布置加以消除；第三类为无效动素。动作分析的基本任务是通过分析、研究，尽量排除第二、三类动素，减少第一类中不必要的动素，将保留下来的动素合理组合，以便制订最佳操作方法和制订动作时间标准，使操作简便、省力、高效。

表 9-4　动素的名称、符号、定义

类别	序号	动素名称	代号	符号	颜色	定　义
第一类	1	伸手 Reach	RE	⌣	橄榄绿	无负荷的空手向目的物移动的基本动作
	2	抓握 Grasp	G	∩	深红	用手抓握住目的物的动作
	3	移荷 Move	M	◡	草绿	手或躯体有负荷由甲地移动到乙地的动作
	4	装配 Assemble	A	#	深紫	将两个或两个以上物体组合在一起的动作
	5	运用 Use	U	∪	紫色	使用工具、设备或仪器改变目的物的动作
	6	拆卸 Disassemble	DA	‡	淡紫	组合在一起的目的物分解为两个以上或使一物体脱离他物的动作
	7	卸荷 Release	RL	⌒	洋红	放下目的物的动作
	8	检验 Inspect	I	〇	深赭	将目的物与规定标准相比较的动作
第二类	9	寻找 Search	SH	⊙	黑色	用眼睛或手探索目的物方位的动作
	10	发现 Find	F	◉	深灰	在寻找之后，看到目的物的瞬间
	11	选择 Select	ST	→	浅灰	在多个物体中选择目的物的动作，包括数量
	12	计划 Plan	PN	ρ	褐色	为考虑下一步骤怎么做而出现的停顿(思考)
	13	定位 Position	P	9	蓝	使一个目的物与另一目的物对准的动作
	14	预定位 Preposition	PP	8	天蓝	将目的物预先放在规定位置的动作
第三类	15	握持 Hold	H	⊓	金赭	将目的物握在手中保持不动的动作
	16	迟延 Unavoidable Delay	UD	⌒	黄	在操作中属于外界因素，使操作者无法控制(避免)而发生的工作中断
	17	故延 Avoidable Delay	AD	⌐	柠檬黄	在操作中因操作者本人的因素而使工作中断
	18	休息 Rest	R	↶	橘黄	为恢复疲劳而进行必要的休息，不含生产动作

2) 动作经济原则

动作经济原则是一种保证动作经济而又有效的经验性法则。该原则是以人的生理、心理特点为基础，以减轻人在操作过程中的疲劳为目的而建立的。

(1) 利用人体原则：

① 双手应同时开始，并同时完成动作。

② 除休息时间外，双手不应同时闲着。

③ 双臂的动作应对称，方向应相反。

④ 双手和身体的动作应尽量利用最低等级(见表 9-5)，以减少不必要的体力消耗。

表 9-5　人体动作等级

等级	枢轴	身体动作部位	说　明
1	指节	手指	手动作中等级最低、速度最快的运动
2	手腕	手和手指	上臂和前臂保持不动，仅手指和手腕产生动作
3	肘	前臂、手和手指	手指、手腕和前臂的动作，即肘部以下的运动，是一种不易引起疲劳的有效动作
4	肩	上臂、前臂、手和手指	手指、手腕、前臂及上臂的动作，即肩以下的动作
5	躯体	躯干、上臂、前臂、手和手指	手指、手腕、前臂、上臂及肩的动作。该动作速度最慢，耗费体力最多，并会产生身体姿势的变化

⑤ 应当利用力矩协助操作。

⑥ 动作过程中，使用流畅而连续的曲线运动(如抛物线运动)，比用方向突然发生急剧变化的直线运动要好。

⑦ 作业时眼睛的活动应处于舒适的视觉范围内，避免经常改变视距。

⑧ 动作既要从容、自然、有节奏和有规律，又要避免单调。

(2) 布置工作地点的原则：

① 应给固定的工作地点提供全部工具和材料。工具材料应有固定位置，以减少寻找造成人力和时间的浪费。

② 工具、物料和操纵装置应放在操作者的最大工作范围之内，并尽可能靠近操作者，但应避免放在操作者的正前方。应使操作者手的移动距离和次数越少越好。

③ 应利用重力进给，利用料箱和容器传送物料。

④ 工具和材料应按最佳动作顺序排列布置。

⑤ 应尽量利用下滑运动传送物料，以避免操作者用手处理已完工的工件。

⑥ 应提供充足的照明；提供与工作台高度相适应并能保持良好姿势的座椅。工作台与座椅的高度应使操作者可以变换操作姿势，可以坐、站交替，具有舒适感。

(3) 设计工具和设备的原则：

① 应尽量使用钻模、夹具或脚操纵的装置，将手从所有的夹持工件的工作中解放出来，以便做其他更为重要的工作。

② 尽可能将两种或多种工具组合为一种。

③ 用手指操作时，应按各手指的自然能力分配负荷。

④ 工具中各种手柄的设计，应尽量增大与手的接触面，以便于施较大的力。

⑤ 机器设备上的各种杠杆、手轮和摇把等，应放置在操作者使用时尽量不改变或极少改变身体的位置(粗大费力的操作除外)，并应最大限度地利用机械力。

5. 时间研究

时间研究是在方法研究的基础上，运用一些技术来确定操作者按规定的作业标准，完成作业所需的时间。

时间研究的目的在于揭示造成生产中无效劳动时间的各种原因，确定无效时间的性质和数量，采取措施消除无效时间，并在此基础上制定合理的作业时间标准。

时间研究的用途是比较各种工作方法的效果，合理安排作业人员的工作量，平衡作业组成员之间的工作量，并为编制生产计划和生产进程，为劳动成本管理、估算标价、签订交货合同、制订劳动定额和奖励办法等提供基础资料和科学依据。

时间研究的步骤如下：

(1) 选定需要研究的工作对象。

(2) 记录全部工作环境、作业方法和工作要素的有关资料。

(3) 考查全部记录资料和细目，以保证使用最有效的方法和动作，将非生产的和不适当的工作要素与生产要素区别开来。

(4) 选用适当的时间研究技术，衡量各项要素的工作时间。

(5) 制订包括休息和个人生理需要等宽放时间在内的作业标准时间，并建立标准数据库。若时间研究仅用于调查无效时间或比较工作方法的效果，可不进行制订作业标准时间这一项。

时间研究技术主要有工作抽样、秒表测时研究、预定动作时间标准法和标准资料法。

9.2　人机系统的可靠性分析

在现实生活和生产工作中，每时每刻都在发生各式各样的事故，以致夺走人宝贵的生命。这主要归结于人、机、环境之间关系不相协调的结果。于是，以减少事故、提高系统安全性为目的的人、机、环境系统的可靠性研究，日益被人们所重视。

长期以来，可靠性研究对象被局限在"机"，事实上很多事故是由人的差错造成的。1979年 3 月 28 日发生在美国三哩岛核电站放射性物质泄漏事件和 1986 年 4 月 26 日发生在苏联切尔诺贝利核电站事故，主要是由人的因素造成的。随着社会的进步，人在各方面都成为非常重要的因素。同时，由于"环境"因素所造成的事故也屡见不鲜，美国"挑战者"号航天飞机爆炸就是由于助推器密封圈在低温环境中失效引起的。再如，高温作业时，人的细胞异常活跃，易于早期产生疲劳，增加了发生事故的可能性；低温作业时，环境从人体夺走热量，使人由于寒冷而束缚了手脚，也易于诱发事故。因此，系统的可靠性研究对象即为人、机器、环境三方面。

当把人作为可靠性研究对象时，机器的状态和所处环境即为规定条件；当把机器作为可靠性研究对象时，人的状态和所处环境即为规定条件；当把环境作为可靠性研究对象时，人和机器即为规定条件。

如果人在规定的时间内和规定的条件下没有完成规定的任务，就称为人为差错；相应地用人的差错率来度量。机器在规定时间和规定的条件下丧失功能，就称为故障；相应地用机器的故障率来度量。环境如果没有达到规定的指标要求，就称为环境故障；相应地用环境故障率来度量。

由此可见，可靠性的定量描述可以表明系统中的某一方面，如果在规定条件下能够充分实现其功能要求，就是可靠的；反之，若随时间的进程，系统中的某一方面在某一时刻出现故障、失效，不能实现其功能要求时，就是不可靠的。

9.2.1　人的可靠性

人的可靠性在人机系统的可靠性中占主要作用，现代科学技术的发展使得机器的可靠性越来越高。相比而言，人的可靠性就显得越来越重要。图 9-15 所示是人、机器和系统可靠性之间的关系图。

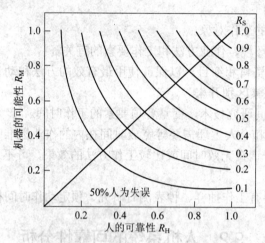

图 9-15　人、机器的可靠性与人机系统可靠性的关系

图 9-15 中显示，当人的可靠性为 0.8 时，机器可靠性达到 0.95，整个人机系统的可靠性仅为 0.76；若不断改进设计，使机器的可靠性达到 0.99，系统的可靠性仍只有 0.79。因此，提高人的可靠性是提高系统可靠性的关键。分析人的可靠性，找出引发事故的人为原因，可以寻求防止事故发生的措施，提高人机系统的可靠性。

1. 人为失误

人为失误是指人为地使系统发生故障或发生机能不良事件，是违背设计和操作规程的错误行为。人为失误也是影响可靠性的一个很重要的因素。在作业过程中，人首先会通过感觉器官接收外界信息，感知系统的作业情况和机器的状态；其次，大脑会自动处理接收的信息并做出决定，如停止或改变操作；最后，根据决定采取相应的行动，如关闭机器或增、减其速度等。人的这一行为过程可概括为感觉(S)—认识(O)—响应(R)的行为模型。人为失误产生的原因可参考本书 8.2 节相关内容。

2. 人的可靠性分析

人的可靠性对人机系统的安全性起着至关重要的作用，其研究贯穿于人机系统的设计、制造、使用、维修和管理的各个阶段。对人的可靠性研究是为了在人发生失误时，确保人身安全，不致严重影响到系统的正常功能。因此，人的可靠性可定义为：在规定条件下、在最短的时间内，由人成功地完成作业任务且能实现人机系统合理、有效运行功能的能力。

人的可靠性分析是用于定性或定量评估人的行为对系统可靠性或安全性影响程度的方法，它与概率风险性评价之间有一定的联系。概率风险性评价是为了辨识由人参与作业的风险性；而人的可靠性分析是评价人完成作业的能力大小，其主要内容有以下几方面：

(1) 如何用概率度量人的可靠性。

(2) 如何通过人失误的可能性评估人的行为对人机系统的影响。

(3) 可靠性评估与概率风险性评估相互独立而又彼此相关。

因此，人的可靠性分析在降低人为失误的方面起着不可或缺的作用，不但能够辨识出不希望发生事故产生的原因，又能对事故造成的损失给予客观的评价，包括定性和定量分析两个方面。

人的可靠性的定性分析在于辨识人失误的本质和失误的可能状况，可通过观察、访问、查询和记录等方法进行失误分析。常见的失误类型有四类：未执行系统分配的功能、错误执行了分配的功能、按照错误的程序或错误的时间执行了分配的功能、执行了未分配的功能。这些定性分析是人的可靠性的定量分析的基础。人的可靠性的定量分析是从动态和静态两个方面来估计人的失误对系统正常功能的影响程度，可以通过人的操作、行为模式和适当的数学模型来完成。当系统比较复杂和重要时，需要人机工程专家、工程技术人员和管理人员等共同参与，必要时建立专家知识库，采取定性、定量相结合的分析手段。

3. 人的操作可靠度

1) 定义

人的操作可靠度是指作业者在规定条件下、规定时间内正确完成操作的概率，用 R_H 表示。人的操作不可靠度(人体差错率)用 F_H 表示，两者关系为

$$R_H + F_H = 1 \tag{9-1}$$

2) 人的操作可靠度计算

人的行动过程包括信息接收过程，信息判断、加工过程，信息处理过程。人的可靠性也包括人的信息接收的可靠性、信息判断的可靠性、信息处理的可靠性。这三个过程的可靠性就表达了人的操作可靠性。

(1) 间歇性操作的操作可靠度计算。间歇性操作的特点是在作业活动中，作业者进行不连续的间断操作。例如，汽车换挡、制动等均属间歇性操作。这种操作可能是有规律的，有时也可能是随机的。因此，对于这种操作不宜用时间来表达其可靠度，一般用次数、距离、周期等来描述其可靠度。

若某人执行某项操作 N 次，其中操作失败 n 次，则当 N 足够大时，此人的操作不可靠度为

$$F_H = \frac{n}{N} \tag{9-2}$$

人在执行此项操作中，其操作可靠度为

$$R_H = 1 - F_H = 1 - \frac{n}{N} \tag{9-3}$$

例如，汽车司机操纵刹车 5000 次，其中有 1 次失误项操作的可靠度为

$$R_H = 1 - \frac{1}{5000} = 0.9998$$

(2) 连续性操作的操作可靠度计算。连续性操作是在作业活动过程中，作业者在作业

时间里进行连续的操作活动。例如对运行仪表的全过程监视，汽车在行驶中司机对方向盘的操纵、对道路情况的监视等。连续性操作可直接用时间进行描述。对连续性操作的操作可靠度，可用人的操作可靠性模型来描述，即

$$R_H(t) = e^{-\int_0^t \lambda(t)dt} \tag{9-4}$$

式中：t 为连续工作时间；$\lambda(t)$ 为 t 时间内人的差错率。

例如，汽车司机操纵方向盘的恒定差错率为 $\lambda(t)=0.0001$，若司机驾车 300 h，其可靠度为

$$R_H(300) = e^{-0.0001t} = e^{-0.0001 \times 300} = 0.9704$$

说明：$\lambda(t)$ 是随时间变化的函数，对于同一个人，在不同的时间内，其差错率 $\lambda(t)$ 是不同的；对于不同的人，其差错率 $\lambda(t)$ 也是不同的。因此，在计算连续性操作可靠度时，一般是根据不同的人、不同的时间、进行同一操作的差错率的平均值计算的。

9.2.2　机的可靠性

在人机系统中，由于机器设备本身的故障以及人机系统设计的协调性差而导致了许多事故的发生。因此，人们为了防止事故，在进行生产活动开始时，要对机器设备的安全性进行预测，并根据具体情况，运用已有的经验和知识，及时调整和更正事先的预测，使预测的准确性达到最优。由此所决定的人的行动和机器性能方面的预测在实际工作中与最初设想达到一致的程度就是可靠性。

就机器设备而言，可靠性是指机器、部件、零件在规定条件下和规定时间内完成规定功能的能力。

规定条件包括使用条件、维护条件、环境条件、储存条件和工作方式等。某些电子元器件在实验室中使用和在火箭上使用，其可靠性就可以相差几个数量级。机器在超负荷下使用和连续不断工作都会使其可靠性降低；相反，产品在减负荷(低于使用负荷)下使用，可靠性提高。

设备规定的工作可靠时间依据不同对象和工作目的而异，如火箭要求几秒或几分钟内工作可靠，而一台机床要求的可靠使用时间则长得多。一般来说，机器设备的可靠性随使用时间的增加而逐渐降低，使用时间越长，可靠性越低。使用时间不同，可靠性也不同。

规定功能是指机器设备本身的性能指标和包括人能方便、安全、舒适地操纵机器的使用功能。若机器和设备达到规定功能，则可靠；若产品丧失规定功能，则称其发生故障、失效或不可靠。

度量可靠性指标的特征量称为可靠度。可靠度是在规定时间内，机器设备或部件完成规定功能的概率。若把它视为时间的函数，就称为可靠度函数。就概率而言，可靠度是累积分布函数，它表示在该时间内成功完成功能的机器或部件占全部工作的机器或部件的百分率。设可靠度为 $R(t)$，不可靠度为 $F(t)$，则

$$R(t) = 1 - F(t) \tag{9-5}$$

若 $F(t)$ 对时间微分，即可得函数 $f(t)$，称为故障密度函数，即

$$f(t) = \frac{\mathrm{d}F(t)}{\mathrm{d}t} = -\frac{\mathrm{d}R(t)}{\mathrm{d}t} \tag{9-6}$$

故障率 $\lambda(t)$ 可用下式表示：

$$\lambda(t) = \frac{f(t)}{R(t)} = -\frac{\mathrm{d}R(t)}{R(t)\mathrm{d}t} \tag{9-7}$$

如 $\lambda(t)$ 已知，可将上式变为积分形式，即可求得 $\lambda(t)$ 与 $R(t)$ 的关系：

$$R(t) = \mathrm{e}^{-\int_0^t \lambda(t)\mathrm{d}t} \tag{9-8}$$

当 $\lambda(t)$ 是常数时，即 $\lambda(t) = \lambda$，则有

$$R(t) = \mathrm{e}^{-\lambda \cdot t} \tag{9-9}$$

其中故障率 λ 等于机器或部件平均无故障时间的倒数，即

$$\lambda = \frac{1}{\text{平均无故障时间}} = \frac{1}{\theta} \tag{9-10}$$

所以可靠度 $R(t)$ 也可写为

$$R(t) = \mathrm{e}^{-t/\theta} \tag{9-11}$$

显然，随着使用时间的增加，机器或部件的可靠度不断降低，如图 9-16 所示。根据上式，当机器或部件使用时间等于平均无故障间隔时间时，即 $t = \theta$ 时，机器或部件的可靠度为

$$R(t) = \mathrm{e}^{-1} = 0.368$$

为了提高机器或部件的可靠度，必须使 t/θ 的比值最小。

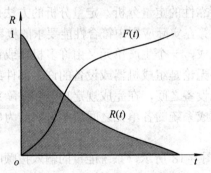

图 9-16　机器的可靠度与时间的关系

1. 机器故障

机器或部件的故障率 $\lambda(t)$ 是指随使用时间的递增按不同使用阶段的变化。通常可分为三个阶段：

(1) 初期故障发生于机器试制或投产早期的试运转期间。其主要原因是由于设计或生产加工中潜在的缺点所致。潜伏未被发现的错误、制造工艺不良、材料和元器件的缺陷，在使用初期暴露出来，就呈现为故障。例如螺钉、螺栓免不了有次品，焊接有可能假焊等。

为了尽早发现这些缺陷，就要对材料、元器件进行认真筛选，试验、改进制造工艺，

以及对成品做延时、老化处理和人机系统的安全性试验等，以提高机器在使用初期的可靠性。

(2) 随机故障，是在机器处于正常工作状态下的偶发故障。这期间，故障率较低且稳定，称为恒定故障期。这期间的故障不是通过检修等方法可以避免的。这些故障常常是由于超过元器件设计强度和应力过于集中所致。偶发故障是随机的，既无规律又不易预测。但是对一般机器都可规定一个允许的故障率，而把对应于这个故障率的寿命称为耐用寿命，或有效工期。在一定条件下耐用寿命越长越好。

(3) 磨损故障，也即后期磨损故障。随着时间的增长，故障率迅速增加。这一时期的故障主要是由于长期磨损，机器或部件老化、疲劳、腐蚀或类似的原因所致。在研究机器耗损故障之后，就可以制定出一套预防检修和更换部分元件的方法，使耗损故障期延迟到来，以延长有效工作期。

机器或部件的以上三个阶段的故障率与时间的关系如图 9-17 所示。

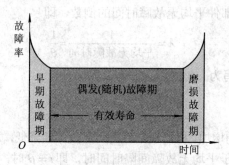

图 9-17　故障率与时间的关系

2. 机器的可靠性分析

可靠性是机器或部件的重要指标之一。在制订设计方案时，就得要考虑可靠性的估计问题，对机器或部件进行可靠性的定量分析。定量分析的方法是根据故障率来计算机器或部件可能达到的可靠度或计算在实际应用中符合性能要求的概率。

一台机器由许多部件组成，一个生产单元又由许多机器或设备组成，进而，许多生产单元组成了整个生产系统。无论是组成机器或设备的许多部件或零件之间，还是组成生产单元和生产系统的众多机器设备之间，在完成规定功能和保障系统正常运转时，都是按一定连接方式进行配置的。构成系统的各单元之间通常可归结为串联配置方式和并联配置方式两类。

(1) 串联配置方式。如图 9-18 所示，系统能量的输入按顺序依次通过功能上独立的单元 $A_i = 1, 2, 3, \cdots, n$，然后才输出。当串联配置时，欲使整个系统正常工作，必须使所有单元都不发生故障。如果系统中的任一个单元发生故障，就会导致整个系统发生故障。因此对于重要的和可靠性要求高的系统，应力求避免采用串联配置方式。

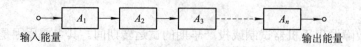

图 9-18　串联配置系统

如果每个单元的可靠度为 R_1, R_2, R_3, $\cdots$, R_n，则系统的可靠度为

$$R_S = R_1 \times R_2 \times R_3 \times \cdots \times R_n$$

$$R_S = \prod_{i=1}^{n} R_i \tag{9-12}$$

在计算可靠度时，要注意系统类型的复杂性。例如电子计算机系统在整个运算过程中，不是所有元件都投入运行，所以还须注意这种因素，以免可靠度的计算结果偏低。另外，还要注意使用条件，因为相同的元件在不同的环境下使用，其故障率或寿命也是不相同的。

(2) 并联配置方式。如图 9-19 所示，并联配置系统是由一系列平行工作的单元组成的系统。该系统中只要不是全部单元发生故障，系统仍可以正常工作。因为系统中没有发生故障的单元照样保持能量的输入和输出。实际上，所有单元同时发生故障的概率极低，所以并联配置方式保持系统正常，运行的可靠性比串联方式高得多，但经济性差，因此，选择并联配置方式时要根据系统的重要程度而定。

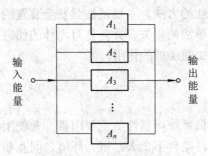

图 9-19　并联配置系统

并联配置方式的系统可靠性按概率公式可表示为

$$R_S = 1 - (1 - R_1)(1 - R_2) \cdots (1 - R_n) = 1 - \prod_{i=1}^{n} (1 - R_i) \tag{9-13}$$

3. 提高机器的可靠性

提高机器设备可靠性有两个目的：一个是延长机器设备的使用寿命；另一个是保证人机系统的安全性。

可靠性高的产品，使用效率就高，使用寿命就长，甚至一个产品能顶几个用。在现代设计中，一个元件不可靠，影响的不是元件本身，而是一台设备、一条生产线以至整个生产系统。

机器设备可靠性高，就会使人操作起来感到安全，减少失误，避免伤亡事故的发生和经济损失，相应的人机系统的可靠性就会提高。

提高机器设备可靠性的方法应从两方面考虑：减少机器本身故障，延长使用寿命；提高使用安全性。

用下面几种方法可减少机器故障：

(1) 利用可靠性高的元件。机器设备的可靠性取决于组成件或零件的可靠性，因此必须加强原材料、部件及仪表等的质量控制，提高零部件的加工工艺水平和装配质量。

(2) 利用备用系统。在一定质量条件下增加备用量，尤其是厂矿的关键性设备，如电源、通风机、水泵等都应有备用的；矿井的主扇、连接电机及电源也都应有备用品，以使井下通风不致因偶然事件而中断。

(3) 采用平行的并联配置系统，当其中一个部件出现故障时，机器设备仍能正常工作。如果两个单元并联系统中的一个单元发生故障，则系统的可靠性就降低到只有一个单元的水平。所以为保持高可靠性，必须及时察觉故障，并能迅速更换和调整。

(4) 对处于恶劣环境下的运行设备应采取一定的保护措施，如通过温度、湿度和风速的控制来改善设备周围的条件，对有些机器设备以至零部件要采用防振、防浸蚀、防辐射等相应措施。

(5) 降低系统的复杂程度，因为增加机器设备的复杂程度就意味着其可靠性降低，同时机器设备的复杂操作也容易引起人为失误，增高故障率。

(6) 加强预防性维修。预防性检查和维修是排除事故隐患、消除机器设备潜在危险、提高机器设备可靠性的重要手段。通过检修查明，有的部件仍可继续使用；有的部件已达到使用寿命的耗损阶段，必须进行更换，否则会因为存在隐患而导致更严重的事故发生。

提高机器设备使用安全性的方法，主要是加强安全装置的设计，即在机器设备上配以适当的安全装置，尽量减少事故的损失，并避免对人体的伤害；同时，一旦机器设备发生故障，可以起到终止事故，加强防护的作用。

9.2.3　环境因素

环境条件是影响安全人机系统可靠性的重要因素。人使用和操纵机器设备都是在一定的空间环境里进行的。在正常条件下，人、机、环境之间互相制约而保持平衡，且随时间的推移而不断调节这种平衡关系，以保证整个系统的可靠性。一旦人、机、环境系统中的某一因素出现异常，使系统的平衡遭到破坏，就会发生事故和财产损失。因环境因素而造成事故的例子也是很多的。不同的环境条件对人、对机器设备都会有不同程度的影响。优良、舒适、合理的环境条件，可使作业人员减轻疲劳、心情舒畅、减少失误；可以提高机器设备、元器件的使用寿命，降低故障率。反之，恶劣的环境条件，给人和机器设备带来不利影响，降低了系统的可靠性。

就人、机、环境的总系统而言，人与环境、机与环境可以作为子系统来对待。下面对这两个子系统分别进行讨论。

1. 提高人—环境系统的可靠性

1) 温度、湿度

在作业环境中温度和湿度的变化，除来自机器、装置和人的热能通过传导、对流和辐射产生影响外，主要是季节变化带来的影响。

夏天环境温度高、湿度大；而冬天温度低、湿度小。高温、高湿的环境使人感到不舒适，心情烦躁、疲惫、头晕，增加了操作人员生理上的疲劳和懈怠，反应迟钝，操作能力降低，容易产生人为失误，使人—环境系统的可靠性降低。

低温条件会影响人手脚动作的灵活性，尤其对于用手指进行的精细操作，温度过低会使手指的灵活性降低，手肌力和动感觉能力都明显变差，以致发生冻伤和无法工作。

要使作业人员舒适、安全和高效率地工作，就要为生产工作场所创造适宜的气候环境，即适宜的温度、湿度及合适的风速。

高温防护的措施可以采用通风降温、空调装置、防护服装等方式。低温防护主要是保持工作环境的温度，通常用加温设备即可做到。

2) 照明度

人在作业场所从事的各种生产活动，是通过光来观察环境并做出判断而进行的。然而，如果作业环境的光照条件不好，作业人员就不能清晰地识别物体，从而容易接收错误信息，产生行动失误，导致事故发生。同时，因照明度不足，作业人员在识别显示装置和操纵装置的过程中，就会产生疲劳，引起心理上的变化，使思考能力和判断能力迟缓，也增加了发生事故的潜在危险。因此，保证作业环境的良好光照度，对于减少事故、提高系统的可靠性具有非常重要的意义。

为了减少由于光照不足带来的事故，作业场所应尽量设法利用日光来达到作业照明度的要求，如采用大面积玻璃钢窗；在可能的条件下，机器设备的色调应明快、干净，避免使用灰暗色调。在需要人工照明的情况下，应尽量使光线不要太暗，但也不要太亮。太亮的光线易产生明、暗对比很强的阴影，会造成作业人员的视觉疲劳。作业照明的选择和确定，要以作业特点和作业环境舒适和减少事故为原则。

3) 环境噪声

噪声是人们不需要的声音，是一种公害。在工业生产中，各种机器和装置由于振动、冲击、摩擦而产生的各种杂乱频率交织在一起的声波，就形成作业环境的噪声。随着噪声的升高，会给人的各种生理机能带来危害。

在噪声环境下，语言的清晰度降低，影响正常的交谈和思维能力。短时间暴露在噪声下，会引起听觉疲劳，使听力减退；暴露时间过长会引起永久性耳聋，甚至还会引起多种疾病，更主要的是在某些重要场合，由于噪声掩盖报警信号而引起伤亡事故。

此外，噪声对人的心理影响也是生产操作中不安全的一个重要因素。噪声的声压升高，人的交感神经就会紧张，引起心情烦躁，注意力不集中，这样就容易发生人为失误，而使事故增多。

所以，在安全生产中，必须采取积极的防护措施，尽量减少噪声对人的生理和心理的不良影响。防止噪声的主要途径是：降低源噪声，包括更换装置，改善噪声源；控制有源噪声，包括隔声、吸声、消声、减振等；调整总体布局；加强个人防噪措施等，将噪声控制在国家规定的标准以内。

4) 环境污染

目前，有害气体、蒸气和粉尘等所造成的污染最为普遍。人们长期处在这种环境中，日积月累，各种有害物质必将对人体产生不良的生理效应，轻则引起精神不快，感官受刺激，工作效率降低；重则造成职业病及生产事故，甚至危及生命。所以，环境污染问题越来越受到人们的重视。

控制环境污染，要根据污染的性质采取不同的措施。例如，对空气污染，可采取通风、除尘和净化空气的方法；对污水要采用污水净化处理器进行净化处理；对其他有害物质，要尽量提高设备与装置的安全性；防止有害物质的泄漏，并设置有效的吸收、燃烧和处理装置，尽量使作业环境的有害物质含量减少到最低限度，保证作业人员的身心健康，减少事故，使人机系统能够可靠、有效地工作。

2. 提高机—环境系统的可靠性

1) 温度

通常机器设备所处的环境温度越高，对其可靠性的影响越大。由于机器设备在运行过程中都要散热，如果作业环境的温度过高，便不利于机器和设备的散热，就会增加机器设备发生故障的可能性。因此要利用传导、对流、辐射等散热途径来降低各种热源对机器设备的不利影响。

利用传导散热的主要措施：选用导热系数大的材料；扩大热传导零件间的接触面积；缩短热传导的路径，路径中不应有绝热和隔热元件。

利用对流散热的主要措施：加大温差，降低周围对流介质的温度；加大散热面积；加大周围介质的对流速度。

利用辐射散热的主要措施：在零件或散热片上涂黑色粗糙漆；加大辐射体的表面积；加大辐射体与周围环境的温差等。

在机器设备升温过高的工作环境里，需采取降温通风措施，如强迫通风、液体冷却、蒸气冷却以及半导体制冷等。

2) 腐蚀

潮气、霉菌、盐雾和环境中其他腐蚀性气体对机器设备的影响，主要表现在金属表面腐蚀、材料绝缘性能下降、其他性能劣化和失效等。由于腐蚀而造成了机器设备寿命周期的下降。

防止腐蚀主要采用的方法：

(1) 为了防潮，可以将金属件电镀和表面涂覆。

(2) 为了防霉，可以选用不生霉和经防霉处理的材料，机器设备还须经常维修清理以保证干燥和清洁。

(3) 为防止不同金属接触而造成电化腐蚀，要采用金属表面保护措施，如烧蓝和煮黑等工艺。

(4) 当使用环境恶劣时，要求高的产品应采用密封和灌封结构，以防止环境中腐蚀性气体的影响。

3) 振动

机器设备和装置在运行当中的变频、冲击、加速等会造成不同程度的振动。强烈的共振会导致机器设备或零部件损坏，且给作业人员带来不利影响，大大降低了系统的可靠性。因此，在设计上采取相应的防振、耐振措施，也是提高机器—环境系统可靠性的重要方面。

防振、耐振的措施是充分利用了加固技术、缓冲技术、隔离技术、去耦技术、阻尼技术和刚性化设计原理，尽量减轻振动给机器设备带来的不利因素。

在要求严格的情况下，必须设置减振器。减振器的选择主要考虑减振系统的重量、重心位置和各自的固有频率等。

机械振动是一门专业的学科系统，这里不再赘述。

4) 辐射

具有辐射的环境对机器和设备产生不同程度的不利影响，辐射主要有电磁辐射，如 γ、X 射线和电磁脉冲；粒子辐射，如电子、质子、中子和 α 粒子。辐射对机器设备的损伤包括瞬时的电离效应、半永久性的表面效应和永久性的位移效应以及各种热效应。

为了提高设备抗辐射能力，尤其对电子设备，必须进行防辐射研究。如合理地选择材料和元器件；进行设备本身抗辐射电路的设计；采用良好的组装工艺；采用真空密封或灌封结构来隔绝器件表面的空气，以防止电离效应的影响；采用屏蔽措施。此外，还须尽力控制辐射源，使作业环境的各种辐射降低到最低限度，以保障机器设备和人正常工作的条件。

9.2.4　人机系统可靠度计算与评价

1. 人机系统的可靠度计算

人机系统可分为串联人机系统和冗余人机系统，如表 9-6 所示。把多余的要素加入到系统中构成并联系统称为冗余系统。冗余系统具有冗余度，这是提高系统可靠性的一种有效方法。

表 9-6　人机系统结合形式及可靠度

名　称	框　图	人机系统可靠度计算公式及说明
串联系统	人 R_H — 机器 R_M	$R_S = R_H R_M$
并联冗余式	人A R_{HA} / 人B R_{HB} — 机器 R_M	$R_S = [1-(1-R_{HA})(1-R_{HB})]R_M$ 两人操作可提高异常状态下的可靠性，但由于相互依赖也可能降低可靠性
待机冗余式	机器自动化 R_{MA} / 人监督 R_H	$R_S = 1-(1-R_{MA}R_H)(1-R_{MA})$ 人在自动化系统发生误差时进行修正
监督校核式	人 R_H / 监督者 R_{MB} — 机器 R_M	$R_S = [1-(1-R_{MB}R_H)(1-R_H)]R_M$ 将并联冗余式中的一个人换成监督者的位置，人与监督者的关系如同待机冗余式

2. 海洛德分析评价法

海洛德分析评价法(Human Error and Reliability Analysis Logic Development，HERALD)是人的失误与可靠性分析逻辑推演法。它是通过计算系统的可靠性，分析评价仪表、控制器的配置和安装位置是否适合于人的操作。一般先求出人执行任务时的成败概率，然后对系统进行评价。

大量的实验表明：人眼在视中心线上、下各 15° 的正常视线区域内，最不容易发生错误。因此，在该范围内设量仪表或控制器时，误读率或误操作率极小，离开该区域越远，则误读率和误操作率将逐渐增大。表 9-7 所示为从视中心线为基准向外，每 15° 划分一个区域，在不同的扇形区域内规定相应的误读概率即劣化值 D_i。如果显示控制板上的仪表被安排在 15° 以内最佳位置上，其劣化值为 0.0001～0.0005；如果将该仪表安排在 80° 的位置上，则相应劣化值 D_i 增加到 0.003。所以，在进行仪表配置时，应该研究如何使其劣化值尽量小些。操作人员有效作业概率可用下式计算：

$$P = \prod_{i=1}^{n}(1 - D_i) \tag{9-14}$$

式中：P 为有效作业概率；D_i 为各仪表安放位置的劣化值。

表 9-7 视区与劣化值 D_i 的关系

视线上下的角度区域	劣化值 D_i	视线上下的角度区域	劣化值 D_i
0°～15°	0.0001～0.0005	45°～60°	0.0020
15°～30°	0.0010	60°～75°	0.0025
30°～45°	0.0015	75°～90°	0.0030

例 9-1 某仪表显示板安装 6 种仪表，其中有 5 种仪表安装在中心视线 15° 之内，有 1 种仪表安装在中心视线 50° 的位置上，求操作人员有效作业概率。

解 由表 9-7 查得，视线 15° 以内仪表的劣化值为 0.0001，视线 50° 的仪表劣化值为 0.002，则

$$P = \prod_{i=1}^{n}(1 - D_i) = (1 - 0.0001)^5 (1 - 0.002) = 0.9975$$

如果监视该显示板的人员除去操作者外，还配备了其他辅助人员，则该系统中操作人员有效作业概率 R_S 可以用下式计算：

$$R_S = \frac{[1 - (1 - P)^n](T_1 + PT_2)}{T_1 + T_2}$$

式中：P 为操作人员有效地进行操作的概率；n 为操作人员数；T_1 为辅助人员修正主操作人员潜在差错而进行行动的宽裕时间，以百分比表示；T_2 为剩余时间的百分比，$T_2 = 100\% - T_1$。

在该例中，$P = 0.9975$，$n = 2$，$T_1 = 60\%$（估计），$T_2 = 100\% - 60\% = 40\%$，则 R_S 为

$$R_S = \frac{[1 - (1 - P)^n](T_1 + PT_2)}{T_1 + T_2} = \frac{[1 - (1 - 0.9975)^2](60 + 0.9975 \times 40)}{60 + 40} = 0.9989$$

9.3 人机系统评价

9.3.1 检查表评价法

1. 定义

所谓检查表评价法，是指利用人机工程学原理检查构成人机系统各种因素及作业过程中操作人员的能力、心理和生理反应状况的评价方法。用检查表法对人机系统进行评价是

一种较为普遍的评价方法。使用该方法可以对系统有一个初步的定性的评价。需要时该方法也可方便地对系统中的某一个单元(子系统)进行评价。

2. 主要评价内容

1) 国际人机工程学学会提议内容

国际人机工程学学会(IEA)提出的"人机工程学系统分析检查表评价"的主要内容如下：

(1) 作业空间分析。分析作业场所的宽敞程度，影响作业者活动的因素，显示器和控制器的位置能否方便作业者的观察和操作。

(2) 作业方法分析。分析作业方法是否合理，是否会引起不良的体位和姿势，是否存在不适宜的作业速度，以及作业者的用力是否有效。

(3) 环境分析。对作业场所的照明、气温、干湿、气流、噪声与振动条件进行分析，考察是否符合作业者的心理和生理要求，是否存在能引起疲劳和影响健康的因素。

(4) 作业组织分析。分析作业时间、休息时间的分配以及轮班形式，作业速率是否影响作业者的健康和作业能力的发挥。

(5) 负荷分析。分析作业的强度、感知系统的信息接收通道与容量的分配是否合理，操纵控制装置的阻力是否满足人的生理特性。

(6) 信息输入和输出分析。分析系统的信息显示、信息传递是否便于作业者观察和接收，操纵装置是否便于区别和操作。

2) 具体内容说明

检查表的内容包括信息显示、操纵装置、作业空间、环境要素。下面介绍人机系统检查表评价中几个主要部分的检查内容，如表 9-8 所示。

表 9-8　检查表评价法主要检查内容

检查项目	检查主要内容
信息显示装置	1. 作业操作能得到充分的信息指示吗？ 2. 信息数量是否合适？ 3. 作业面的亮度能否满足视觉要求及进行作业要求的照明标准？ 4. 警报信息显示装置是否配置在引人注意的位置？ 5. 控制台上的事故信号灯是否位于操作者的视野中心？ 6. 图形符号是否简洁、意义明确？ 7. 信息显示装置的种类和数量是否符合信息的显示要求？ 8. 仪表的排列是否符合按用途分组的要求？排列次序是否与操作者的认读次序一致？是否符合视觉运动规律？是否避免了调节或操纵控制装置时对视线的遮挡？ 9. 最重要的仪表是否布置在最佳的视野内？ 10. 能否很容易地从仪表盘上找出所需要认读的仪表？ 11. 显示装置和控制装置在位置上的对应关系如何？ 12. 仪表刻度能否十分清楚地分辨？ 13. 仪表的精度符合读数精度要求吗？ 14. 刻度盘的分度设计是否会引起读数误差？ 15. 根据指针能否很容易地读出所需要的数字？指针运动方向符合习惯吗？ 16. 音响信号是否受到噪声干扰？

检查项目	检查主要内容
操纵装置	1. 操纵装置是否设置在手易达到的范围内？ 2. 需要进行快而准确的操作动作是否用手完成？ 3. 操纵装置是否按功能和控制对象分组？ 4. 不同的操纵装置在形状、大小、颜色上是否有区别？ 5. 操作极快、使用频繁的操纵装置是否采用了按钮？ 6. 按钮的表面大小、按压深度、表面形状是否合理？各按钮键的距离是否会引起误操作？ 7. 手控操纵装置的形状、大小、材料是否和施力大小相协调？ 8. 从生理上考虑，施力大小是否合理？是否有静态施力过程？ 9. 脚踏板是否必要？是否坐姿操纵脚踏板？ 10. 显示装置与操纵装置是否按使用顺序原则、使用频率原则和重要性原则布置？ 11. 能用符合的操纵装置吗？ 12. 操纵装置的运动方向是否与预期的功能和被控制对象的运动方向相结合？ 13. 操纵装置的设计是否满足协调性(适应性和兼容性)的要求？ 14. 紧急停车装置设置的位置是否合理？ 15. 操纵装置的布置是否能保证操作者用最佳体位进行操纵？ 16. 重要的操纵装置是否有安全防护装置？
作业空间	1. 作业地点是否足够宽敞？ 2. 仪表及操纵装置的布置是否便于操作者采取方便的工作姿势？能否避免长时间采用站立姿势？能否避免出现频繁的取物屈腰？ 3. 如果是坐姿工作，能否有容膝放脚的空间？ 4. 从工作位置和眼睛的距离来考虑，工作面的高度是否合适？ 5. 机器、显示装置、操纵装置和工具的布置是否能保证人的最佳视觉条件、最佳听觉条件和最佳嗅觉条件？ 6. 是否按机器的功能和操作顺序布置作业空间？ 7. 设备布置是否考虑人员进入作业姿势和退出作业姿势的必要空间？ 8. 设备布置是否考虑到安全和交通问题？ 9. 大型仪表盘的位置是否有满足作业人员操作仪表、巡视仪表和在控制台前操作的空间尺寸？ 10. 危险作业点是否留有躲避空间？ 11. 操作人员精心操作、维护、调节的工作位置在坠落基准面上 2 m 以上时，是否在生产设备上配置有供站立的平台和护栏？ 12. 对可能产生物体泄漏的机器设备，是否设有收集和排放渗漏物体的设施？ 13. 地面是否平整、没有凹凸？ 14. 危险作业区域是否隔离？

续表二

检查项目	检查主要内容
环境因素	1. 作业区的环境温度是否适宜？ 2. 全域照明与局部照明对比是否适当？是否有忽明忽暗、频闪现象？是否有产生眩光的可能？ 3. 作业区的湿度是否适宜？ 4. 作业区的粉尘是否超限？ 5. 作业区的通风条件如何？强制通风的风量及其分配是否符合规定要求？ 6. 噪声是否超过卫生标准？降噪措施是否有效？ 7. 作业区是否有放射性物质？采取的防护措施是否有效？ 8. 电磁波的辐射量怎样？是否有防护措施？ 9. 是否有出现可燃、有毒气体的可能？检测装置是否符合要求？ 10. 原材料、半成品、工具及边角废料放置是否整齐有序、安全？ 11. 是否有刺眼或不协调的色彩存在？

3. 编制流程及注意事项

1) 编制流程

应根据被评价系统的实际情况和要求，有针对性地编制检查表，要尽可能全面和详细。检查表编制流程如图 9-20 所示。

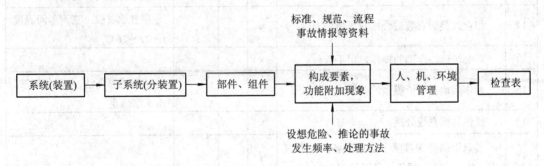

图 9-20　检查表编制流程

2) 编制流程注意事项

编制检查表时应注意以下几点：

(1) 从人机系统出发，利用系统工程方法和人机工程学的原理编制。可将系统划分成单元，便于集中分析问题。

(2) 要以各种规范、规定和标准等为依据。

(3) 充分收集有关资料、市场信息和同类或类似系统(产品)的资料。

(4) 由人机工程技术人员、生产技术人员和有经验的操作人员共同编制。

(5) 检查表的格式有提问式、叙述式以及打分式。

4. 应用举例

表 9-9 所示为用检查表评价法对某机器包装生产系统进行人机工程学评价的检查表。

表 9-9　某生产线人机工程评价检查表

序号	内　　容	是	否	不适用	评价说明及结果
1	尽量使作业人员避免不必要的步行或升降运动	√			
2	避免长时间站立		√		处于长期走、站姿势作业
3	不频繁出现前屈姿势		√		频繁弯腰、举升重物
4	作业有足够的空间采取满意的姿势	√			
5	有足够的空间变换姿势	√			
6	地面尽量平整，没有凹凸的地方	√			水磨石地面，光洁平整
7	地面的硬度、弹性适当		√		水泥地面，长期站走姿势，地面不适
8	升降设备充分宽敞			√	
9	安全通道符合要求	√			
10	不必要始终站立的作业，应设置椅子或其他支持物		√		至少在抄写和复检台前设置椅子
11	必要时设置垫脚板	√			
12	出入口有适当的高度和宽度	√			
13	作业面高度与自身相适应		√		机器作业面普通偏高
14	作业人员的衣着适合作业场所的温度	√			穿普通衣服，空调车间温度 $t = 22 \sim 26\,℃$
15	需要快速、准确的操作，用手操作	√			
16	操作具放在手能摸到的范围内	√			应按巴恩斯法、斯奈尔斯法、法莱法确定
17	操作具按系统分类	√			
18	紧急用的操作具除了必须配备外，还应在形状、大小、颜色上易于识别	√			
19	手操作的前后、左右、上下方向应与机器动作的方向一致	√			
20	需要敏捷及频度大的操作，利用按钮	√			
21	原则上双手都被占用的时候才用脚操作	√			
22	避免站着进行脚踏作业	√			
23	对作业操作上的必要信息，不过多也不过少	√			3～7 个
24	为判别视觉对象及进行作业，作业面的照度应符合标准	√			测得：平面为 230 lx，垂面为 130 lx
25	警告信息易引起人的注意	√			

续表一

序号	内　容	是	否	不适用	评价说明及结果
26	操作的手不妨碍观察其他必要视觉信息	√			
27	标志简单、明了	√			
28	动作联络信号标准化		√		现按习惯联络
29	噪声不妨碍作业时必要的对话		√		一般平均为 80.5 dB(A)，在 0.4 m 内提高声音不影响对话
30	必要时，手触摸一下操作具的形状和大小就可将其区别		√		
31	除紧急危险信号外，避免有令人不愉快的干扰	√			
32	对必要的动作有足够的空间	√			
33	只有必要时才用人力移动物件	√			
34	搬移动物体重量适宜	√		√	19 箱每小时，每箱 12.7 kg< 15 kg(女)。搬移方法需改进
35	不同的信息，尽量避免在同一地方显示	√			
36	每个作业人员担当的操作控制范围适宜	√			
37	作业人员错误接收信号的结果，能立即觉察到	√			
38	作业中有自己的自然休息时间	√			根据生产组织和人员配备，情况尚可
39	共同作业分工明确，互相联络良好	√			
40	按规定设置非常出口，并标志清楚	√			
41	气温适当，作业舒适	√			$t=22\sim26℃$、湿度为 40%～60%，合适
42	整体照明与局部照明对比适当	√			只用整体照明
43	照明不产生炫光	√			
44	定期清洁和更换灯具，保证照明质量稳定		√		不洁、老化，使照度有所下降
45	噪声不会对人产生不利影响	√			高噪声区平均为 84 dB(A)
46	对噪声有隔声、消声等措施	√			
47	机具振动不妨害作业	√			
48	粉尘不影响作业者的身体健康	√			$< 0.2\ mg/m^3$
49	作业者不受放射线照射	√			
50	有害物质对作业者身体不构成威胁	√			
51	适当采取措施，使有害物质不伤害皮肤		√		

序号	内　容	是	否	不适用	评价说明及结果
52	有防范风害、水害、雷击、地震等自然灾害的设计		√		
53	妥善地维护和管理劳动保护用具	√			
54	作业者担当的工序和一天的作业量适当	√			
55	在同一工种中，不使一部分人的作业量偏重		√		机长偏重
56	进行医学检查，不安排医学上不适于作业的人工作	√			
57	没有反复频繁做同一作业而负担过重的人	√			按规定调换
58	充分保证包括用餐在内的休息时间	√			用餐时间 40 min，上、下午工间休息各 15 min
59	不连续数天深夜工作	√			
60	遵守妇女和少年就业限制的有关规定	√			
61	职工清楚当发生灾害时的应急系统和措施	√			
62	定期进行环境检测	√			氧含量和风速检测不够
63	作业不使呼吸困难和呼吸不适	√			
64	一个工作日的能量代谢率不过大	√			$M_{max} = 2.2, M = 1.85, I = 15.5$
65	不过分要求持续紧张地工作，以免成为痛苦和失误的原因	√			
66	工作的单调性不会造成疲倦和痛苦	√			$d_R = -7.3\% > -10\%$，$W_R = -8\% > -13\%$。应定期更换为好
67	作业内容和方法不会影响人的身体健康		√		搬移方法需改进
68	当作业不适当时，不会成为人安全、健康方面的问题		√		体弱者不要长期、高频率地搬移重物
69	疾病和缺勤的统计运用于卫生管理上	√			应建立劳动卫生管理档案
70	在作业负担规定中，特别照顾身体有缺陷的人			√	
71	有计划地维修机械设备，使机械设备故障很少出现	√			有定期维修计划
72	作业者之间的联络良好，不致成为重大祸因	√			
73	尽量考虑一旦突然发生事故，也不会酿成重大伤亡和损失	√			

序号	内 容	是	否	不适用	评价说明及结果
74	为了能够充分应对紧急事态,要进行必要的训练	√			
75	随着作业时间的变化,能改变作业的流程和人员配备		√		若能根据疲劳情况改变机器速度,可提高作业效能
76	作业操作频率和持续时间,不超过操作者的操作能力	√			
77	劳保用品不会给人造成痛苦		√		劳保鞋透气性差,需改进
78	尽量避免有造成人过大心理负担的因素		√		应减少职工的压抑感和紧张心理

9.3.2 工作环境指数评价法

1. 空间指数法

作业空间狭窄会妨碍操作,迫使作业者采取不正常的姿势和体位,从而影响作业能力的正常发挥,提早产生疲劳或加重疲劳,降低工效。狭窄的通道和入口会造成作业者无意触碰危险机件或误操作,导致事故发生。因此,为了评价人与机、人与人、机与机等相互位置的安排,从而做出各种改进,可引入各种指标的评价值来判断空间的状况。

(1) 密集指数。密集指数表明作业空间对操作者活动范围的限制程度。查乃尔(R. C. Channell)与托克特(M. A. Tolcote)将密度指数划分为4级,如表9-10所示。

表9-10 密集指数

指数值	密 集 程 度	典 型 事 例
3	能舒服地进行作业	在宽敞的地方操作机床
2	身体的一部分受到限制	在无容膝空间工作台上工作
1	身体的活动受到限制	在高台上仰姿作业
0	操作受到显著限制,作业相当困难	维修化铁炉内部

(2) 可通行指数。可通行指数用以表明通道、入口的通畅程度。它也被分为4级,如表9-11所示。在实际作业环境设计中.可通行指数的选择与作业场所中的作业者数目、出入频率、是否可能发生紧急状态造成堵塞及这种堵塞可能带来后果的严重程度有关。

表9-11 可通行性指数

指数值	入口宽度/mm	说 明
3	>900	可两人并行
2	600~900	一人能自由地通行
1	450~600	仅可一人通行
0	<450	通行相当困难

2. 视觉环境综合评价指数法

视觉环境综合评价指数是评价作业场所的能见度和判别对象(显示器、控制器等)能见状况的评价指标。该方法是借助评价问卷，考虑光环境中多项影响人的工作效率与心理舒适程度的因素，通过主观判断确定各评价项目所处的条件状态，利用评价系统计算各项评分及总的视觉环境指数，以实现对视觉环境的评价。该评价过程大致分为四步：

(1) 确定评价项目。评价方法的问卷形式如表 9-12 所示，其评价项目包括视觉环境中 10 项影响人的工作效率与心理舒适的因素。

表 9-12　评价项目及可能状态的问卷形式

项目编号 n	评价项目	状态编号 m	可 能 状 态	判断投票	注释说明
1	第一印象	1	好		
		2	一般		
		3	不好		
		4	很不好		
2	照明水平	1	满意		
		2	尚可		
		3	不合适，令人不舒服		
		4	非常不合适，看作业有困难		
3	直射眩光与反射眩光	1	毫无感觉		
		2	稍有感觉		
		3	感觉明显，令人分心或令人不舒服		
		4	感觉严重，看作业有困难		
4	亮度分布 (照明方式)	1	满意		
		2	尚可		
		3	不合适，令人分心或令人不舒服		
		4	非常不合适，影响正常工作		
5	光影	1	满意		
		2	尚可		
		3	不合适，令人舒服		
		4	非常不合适，影响正常工作		
6	颜色显现	1	满意		
		2	尚可		
		3	显色不自然，令人不舒服		
		4	显色不正确，影响辨色作业		

项目编号 n	评价项目	状态编号 m	可 能 状 态	判断投票	注释说明
7	光色	1	满意		
		2	尚可		
		3	不合适，令人不舒服		
		4	非常不合适，影响正常作业		
8	表面装修与色彩	1	外观满意		
		2	外观尚可		
		3	外观不满意，令人不舒服		
		4	外观非常不满意，影响正常工作		
9	室内结构与陈设	1	外观满意		
		2	外观尚可		
		3	外观不满意，令人不舒服		
		4	外观非常不满意，影响正常工作		
10	同室外的视觉联系	1	满意		
		2	尚可		
		3	不满意，令人分心或令人不舒服		
		4	非常不满意，有严重干扰或有严重隔离感		

(2) 确定分值及权值。对各评价项目均分为由好到坏四个等级，相应的值分别为 0、10、50、100。各项目评价分值用下式计算：

$$S_n = \frac{\sum_m (P_m V_{nm})}{\sum_m V_{nm}}$$

式中：S_n 为第 n 个评价项目的评分，$0 \leqslant S_n \leqslant 100$；$\sum_m$ 为对 m 个状态求和；P_m 为第 m 个状态的分值，依状态编号 1、2、3、4 为序，分别为 0、10、50、100；V_{nm} 为第 n 个评价项目的第 m 个状态所得票数。

(3) 综合评价指数计算：

$$S = \frac{\sum_n (S_n W_n)}{\sum_n W_n}$$

式中：S 为视觉环境评价指数，$0 \leqslant S \leqslant 100$；$\sum\limits_{n}$ 为对 n 个评价项目求和；W_n 为第 n 个评价项目的权值，项目编号 1~10，权值均取 1.0。

(4) 确定评价等级。根据计算的综合评价指数，按表 9-13 确定评价等级。

表 9-13　视觉环境综合评价指数

视觉环境指数 S	$S = 0$	$0 < S \leqslant 10$	$10 < S \leqslant 50$	$S > 50$
等级	1	2	3	4
评价意义	毫无问题	稍有问题	问题较大	问题很大

3. 会话指数

会话指数是指工作场所中的语言交流能够达到通畅的程度。通常采用语言干扰级(SIL)衡量某种噪声条件下，人在一定距离讲话必须达到多大强度的声音才能使会话通畅；或相反在某一强度的讲话声音条件下，噪声强度必须低于多少才能使会话通畅。其评价指标如表 9-14 所示。

表 9-14　SIL 与谈话距离之间的关系

语言干扰级 SIL/dB	最大距离/m	
	正常	大声
35	7.5	15
40	4.2	8.4
45	2.3	4.6
50	1.3	2.6
55	0.75	1.5
60	0.42	0.84
65	0.25	0.5
70	0.13	0.26

习　　题

9-1　系统分析和系统评价的含义是什么？其主要的作用是什么？

9-2　连接和人机系统连接的主要形式及其含义是什么？

9-3　蒸汽锅炉司炉工给水作业过程为：水位信号在正常水位，不启动水泵；水位信号在低水位时，司炉工启动给水泵，补水至正常水位。司炉工有可能脱岗或水位表故障，没能及时、准确获得水位信号，在低水位时没能及时处理，造成事故。试画出该作业的操作顺序图。

9-4　汽车司机操纵方向盘的恒定差错率为 $\lambda(t) = 0.0001$，若司机驾车 500 h，其可靠度为多少？

9-5　设有 5 块仪表，各置于视平线 15°、20°、25°、35°、50°，用海洛德法确定其有效操作概率 R。若配备一名辅助人员，其修正操作者的潜在差错而进行行动的宽裕时间为 70%，试求有效操作概率。

9-6　试分析论述环境因素是如何影响人机系统可靠性的？

9-7　国际人机工程学学会(IEA)提出的"人机工程学系统分析检查表评价"的主要内容有哪些？

9-8　请举例说明工作环境指数评价法的主要步骤。

第 10 章　安全人机工程的应用

主要内容

(1) 安全人机工程学在汽车设计中的应用。
(2) 安全人机工程学在矿业安全中的应用。
(3) 安全人机工程学在桥式起重机系统设计中的应用。
(4) 安全人机工程在视觉显示终端(VDT)工作站设计中的应用。

学习目标

提高安全人机工程基本理论及方法的实践应用能力。

学习安全人机工程的最终目的在于指导实践。通过改善设备、改善工作条件、设计防护设施以及调节人机之间的匹配关系等问题以构建具有"安全、高效、经济"综合效能的人机系统。本章将以实践为基础，重点介绍安全人机工程学在汽车设计、矿业安全、桥式起重机系统设计以及视觉显示终端(VDT)工作站设计等领域的应用。

10.1　安全人机工程学在汽车设计中的应用

汽车是现代载客运货的主要交通工具，其内部布置应首先考虑人的因素，既要保证安全，又要考虑舒适性。因此，安全人机工程学知识在汽车设计中应用十分广泛。汽车安全人机工程设计是指运用安全人机工程学理论进行汽车的设计，以满足人驾驶汽车和乘坐汽车的安全性和舒适性。其主要内容包括汽车显示—控制系统的设计、汽车座椅的设计、驾驶室的空间区域设计、汽车驾驶室内环境设计、汽车的视野设计以及汽车安全性设计。

10.1.1　汽车显示—控制系统的设计

汽车的显示—控制系统主要包括手操作的方向盘、制动器和各种开关以及脚操纵的刹车装置、加速装置等各种控制装置和各种显示装置。这些装置设计的优劣、可靠性程度的高低直接影响汽车的运行安全。

1. 汽车控制装置的设计

1) 手控制装置设计

方向盘的设计合理与否直接影响汽车在行驶中的安全。方向盘的形状、大小、布置、操纵力和运动方向等要素的确定均应符合人机工程学。

(1) 形状：方向盘与手指接触的部位应有适合指形的波纹，横截面应为椭圆形或圆形，以保证操作舒适、握持牢靠。

(2) 大小：方向盘的大小应符合动作肢体的人体测量数据，方向盘的直径一般为 330～600 mm，握把直径为 20～50 mm。

(3) 布置：方向盘应该布置在驾驶座前方最优区域内，即人手活动最灵敏、操作准确度最高、视野最好的区域。

(4) 操纵力：操纵力应以人体力学参数为依据，一般应以第 5 百分位数为设计标准，便于大多数人操作，以免造成操作困难。通常，方向盘操纵力应为 45～100 N。

(5) 运动方向：方向盘的运动方向应与车辆行驶方向的变化相协调。

另外，方向盘以及行驶中需要经常操作的一些控制装置如喇叭按钮、汽车灯开关等，宜采用复合多功能的控制装置，以减少手的运动，节省空间，减少操作的复杂性。图 10-1 所示为汽车中方向盘及各种手操纵器的综合设计形式。

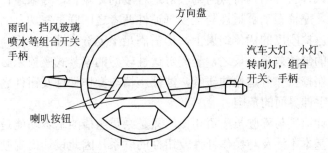

图 10-1 方向盘及各种手操纵器的综合设计

2) 脚控制装置设计

汽车中刹车踏板、离合器踏板等脚控制装置，在空间的位置直接影响脚的施力和操纵效率。合理的空间布局会给操作带来极大的方便，使得操纵快速、准确。汽车刹车踏板一般为脚悬空式，形状多采用矩形或椭圆形平面板，应布置在右脚操纵区域，以满足操纵力大、速度快和准确性高的操作要求。图 10-2 所示为小汽车脚控制器的空间布局。

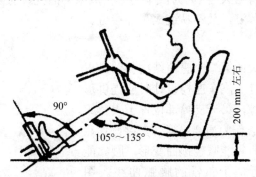

图 10-2 小汽车脚控制器的空间布局

2. 汽车显示装置的设计

汽车上使用最普遍的显示装置是视觉显示装置，它主要有各种仪表和信号指示器。通常，汽车上各种仪表和信号指示器组装在一块仪表板上。仪表板的空间位置最好应使驾驶员不必运动头部和眼睛就能看清全部仪表，或至少应在头和眼的自动转动范围内，便于迅速认读。根据第 6 章中相关内容，进行仪表板上各种仪表和信号指示器的优化设计，如仪表板上的仪表应根据视觉运动规律排列，对于最常用、最主要的仪表和信号指示器必须布置在视觉效率最优的视野中心 3° 范围之内，同时兼顾与控制装置的协调性。

10.1.2　汽车座椅设计

汽车中的座椅是影响驾驶与乘坐舒适程度的重要设施，而驾驶员的座椅就更为重要。舒适而操作方便的驾驶座椅，可以减少驾驶员疲劳程度，降低故障的发生率。

汽车驾驶员座椅设计要求满足以下三个方面的要求：一是振动舒适性(动态舒适性)；二是坐姿舒适性(静态舒适性)；三是操作舒适性。驾驶员座椅振动舒适性的研究，是把路面—汽车轮胎悬架和座椅—人三者看成一个整体的动力学系统，寻求在各种路面随机输入作用下使司机对振动最不易疲劳的汽车轮胎、悬架及座椅的最优结构。而坐姿舒适性的研究把注意力集中在人体生理结构特点对驾驶舒适程度的影响上，寻求最佳的座椅结构型式和尺寸及轮廓形状。座椅振动舒适性与坐姿舒适性两者之间联系密切。例如，从振动舒适性要求出发得到的座椅刚度的优化结果上，仍需满足坐姿舒适性中关于合理体压分布的要求，方能取得综合的舒适效果；反之，坐姿舒适性较好的家具式座椅未必一定适用于汽车驾驶座椅。驾驶员座椅操作舒适性的研究，涉及座椅与操作杆件及钮件之间的空间尺寸，它主要是指驾驶员手伸界面的范围。

乘员座椅的设计原则与驾驶员座椅相似，只是乘员座椅的基本功能是为乘坐者提供舒适和休息的条件，基本不涉及与操作杆件及钮件的联系，因此设计比驾驶座椅可以更灵活些，重点考虑振动舒适性及坐姿舒适性。

1. 座椅靠背角

保证腰曲弧线接近正常的生理腰曲弧线是舒适坐姿的前提，座椅靠背角是座椅设计参数中与腰曲弧线的关系最密切的参数之一。靠背角能调节的座椅，其调节范围以在 95°～135° 为宜。靠背角不能调节的汽车座椅以 115° 左右为宜。汽车座椅靠背角比阅读座椅或休息座椅的靠背角大些，因为汽车驾驶员或乘客的视线射向行车前方的时间最长，靠背角大些适宜平视的体姿，且不易造成颈部疲劳。

2. 靠背两点支撑

与舒适坐姿密切相关的第二个座椅结构参数是人体背部和腰部的合理支撑。汽车座椅设计时应提供形状和位置适宜的两点支撑，第一支撑部位于人体第 5～6 胸椎之间的高度上，作为肩靠；第二支撑设置在腰曲部位，作为腰靠。肩靠能减轻颈曲变形，腰靠能保证在乘坐姿势下的近似于正常的腰弧曲线。图 10-3(a)、(b)分别表示相同参数的两把汽车驾驶员座椅。其中，图(b)中的座椅上合理地设置了腰靠，驾驶员脊椎形状比较自然，不易引起不适合疲劳；而图(a)中的座椅无腰靠，腰曲弧线变形严重。

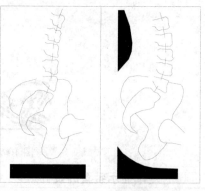

　(a) 无腰靠座椅　　　(b)有腰靠座椅

图 10-3　腰靠对腰曲弧线的影响

3. 坐垫体压分布

影响坐姿舒适性的第三个结构因素是体压分布。图 10-4 所示是雷皮弗(P.R.Rebiffe)提出的坐垫体压分布图。图中，每条封闭曲线代表等压力线，数字的压力单位为 10^2 Pa。座垫上的压力应按照臀部不同部位承受不同压力的原则来分布，即在坐骨处压力最大，向四周逐渐减少，到大腿部位时压力降至最低值。这是坐垫设计的压力分布不均匀原则。

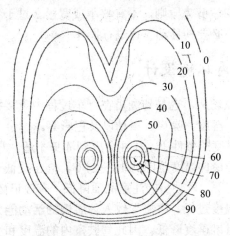

图 10-4　坐垫体压分布图

靠背上的体压分布也应以不均匀分布为合理，压力应该相对集中在肩胛骨和腰椎两个部位，从这两个部位向外，压力应逐步降低。

影响坐姿舒适性的座椅结构参数尚有座面高度、座面深度和宽度以及扶手的高度和宽度等。表 10-1 所示为驾驶员座椅和乘客座椅尺寸，在设计时可供参考。

表 10-1　驾驶员、乘客座椅尺寸

名称	驾驶员座椅类别				乘客座椅类别	
	轿车	轻型货车	中型货车(长头)	载重货车(平头)	汽车①	高速运输机
椅面高/cm	30～34	34～38	40～47	43～45	48—45—44	38.1
椅面宽/cm	48～52	48～52	48～52	48～52	(44～45)—(47～48)—(49～55)	50.8
椅面深/cm	40～42	40～42	40～42	40～42	40～45	43.2
椅面后倾角	12°	10°	9°	7°	6°～7°	7°②
靠背高/cm	45～50	45～50	45～50	45～50	53～56	96.5
靠背宽/cm	一般同椅面宽				(44～45)—(47～48)—(49～55)	55.4
靠背倾角/cm	100°	98°	96°	92°	105°—110°—115°	115°②
扶手高/cm	—	—	—	—	23～24	20.3②
座面特征/cm	—	—	—	—	—	2.5～5

注：① 有三个数字的，分别为适用于短途、中途、长途汽车的座椅。② 只是一般情况下的适用数值。不同乘客、不同使用情况以及不同需要条件下应作必要的调整。

10.1.3　驾驶室的空间区域设计

驾驶室空间区域设计是保证驾驶员舒适驾驶汽车的重要条件之一。舒适的驾驶空间可以减轻驾驶员的紧张和疲劳，有利于汽车的安全行驶。

驾驶室空间区域的大小要适应驾驶员的作业活动区域，应以提高工作效率和使驾驶员保持正确坐姿，减少紧张和疲劳为原则，不宜狭小或宽松。过于狭小，会碰撞其他物体；过于宽松，会造成驾驶员不必要的移动身体进行操作。

10.1.4　汽车驾驶室内环境设计

驾驶室是驾驶员的作业场所，也是驾驶员在行车过程中直接接触到的环境。汽车驾驶室内的环境主要是指温度、湿度、噪声、振动以及色彩等。

人置身于高湿度、高温度的条件下，往往会感到浑身不适、四肢乏力，工作不能持久。研究表明：汽车驾驶室内的最佳温度范围为 $18 \sim 24 \, ℃$，高于或低于这个范围都会增加驾驶员的疲劳程度。在高温影响下，驾驶员的注意品质降低，有效记忆量下降，反应变得迟钝，易出现判断和操作失误；温度过低，直接导致人体肌肉的活动能力下降，极易引起驾驶疲劳，使驾驶操作变得缓慢且准确度降低。因此驾驶室内的温度和湿度要根据季节和需要进行方便的调节，既要有保温装置，又要有通风装置。

驾驶室内的噪声主要来源于发动机和传动机构。汽车驾驶员长时间在噪声下工作，分散驾驶员的注意力，加速心理疲劳，产生寻衅、发怒的情绪，出现异常的动作或差错，降低工作效率，从而影响了行车安全。同时，强烈的噪声对驾驶员的生理刺激也是诱发各种疾病的一个重要原因。因此，针对驾驶室内的噪声，应该进行减噪设计。

驾驶室内的振动是指汽车在行驶时，驾驶室沿着纵向、横向和垂直方向发生的机械运动。振动会严重地损害驾驶员的视觉和手与眼的协调性。作用于驾驶员的振动分为局部振动和全身振动。如方向盘、控制杆件、脚步踏板等传给驾驶员接触部位而发生的人体局部的振动效应，称为局部振动；由于车体、路面或座椅传给驾驶员身体支撑面使其产生整体振动，称为全身振动。局部振动和全身振动是相对而言，有时难于区分，因为有的局部振动也会传递到其他部位引起全身振动。驾驶室内应该采取措施以减少或消除振动、阻止振动的传播，如设计减振座椅、弹性垫，以缓冲振动对驾驶员的影响。

驾驶室内的环境色彩要根据汽车作业的特点来进行合理的设计。汽车在行驶中，汽车驾驶员的眼睛要注意窗外的交通路面，因此，驾驶室内的色彩不宜过于明亮和刺激；否则驾驶室内过于明亮的色彩，长时间地刺激驾驶员的眼睛，会造成视觉的疲劳，从而使人反应迟钝，在紧急关头发生失误。所以驾驶室内的设施和装置必须避免使用反光强烈的部件及装饰鲜艳的色彩。需要指出的是，仪表板面的色彩设计宜用中性的发暗色调，避免采用亮色。

10.1.5　汽车的视野设计

汽车的视野是驾驶员在汽车行驶中，观察地面上的可见程度。宽阔和方便的视野，有利于驾驶员观察汽车周围的各种情况，感知车外的各种信息，并能方便地根据路面上行人、其他车辆采取相应的措施。反之，如果汽车的视野狭窄，驾驶员观察路面的死角很多，不能及时、方便地了解车外各种情况，势必会影响驾驶员对汽车行驶中各种信息的掌握能力，从而增加了交通事故发生概率。

　　汽车的视野设计是以驾驶员的眼睛位置为定位基准的，驾驶员眼椭圆的确定为汽车视野性能提供了科学基准。汽车驾驶员眼椭圆是指不同身材的驾驶员以正常驾驶姿态坐在驾驶员座椅中，他们的眼睛位置的统计分布图形呈椭圆状，故被称为驾驶员眼椭圆。图 10-5所示为汽车驾驶员眼椭圆。眼椭圆与车辆视野性能关系密切，一切与车辆视野性能相关的设计或结构均应以此为依据。各种百分位身材的驾驶员对应有各种百分位的眼椭圆。为了便于汽车视野设计或校核，通常将各种百分位的眼椭圆制成样板，图 10-6 所示为眼椭圆在车身视图上的位置。

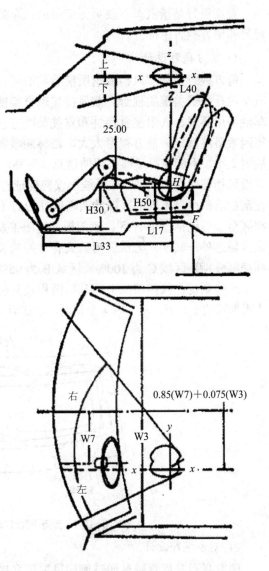

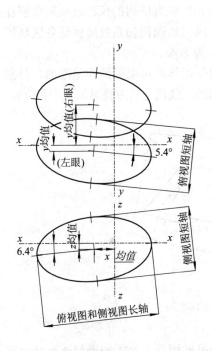

图 10-5　汽车驾驶员眼椭圆　　　　　　　图 10-6　眼椭圆在车身视图上的位置

图 10-6 中符号说明：

L17：H 点前、后方向的水平调节量。

L40：座椅靠背角。

L33：H 点至加速踏板踵点的水平距离。

H30：H 点至加速踏板踵点的垂直距离。

H50：H 点的垂直调节量。

W3：H 点向上 254 mm 处的驾驶室最小宽度。

W7：方向盘中心至汽车纵向中心线之间的距离。

汽车视野按照观察的方式不同分为直接视野和间接视野。

1. 直接视野设计

直接视野是指汽车驾驶员无需借助汽车后视镜可直接看到的区域。直接视野包括前方视野和侧方视野两部分。

1) 前方视野设计

前方视野是从前风挡玻璃所能看到的可见范围及车厢内部的仪表板部分。前方视野是汽车运行中最关键的视野。前风挡玻璃框架横框和立柱位置以眼椭圆为基准，并综合考虑车辆使用环境、人眼视觉特性和驾驶员既方便获得各种交通信息又避免太阳光照射而炫目等因素最终确定。前方视野太大，路感刺激容量增大，容易引起驾驶员的视觉疲劳；前方视野太小，不能获得足够必要的信息。另外，为了保证驾驶员在雨、雪天能有良好的视野，应设风挡玻璃刮扫系统。该系统不仅应保证有足够的刮扫面积，而且要有正确的刮扫部位，在刮扫面积内对不同的区域的清晰度亦应有不同的要求。如图 10-7 所示，首先风挡玻璃透明区至少应包括整个 A 区，遮阳板、遮阳带及其他对透光性能有妨碍的风挡玻璃附件应在该区域之外。其次，为保证雨雪天有良好的视野，汽车风挡玻璃刮扫系统应保证各区域的刮净率分别是区域 C 为 100%、区域 B 为 95%、区域 A 为 80%。

这些系统在风挡玻璃上的刮扫面积及其位置布置也是用驾驶员眼椭圆作基准的，分别作眼椭圆的上、下、左、右 4 个切面，以切面与风挡玻璃的交线确定前方视野的大小和位置。

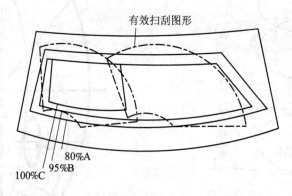

图 10-7　汽车风窗玻璃透明区及刮净要求

2) 侧方视野设计

侧方视野是指驾驶员通过侧门风窗等直接可见的视野范围。由于大客车、货车的驾驶员的眼睛位置即视点高，侧方视野显得比轿车更重要。大客车增加侧方视野主要靠右侧(左置方向盘时)向下加大风窗面积。货车靠在右侧门窗玻璃下增设下窥窗，增大侧方视野的下视角。

2. 间接视野设计

间接视野又称后方视野，是指汽车驾驶员借助汽车后视镜间接看到的区域。间接视野的优劣主要取决于后视镜的尺寸和布置位置。

后视镜的大小、镜面曲率与视野角度密切相关，镜面面积和曲率越大，视野角度就越大。但镜面面积过大时物像会产生畸变失真，镜面曲率过大，难以判断物像的实际距离并在后车快速接近时造成物像急剧变化的炫目感，不利于行车安全。因此应在镜面面积与曲率之间求得平衡，保证视野和物像两者都达到较好的效果。

对于后视镜的布置位置，美国 SAE 推荐采用眼椭圆的方法进行确定。要求车内、外后视镜安装在第 95 百分位眼椭圆上边缘水平切线之上或下边缘水平切线之下，使头部和眼睛的中转动角度不超过 60°，并避开风挡玻璃不能刮扫到的部位或立柱遮挡区域。

另外，有研究表明，对于间接视野的反射镜，不能充分地引起驾驶员足够的注意力，因此，反射镜作为信息显示的功能受到限制。这样，利用增加反射镜的数量来扩大和改善汽车视野的方法是不可取的，根本的解决办法是对汽车结构的改进，从而扩大和改善直接视野。

10.1.6 汽车安全性设计

汽车安全性设计包括主动安全性设计和被动安全性设计两部分。

1. 主动安全性设计

主动安全性是指汽车防止事故的能力。车身的主动安全性能包括照明灯、信号灯的性能，汽车的前、后方视野性能，实现操纵稳定性及制动性的能力等。

前照灯的灯光强弱、照射距离及防眩目装置就是根据人眼的生理特点和人机工程学原理设计而成的。

2. 被动安全性设计

被动安全性是指事故发生时，汽车保护乘员的能力。除了使用安全带、安全气囊、能量吸收转向柱(二次伸缩式方向盘)和膝垫之外，为保证碰撞发生时乘员的安全，车身前部设计还必须满足以下两点：

(1) 尽量缓解乘员受到的冲击，尽可能地吸收车辆及乘员的运动能量。

(2) 确保乘员的有效生存空间，并保证碰撞后乘员易于逃脱和进行车外救护。

为此，车身前部(如方向盘)在碰撞发生时必须能迅速退到规定的范围内，而且受压各部件的变形形式也必须得到控制，以防止车轮、发动机、变速箱等刚性部件侵入驾驶室而伤害驾驶人员。此外，还必须保证驾驶室坚固、不易变形，以利于乘员快速逃脱。

10.2　安全人机工程学在矿业安全中的应用

本节探讨安全人机工程学的部分研究成果在矿业安全中的应用，着重探讨人机匹配及人机系统设计在矿业安全系统设计中的应用，即如何应用其原理，对矿井人—机—环境系统的人机结合面(人与机在信息交换和功能上接触或相互影响的区域)进行分析，通过协调人机功能匹配达到更有效地发挥人机效能的目的。一方面，有助于设计出较为完善的矿井通风状态模拟调节系统，预防事故发生，并为矿工提供良好工作环境；另一方面，有助于设计出较为完善的灾变状态模拟和控制系统，从而提高采矿人—机—环境系统的抗灾能力，以便及时、有效地撤人救灾。

10.2.1　采矿人机系统的基本模型

如图 10-8 所示，矿工操纵机械作用于工作环境进行采矿工作。开采活动引起环境的变化包括：

(1) 采动支承压力导致顶板塌落。

(2) 大量有害气体涌入工作空间。

(3) 矿尘浓度加大、地下水、产生噪声。

(4) 地热、机电设备、地下水等热源和湿源增加了井下空气的温度和湿度。

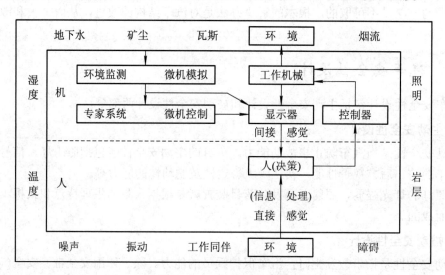

图 10-8　一个现代化采矿人—机—环境系统的相互关系

这就是人机系统作用于环境，致使环境条件恶化的过程。而变化了的环境，一方面通过降低能见度、听力，恶化了工作舒适及卫生条件或者出现水、火、瓦斯、矿尘、顶板等事故隐患而影响着人的安全、健康；另一方面又通过潮湿空气、酸性水、岩石塌落、灾变产生的高温、高压等影响着机械正常运转和使用寿命。这就是变化的环境影响人机系统的过程。为改善已恶化的环境，人机系统必须应用各种安全对策措施，克服生产对环境的影响而维持一个安全、卫生、舒适的工作环境，这就是环境改造过程。上述过程反映了采矿人—机—环境系统的相互关系。

然而，矿井环境与工厂作业环境相比有其特殊性：其一，工作环境随开采过程不断移动，形成采矿人机系统的环境多变、缺乏规律性的特点；其二，采矿过程导致环境条件恶化的程度比大部分产业严重。这样，采矿环境的多变性增加了人机与环境信息交换以及环境改造的困难，增加了各种理论及技术应用的困难，环境的恶化则必然加大了创造一个安全、卫生和舒适的采矿工作环境的难度。而采矿人—机—环境系统的上述特殊性却反证了该系统应用安全人机工程学来分析的必要性。对于这样复杂、多变的采矿系统，更需要进行人机功能特点的分析，寻求人机结合面的最佳功能匹配，以便设计出较为完善的人机系统，更有效地创造出一个安全、卫生和舒适的环境。

以下将介绍安全人机工程学在矿井正常通风及灾变防治中的具体应用。

10.2.2　矿井正常通风与灾变防治系统

人们常常认为矿井通风是一个以提高矿工劳动效率为目的的矿业生产中的辅助手段。其实，它也是矿业安全工程中最重要的技术手段之一，旨在满足矿工生产活动中(占其生活时间的 1/3)对工作的安全、卫生和舒适性的迫切要求。现在越来越多的人宁愿选择工资偏低而工作条件较好的职业，却不愿选择工资高而不安全、健康条件较差的职业。这种现象使生产的领导人不得不认识到，安全、良好的工作条件与生产产品相比，至少具有相同的重要性。这就给以改善矿业生产的安全、健康条件为目的的矿井通风及安全工作提出更高要求。

矿井通风的作用是稀释并带走有害气体和矿尘，保证矿工对氧气的需求量，防止窒息或瓦斯爆炸事故，降低环境温度和湿度，从而创造一个安全、卫生和舒适的井下工作环境。在矿井五大灾害(瓦斯、水、火、矿尘、顶板)事故防治中，有三项(瓦斯、矿尘、火)与通风密切相关。因此，探讨如何应用安全人机工程学的研究成果改善矿井通风和救灾系统，对于提高矿工工作的安全与健康水平具有重要的意义。

在矿井通风中应用安全人机工程学理论就是以安全为目的，用人机系统的观点来研究矿井通风中人、机、环境三个子系统各自的特点及相关性，从而分析人机匹配特征，以便充分发挥人与机各自所长而弥补其所短。安全人机工程学认为：人机功能各自具备其优势且含动态变化的特点。随着社会的发展，人体功能提高缓慢，而机械功能提高极为迅速。这样，越来越多的人体功能为机器所替代，因而人机功能匹配随时代发展而变化。在矿井通风工作中，最初人们凭经验了解井下环境。随后，各种通风检测仪器、仪表的出现，帮助人们测定矿井环境参数。现在，随着电子技术及计算机技术的广泛应用，出现了井下环境监测系统和环境计算机模拟系统，使环境信息的遥测、遥讯或预测、预报得以实现，从而增加了人机系统与环境信息的交换能力。

在井下环境调节方面，过去人们只能凭经验进行通风调节或救灾。随着通风理论的逐步完善，可以通过局部风网的调节计算来辅助人们决策和采取必要的措施。现在，由于计算机辅助环境调节及灾变控制系统和专家系统的应用，以高层次的定性和定量分析方法部分替代人机系统中人的分析、推理和综合功能，从而提高了系统工作的科学性和可靠性。当然，人机功能特性分析指出，机始终无法替代人的全部思维功能，在人机关系上，人总是处于主动和主导地位的。

图 10-9 所示系统是根据安全人机工程学原理，通过对矿井正常通风和灾变控制系统中人机结合面的分析并结合人机功能特性差异，综合应用电子技术、计算机、专家系统等新技术来设计的。

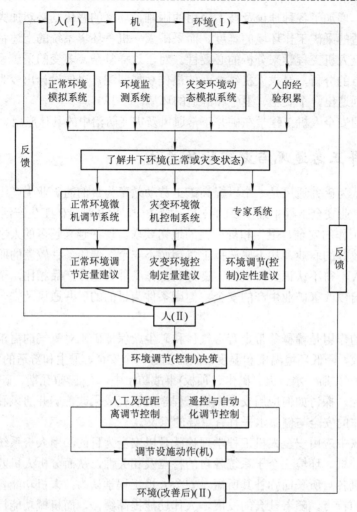

图 10-9　一个完整的矿井通风、救灾系统

1. 井下环境变化状况

　　安全人机工程学分析了人机系统在与环境进行信息交换时的功能特性差异并进行人机功能分配。人具有通过嗅觉、视觉、听觉和触觉直接了解环境信息的功能。有气味的气体和声光报警、仪表显示是帮助井下人员了解环境变化特别是获取灾变信息的有力手段。有经验的通风技术人员可凭直觉大致估计出温度、风速、风量以及部分有害气体的存在。但是，人对环境参数的定量测定能力和预见性差，图 10-9 所示系统应用环境监测系统和环境微机模拟系统(正常和灾变状况)来提供可靠的定量数据，帮助人更好地了解或预估环境变化。在灾变时期，人难于置身于灾变环境，其信息交换功能更弱，发挥机的特长，以便及时、连续、准确地获取和传递信息尤为重要。因此，环境监测和微机模拟系统适用于正常通风或灾变状况的环境信息交换，发挥机的作用，提高人对环境的控制能力。

　　机与机的功能相异性也应在系统设计中予以考虑。环境监测系统具有连续、准确地了解环境信息的功能，即使在灾变时期，只要系统未受到破坏，该系统了解环境信息的可靠性强。其缺点是传感器布点较少，参数监测量及信号传输功能受限，所以监测范围不广且不具备预见性。环境微机模拟系统的功能特性与监测系统相反，它能实时或预先模拟井下各巷道的环境参数值(在正常通风状态下)及其变化量(在灾变状态下)，信息交换范围广，因而有助于预防措施的制订和执行。其难点是由于井下环境的移动性、复杂性以及各种参数值的多变性，影响了灾变环境模拟结果的准确性。因此，本系统的设计应考虑到上述两种机的功能互补，以环境监测系统获得的传感器位置较可靠的环境参数值为准，校正该位置的微机模拟数据，并按一定规律扩展到对其他位置的模拟结果的反馈修正上。

井下环境容易受到随机干扰的影响，但"机"处理非预见性事件能力差。系统故障、未能预见性环境变化均会影响监测系统反馈环境信息的正确性。灾变造成的巷道垮塌，通风构筑物和设施受损对矿井通风系统的影响是微机模拟系统所无法估计的。人机工程学对人的功能特性分析中指出：人在分析、推理、归纳和应对意外事件等方面具有较机更为优越的能力。所以，机与环境进行信息交换的结果，还需经人的监督、归纳、判断，以利于正确了解环境状况。显而易见，设计一个好的人机系统，既做好机与机间的功能匹配，又要协调人与机的功能匹配。图 10-9 所示提出了系统设计人机系统与环境的信息交换功能所遵循的原则。

2. 系统的环境调节(控制)决策功能

了解井下环境变化的目的是为了改变恶化环境，从而创造一个安全、卫生和舒适的工作环境，为提高劳动效率创造必要条件，这是井下环境调节和灾变状态控制的任务，也是矿井通风人员的主要职责之一。过去，这项工作主要由人凭经验进行。人机工程学对"人的传递函数"(即人作为一种 PID 自动调节系统，应用经典控制论中传递函数的概念来表明其信息输入和输出的关系)分析中表明，人容易完成"二阶微分"以下的运算。在人的思维和行动中，其微分运算阶数越低，效率及准确性越高。考虑到长度与时间无关，速度是路程对时间的一阶微分，加速度是路程对时间的二阶微分。在矿井通风管理中，凭经验可以较准确地估计巷道长度、断面积、周长(视为 0 阶微分)，也能大致估计风速、风量、风温的函数(一阶微分)；但在灾变状况下，则难以估计风速、风量和风温的变化速率，风流与巷道围岩热交换等参数(二阶及二阶以上的微分)。在矿井正常通风调节中，人的定性经验应用于局部风网比较准确，但对整个矿井通风网络来估计调节的整体影响却比较困难。在火灾时期，人工分析通风调节措施对矿井通风状态的动态影响则十分困难。上述分析与安全人机工程学对人的定量分析能力的估计是相符的。因而，本系统应用环境微机调节系统、灾变环境微机控制系统和专家系统来提供环境调节和灾变控制的定性、定量建议。最后由人(从人(Ⅰ)到人(Ⅱ)，参见图 10-9)来监督系统的运行并做出最终决策。

安全人机工程学认为：人在占有经验以及分析、归纳、决策的特殊能力方面存在个体差异。人们处理相似问题时，因这种差异致使有的人获得成功而另一些人可能失败。本系统设计时加入专家系统来弥补个体差异造成的缺陷，从而提高人的定性分析和综合归纳能力。专家系统较适用于具有事件多发性和普遍规律性并难以数学模化和定量计算的行业。疾病诊断治疗具有这种特点，因而成为专家系统最早应用的行业之一。一方面，医生诊断治疗过程难以数学模化和定量计算，要进行较高层次的"特殊"分析，就有必要借助专家系统。另一方面，医生接触患同种病的病人机会多，容易积累并经常验证获得的经验，使之日趋成熟，而且这些经验具有规律性和普遍适用性，因此，疾病诊断治疗具备应用专家系统的可能性。不过，专家系统在矿井通风和安全决策中的应用比其他行业有较大的难度。

在救灾决策中，灾变重复率低且因位置、性质、强度、发展趋势、环境影响而千变万化，使救灾专家积累、验证经验并使之趋于完善比较困难，其经验的规律性和普遍适用性较差；而矿井正常通风调节及灾变控制过程的数学模化并不十分困难。因上述特点，本系统尽管应用了专家系统帮助人进行决策，但仍采用正常通风微机调节和灾变状态控制系统，为人提供调节或控制的定量建议。

鉴于矿井人机环境系统的多变性，为提高专家系统的应用效果，可采用两种专家系统知识库：定性知识库(储存救灾专家的成熟经验)和定量知识库(经环境状况预模拟，灾变环境模拟系统提供各种灾变情况及相应控制措施的组合存入)。专家系统根据了解的环境现状，选择定性知识库(适用于较简单的环境变化或灾变状况，如进风井发生火灾，无需微机计算，必然采取反风等措施)或定量知识库(适用于较复杂的环境变化或灾变状况)进行定性或定量分析，最后提出改善环境的决策建议。

3. 决策方案的实施

安全人机工程学提出了人机功能分配原则，即系统效能、可靠性和经济性。环境遥控装置的购置、安装和维修花费甚巨，应结合矿井正常通风调节系统与灾变控制系统的需要来考虑。在矿井正常通风调节中，信息交换及改变环境的紧迫性远不如灾变时期，矿工容易到达相应位置实施调节，所以调节装置的操作在现阶段可考虑以人工或近距离调节为主。灾变时期，人难以进入灾区进行调节，救灾也要求信息交换和措施实施及时、有效，这时，经济因素就会降到次要位置，人的部分操作和信息交换功能应由机所替代，环境遥测、遥讯、遥控和自控的重要性就突出了。不过考虑到经济可能性，在遥控系统建立之前，也可以用人工或近距离调节来实施决策方案。由于灾变状态遥控系统具有"养兵千日，用在一时"的特点，只有与矿井正常通风调节系统结合起来，才能为现场所接受，成为平常调节、灾变实施控制的连续工作系统。

现代科学技术及装备在矿业安全工程中的广泛应用，向人们提出一个如何分配人—机，机—机功能，建立较完善的人—机—环境系统的问题。本节从安全人机工程学出发，分析了人机功能特性及其动态变化特征，用以协调人机功能匹配，从而设计出一个较为完善的矿井正常通风调节和灾变控制系统，为创造一个安全、卫生和舒适的井下工作环境服务。

10.3　安全人机工程学在桥式起重机系统设计中的应用

造成操纵工和吊车司机不良劳动条件的主要原因是控制室和吊车位置安排不当(靠近散热源)，以及缺乏必要的隔热、隔音和防毒气装置等。在这方面我国的劳动卫生工作者做了大量的工作，积累了不少资料，也提出了许多有价值的改进意见。但是对于控制室和吊车设备是否方便、合理的安全人机工程学问题，则研究得还是不够。下面我们来对桥式起重机进行具体的分析。

10.3.1　桥式起重机人机系统运行特点

常用的桥式起重机一般是在特定环境的固定轨道上运行的大型超重运输设备。它具有能在三维空间搬运货物的功能。由于直接控制机器，人和起重机一起在空中运动，所以其安全运行不仅取决于机器情况、人的状况和随起重机运行位置不同而有所变化的环境条件，还要受到运行过程中出现的随机因素的干扰。如运动轨道上出现其他起重机，吊物下面有行人通过等。这就相应地增加了不安全因素。

普通桥式起重机是由司机通过眼睛、耳朵和其他感觉器官，从司索指挥、机器和作业环境取得各种信息，经分析判断、用手和脚等运动器官控制机器来完成给定的吊运工作。图 10-10 所示为该人机系统信息传递和操作控制过程。

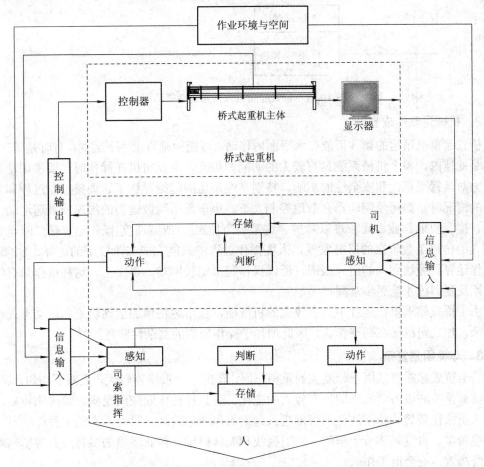

图 10-10　普通桥式起重机人机系统信息传递和控制图

可见，桥式起重机作业是司机在变化的环境中，动员多种感知器官，处理大量信息，控制起重机在空中运行的过程。该人机系统具有如下特点：

1. 系统组合复杂

普通桥式起重机运行，是司索指挥将信息输入给司机，司机操纵机器运行。在运行中，司机再从指挥人员、机器和周围环境获得反馈信息，对起重机做反复调整控制，逐步使输出达到目标值。其简图如图 10-11 所示。

由此看出，要使该人机系统能够正常运行，不仅要求人与机匹配，还要求人与人密切合作，配合默契。由于系统组成复杂，影响安全运行因素较多，所以它比一般单人单机系统的可靠性低，发生事故的可能性也就大。

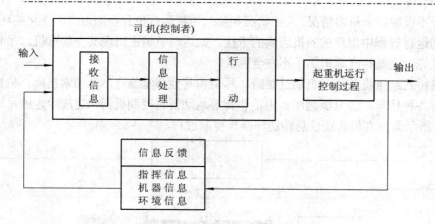

图 10-11　桥式起重机人机系统功能简图

2．机械运动形成复杂

桥式起重机吊运的物体可能在水平面内移动，可能做垂直上、下运动，有时是等速的，有时是变速的，整个机械系统具有较大的动能和势能。所以司机在操作时，要考虑动量和惯性力对运行平稳性和安全性的影响，特别是在吊运的起始、终了、调整控制过程和发生意外的情况时，如何使制动器有效地控制大车、小车或吊钩做适当的加速或减速运动，保证稳、准、快地作业，比较难以掌握。这是因为加速度(或减速度)操作运算是二阶运算，根据人的传递函数阶次的研究发现，人在操作过程中只能完成二阶以下的运算、加(减)速度操作运算已经达到人的运算极限，所以操作起来比较困难。事实上，这种操作只有经过人长期反复训练才能逐步掌握。

由于桥式超重机在运行中具有较大的机械能，被吊运物体的运动轨迹和运动形式都比较复杂，加之司机又在高空作业，因此增加了操作控制的复杂性和危险性。

3．环境因素复杂

普通桥式起重机常用于跨度大的重型车间，车间里一般噪声较大，光照不均匀，温度、湿度随着季节和设备情况不同也有较大的变化。而且往往作业空间受限，障碍物较多，特别是人员来往频繁，稍不注意就可能进入起重机作业危险区。另外，有的工种作业时，还会产生粉尘、毒气等弥漫于车间，影响视线和人体健康。作业环境的多种因素都影响着运行系统高效、安全地工作。

桥式起重机在运行时将产生 78～108 dB 的噪声，它所在的作业场所的噪声声级一般都在使人感到吵闹的 85 dB 以上。如果有大噪声设备和高噪声作业，其噪声往往超过 100 dB，有些局部作业点可能达到给人以痛苦感觉的 120 dB 以上。由于噪声的干扰，人际间近距离内也难以用语言进行信息交流。所以起重机司机和指挥人员的信息传递一般通过规定信号，如哨声、旗语、手势等进行。另外，高噪声对人体身心健康危害严重，因此它是安全、高效作业的一大障碍。

桥式起重机的作业面较大，其间常常不是单一工种，而是有各式各样的设备和多种作业。而这些作业对照明的要求又不完全相同，造成了整个作业空间的照度不均匀、光线质量差，有些地方照度很低。加之在起重机运行过程中还难免遇到给人以强烈刺激、使人感到头昏眼花的眩光，这就势必给安全运行带来了困难。

4. 信息传递复杂

起重机司机在操作中，是在不利环境因素的条件下，调用多种感知器官，交叉地进行各种信息传递和处理的。司机的眼睛既要看着指挥人员的指挥信号，又要观察机器仪表盘上的各种仪表、指示灯，还要注意机器与吊物的运行状况以及周围环境情况的变化。如运行轨道上有无障碍物、行人，同一轨道上运行着的起重机所在位置，以及报警信号灯的颜色等。有时还是在光线不足或者粉尘飞扬的情况下去辨认。与此同时，耳朵要在噪声中捕捉与安全操作有关的来自各方面的声音信号，如语言、报警声响、机器的某一部分发生的异常声音等。另外，司机还要通过运动觉判别运动速度、加速度的大小，冲击与振动等。

上述各种信号有时同时发生，有时交叉出现；有些是常规情况，有些是突发事件。要对这些信息在短时间内感知并及时做出判断，要求司机"眼观六路，耳听八方"，反应速度快，动作灵敏，判断准确，沉着果断；否则难以保证机器正常运行。

据资料表明，在各类作业中起重搬运事故率最高，在起重机伤亡事故中桥式起重机占的比例又最大。如果从死亡事故看，桥式起重机位居各类起重机之首，约占三分之一左右，可见桥式起重机的事故频率高、强度大。这些事故有的发生在运行中，有的出现在检查时，原因是多方面的，其中一个重要原因是桥式起重机人机系统比较复杂，控制比较困难，影响安全运行的因素较多，加之我国正在运行的桥式起重机系统有着许多起重机人机结合面，设计没有认真地从安全人机学原则去考虑，有些司机的操作素质又不高，不少作业环境条件影响人正常能力的发挥，有的甚至危害人体健康，从而增加了发生事故的可能性。当然，在管理上，虽然已发事故经常提醒人们必须重视安全，但由于直观经济效益的作用往往使"安全重要"仅仅停留在表面上，因此影响着对事故原因的深入分析和应该采取的相应对策，这也是一个十分重要的原因。

10.3.2　桥式起重机人机系统安全运行的基本条件

要保证桥式起重机的人机系统安全、高效地运行，就必须具备以下条件：

1. 起重机司机和作业指挥人员应具备安全作业素质

虽然就人脑而言，其可靠性和自动结合能力都远远超过机器，但由于技术高低、生理素质、性格特征、心理状态、文化修养、工作制度、社会因素等对人的可靠性都有影响，实际上因人的失误而引起的事故比较多。所以对于操作控制比较困难，而且容易发生事故的桥式起重机司机就应该从选择、培训，到上机操作有严格要求。

一般来说，起重机司机应具有强健的体质、灵敏的反应速度、准确的判断能力、熟练的操作技术和良好的工作情绪，同时做到"四勤"：

(1) 脑勤——熟悉行车性能，掌握安全技术，勤学苦练，多想问题，多找窍门。应知道运行过程中的复杂情况和可能碰到的意外事故，应会采取正确的措施，避免事故发生。

(2) 眼勤——吊运物体时，要眼观八方，耳听八方。启动前、启动中和启动后都要瞻前顾后，不要盲目乱动。

(3) 手勤——要勤保养、勤检查、勤维修，及时堵塞漏洞，确保安全生产。

(4) 嘴勤——要勤宣传安全生产重要性。在吊运中发现有不符合安全操作规程的情况，要及时与地面指挥人员联系，做到上下沟通，行动一致，防止事故发生。

2. 起重机应具备安全使用的基本条件

在桥式起重机人机系统中，起重机是完成吊运工作的关键因素。

桥式起重机功率大、结构复杂、传动机构多、运动链长，从原动部分、传动部分到执行部分，所有机器的运动点都可能发生机械能伤害，加上可能出现的电能伤害，危险源就更多。所以要使系统安全，机器本身必须安全。因而起重机除应具有良好的工作性能外，还应保证：

(1) 结构可靠。

(2) 动力传动部分安全。

(3) 安全保护装置完善、有效。

(4) 人机结合面合理。

(5) 定期检查、维修。

(6) 做到"十不吊"：① 超负荷不吊；② 吊运物上有人不吊；③ 指挥信号不清或无人指挥不吊；④ 工件埋在地下不吊；⑤ 有缺口的重物未加衬垫不吊；⑥ 斜拉工件不吊；⑦ 易燃易爆、受压容器不吊；⑧ 捆扎不牢不吊；⑨ 光线阴暗看不清工件不吊；⑩ 铁水过满不吊。

3. 应保证作业环境的安全条件

作业环境直接或间接地影响着人们的工作，轻则降低工件效率，重则危害人体健康、影响系统安全。影响桥式起重机人机系统安全运行的环境条件主要有噪声、照明、微小气候和作业空间及防护措施。为了保证高空作业安全，一般起重机都设计司机室，从工作条件的可能性和作业要求以及从安全运行的重要度考虑，司机室要比起重机运行空间的环境条件更优越些。然而，目前的司机室内却存在许多不合理的人机结合面。

控制室和吊车设计不合理的地方常表现在膝盖和两足没有足够的自由活动空间，大腿和小腿之间的弯曲角度不符合生理要求。此外，控制室内各操纵杆的位置不恰当。为了便于监视作业过程的进行，控制室内工人的座位往往较高，而操纵杆的位置往往偏低。结果，操作时工人不得不经常弯腰，造成强迫体位，增加静力作业成分。此外，在设计操纵杆的位置时，应该考虑到各操纵杆的使用频率以及彼此之间的功能关系。使用得多的操纵杆应该安排在操作时工人最容易接触到的最佳活动范围内，并根据各操纵杆的使用情况按一定顺序排列。还应该考虑到左、右手在操作时的分工，力求避免左手伸到右侧或右手伸到左侧的交叉活动，因为交叉活动减少准确度，使两手的动作不易自动化，并增加心理负担。另外，还应尽量减少工人头部和躯干的转动，避免两手同时朝不同方向在不同平面上操作(如一只手向前运动，一只手朝后运动；一只手做水平面运动，一只手做垂直面运动)等。

旧式吊车司机室存在的问题有：

(1) 各种控制杆往往被安排在吊车司机的正前方，吊车司机不得不站着工作，有时还要把头伸出司机室。若司机坐下，则其视野的下部将受到严重干扰。在有的吊车里，司机如想伸出头去观察情况，也就不可能同时摸到控制杆。

(2) 吊车司机室的侧壁往往由钢板构成，从而进一步限制了吊车司机的视线。

(3) 很少有座位，即使有也不适用。吊车司机根本不可能坐着操纵吊车运行，而且在观察生产情况时还要下身弯曲，头部来回做过大幅度的转动。

(4) 操纵杆太笨重。操纵杆的把手往往很大，并呈水平面转动，这样两个操纵杆之间必须预留较大的空间才能避免互相干扰。操纵杆笨重，运动速度慢；吊车工要想加快速度，就要花大力气。

(5) 吊车司机往往受车间内吊车行经路线上的某些物理因素(如高温、热辐射、粉尘、烟雾和噪声等)影响而没有安全保障。有时吊车司机室内、外温度有很大的差别。

由此可见，在设计吊车的操纵装置时，应使司机能够坐着操纵，司机坐着就能从不同角度看清所吊之物及吊车行驶的整个现场。此外，还应保证吊车工不受生产现场不良外界环境的影响，以及进出司机室方便、安全。

新式的吊车设计是将原来放在吊车工正前方的各种操纵杆改装到吊车工的两侧，正前方以及两侧壁为宽大的玻璃窗，从而大大改善了吊车工的观察条件。吊车工座位两侧的各种操纵杆在操作时呈垂直方向移动(即上前方和下后方之间的移动)，和汽车司机的操纵杆相似，这样既减少了吊车司机室的体积，也便于吊车工坐着操作。操纵杆的长度、移动的阻力以及移动时的弧形角度均符合安全人机工程学的要求。操纵杆把手的原料质地、形状和大小根据各操纵杆功能的不同而各异，这样吊车工可一面观察周围情况，一面凭触觉来操作。吊车工座位的位置应较高，有舒适、坚固的靠背，使吊车工坐着就能对周围的情况一览无遗。操纵杆把手和吊车工坐下时的两手之间的距离合理，使吊车工背靠在座椅上就能操作自如，而把静力作业成分减少到最低限度。吊车司机室的密闭性良好，底部由良好的绝缘材料制成，而且进出方便，便于现场检修。

10.4 安全人机工程学在视觉显示终端工作站设计中的应用

视觉显示终端(VDT)工作站是现代控制中心的主要设备，是人机界面各要素的集成，是人监视和控制系统运行工况的主要工作岗位。

视觉显示终端(VDT)作为一组设备，通常包括显示器、键盘和相关的电子控制线路，可以有或没有中央处理单元(CPU)，还可以包括其他的输入装置与输出装置。VDT 可以是某一大系统的终端，也可以是自成系统的一台计算机。至于打印机和通信设备等，则既可安置在 VDT 处，也可安装在他处，进行远程控制。

视觉显示终端工作站以上述 VDT 为主体，加上一些选用的附件或辅助设施(如工作台、座椅、文件柜)组成，还应包括周围的工作环境。

10.4.1 VDT 工作站人—机—环境因素分析

视觉显示终端(VDT)工作站作业虽然在较好的环境下工作，但多处在人工气候(空调)环境下进行强脑力劳动。作业人员通常是在相对封闭的工作室进行紧张的脑力活动，长时间处于坐姿，接触视觉显示终端(VDT)。VDT 工作站作业系统人—机—环境因素，即作业人员、VDT 本身以及作业环境等因素，均与人体健康问题密切相关。

1. 人的因素分析

VDT 工作站作业人员，长时间被拘束在一个特定姿势，因而出现腰痛、肩酸、关节变形、眼疲劳以及皮炎等疾患。研究发现，长时间坐在视频显示器前工作，可导致孕妇流产或早产。因此，在自动化办公提高了作业效率的同时，也带来了新的影响人体健康的问题。

(1) 对眼睛的影响。长期从事视频显示终端作业者，表现出视疲劳、视力模糊、调节功能障碍和角膜损害等自觉症状。

(2) 骨骼肌肉的反应。VDT 对屏前操作者的肌肉、骨骼影响的范围涉及从手腕过度疲劳损伤牵扯到颈、肩、背及有关的腱和肌肉骨骼。屏前作业人员有颈酸、颈痛、肩酸、背酸无力、腰痛、手及腕部发酸等自觉症状。

(3) 神经的行为反应。对 VDT 作业者调查表明，不少人长期处在"精神紧张"之中，或常因"焦虑"而失眠，或常感"沮丧、不愉快"，对周围一切事物反应冷淡，对一切人极为冷漠乃至冷酷，常有头痛、头晕、记忆力减退等自觉症状。

2. VDT 因素分析

诸多信息设备中有多种的能源，但大多为电磁辐射。计算机的终端显示则可产生电磁辐射。WHO 指出，VDT 有电磁辐射，在 VDT 周围可测得电离辐射：X 射线；光辐射：可见光、紫外线；非电离辐射：高频、甚高频、中频、低频、甚低频、极低频，静电场，如表 10-2 所示。VDT 的阴极射线管是产生电磁辐射的根源，但调查表明，其电磁场的剂量均不超过各自现行的卫生标准，因此有认为 VDT 对人体不是一个有危害的辐射源，但对空气质量的干扰仍不可忽视，是否存在联合作用还有待研究。已经明确的是，VDT 的眩光和闪烁对眼有损害。近年，WHO 指出，VDT 极低频可能对妊娠结果有影响。

表 10-2　VDT 的电磁辐射

辐射名称		最大剂量	标准	测量 VDT 数
电离辐射*	X 射线 > 1.2 keV	< 0.1 mSv/a	5～10 mSv/a	>3000
	紫外线 12 eV～1.2 keV	未测出		
光辐射*	紫外线 200～315 nm	0.3 J/m²(8h)	30 J/m²(24h)	>200
	紫外线 315～400 nm	0.1 W/m²	10 W/m²	500
	可见光 400～700 nm	127 cd/m²	10 000 cd/m²	136
	红外线 700～1050 nm	0.05 W/m²	100 W/m²	>200
	红外线 1050～8700 nm	4 W/m²	100 W/m²	>200
射频**	特高频、超高频、极高频 300 MHz～300 GHz		未测出	10～100 W/m²	>300
	高频、甚高频 3～300 MHz	电场	0.5 V/m	100 V/m	>300
		磁场	0.0002 A/mm	0.2 A/mm	3
	中频、低频、甚低频 3 kHz～3 MHz	电场	150 V/m	600 V/m	400
		磁场	0.1 A/m	1.6 A/m	47
	极低频 0～3 kHz	电场	65 V/m	2～10 kV/m	5
		磁场	0.2 A/m	—	4
	静电场 0 Hz		15 kV/m	20～600 kV/m	500

注：* 近屏测定；** 距屏 30 cm 测定(引自 WHO)。

此外，屏幕本身质量不佳，如显示质量差、字符显示不稳定、字体不清、大小不适宜、字符亮度过明或过暗、屏前眩光闪烁、分辨率差以及色彩、对比度因素不佳等也是影响 VDT 操作者安全与健康的因素。

3. 作业环境因素分析

国内外许多研究者对 VDT 工作站的作业环境微气候进行了调查，测定了空气物理、化学等方面的环境因素，结果比较统一，发现 VDT 工作站室内外温差较大，空气负离子减少，噪声强度增加，如表 10-3 所示。

表 10-3　VDT 工作站作业环境微气候

组别	温度/℃		湿度/(%)		空气流速/(m·s⁻¹)	
	最高	最低	最高	最低	最高	最低
VDT 室	24	16.5	71	39	0.3	0.02
办公室	19.1	13	69	36	0.4	0.02
室外	8	−2	65	33	3.0	0.5

VDT 室的空调装置是影响室内环境质量的主要原因之一。一方面，室内外温差增大，有可能造成感冒发生率增高；另一方面，受空调压缩机和送风器的影响，VDT 室往往有一定强度的持续噪声，虽然其强度低于卫生标准，但长时间处于低强度噪声刺激仍可引起心理、生理上的不适。

10.4.2　VDT 工作站安全设计总体要求

1. 改善 VDT 操作室的环境

适宜的室内微小气候，符合要求的清洁空气，空气中有合适的阴、阳离子浓度和臭氧浓度。限制闲杂人员入内，禁止有呼吸道疾病的患者进入。人工采光照明要有足够的照度，所有照明灯光照度要求显色性强，不能产生阴影和眩光，更应避免频闪现象。VDT 操作室使用负离子发生器，不仅增加负离子浓度，而且能提高一定的臭氧浓度。但必须指出，臭氧浓度过高同样对人体健康有害。因此，使用负离子发生器，需经严格检测产品质量，并控制臭氧浓度在 0.279 mg/m³ 为宜。

2. 减少 VDT 的电磁辐射

尽管 VDT 的电磁辐射量多在卫生标准之内，但从安全的角度出发，建议孕妇在怀孕最初的 3 个月内不参加 VDT 工作，并不宜以某种固定姿势长时间操作。为减少视频显示器对妇女的辐射量，可采取如下措施：

(1) 减少妇女在屏前的工作时间，并且离屏前 0.6 m 以外。

(2) 在视频显示器上加一张计算机专用的防止射线危害的滤色板或一张防护膜也能减少辐射的危害。

(3) 计算机房不能太拥挤，注意各单机之间、机与操作者之间的距离，还应根据机房内的机器性能、数量、工作频次、空间大小等设置相应功率的负离子发生器以减轻辐射危害。

(4) 在视频显示器工作室内摆放仙人掌，可以吸收一部分有害辐射。

3. 从安全人机工程的角度对 VDT 工作站进行设计或改造

(1) 根据安全人机工程的宜人原理设计工作台椅，使视频显示器的位置、键盘位置以及椅子高度(包括靠背)可调，放置显示器的部分桌面应低于整个桌面，低于左手的支撑点，使键盘与整个桌面平齐，这样手可以不离开桌面的支撑而自由按动键钮，桌下应有足够的空间($(1/3)H$，H 为身高，下同)使操作者的双脚能自由活动，桌子的高度应为身高的 10/19(即 $(10/19)H$)，配有可调节高度的椅子($(3/13)H$)。

(2) 设计师应按安全人机工程原理设计显示屏：

① 要求显示屏显示质量好，字符显示稳定，字体清晰，大小适宜。因 2.5°～5° 视角内其认读率最高，所以显示屏应在操作者正面视野内与人的眼睛相平，字符显示在视觉 3° 左右为佳，其视距为 360～720 mm 之间，字符呈现及变换时间以 2～3 s 为宜，字符相互间距为 10(rad)左右，数码宽高比为 1：2 或 1：1。

② 显示屏应能移动，使它离操作者 600～1000 mm，也能垂直移动，使其顶端和眼睛大致相平，且后倾一个 5°～20° 的视角，键盘和显示屏或计算机分开在一个可移动的平台上，以使操作者在按键时前臂和平台平行。

(3) 设计腕托、脚踏和文件支架。腕托使操作者在按键时支撑手腕并保持平直；脚踏使双脚能踩着踏板放平，脚趾微微上跷使之轻松自如；文件支架使印刷材料保持和荧屏一样的高度和角度，避免过度的扭头和曲颈动作。

(4) 设计合理的照明。显示屏应安放在与室内窗户成直角的地方，灯具应装灯罩以漫射光亮，防止反射、眩光的产生。

(5) 针对视频工作人员骨骼肌紧张，可设计放松和伸展肌肉的工间操。

4. 作业者保持合理的作业姿势

头向前倾应小于 30°，不得过分前弯；前臂与水平面夹角为 -5°～+10°，使前臂肌肉负荷较低；上臂与前臂不能成直角，前臂抬高 5°～30°，增加手臂休息频率，可减少手臂不适引起的劳损，也有利于降低颈、肩、手腕疼痛的发生率；座高调至大腿与小腿呈直角，使脚能够随意地踏在地板或踏板上，不形成大腿背侧受压或悬空，避免下肢疼痛麻木；腰背有靠，以降低腰背肌肉紧张，减少疲劳。

5. 对屏前工作者进行从业前的职业检查及工作中的视力检查

斜视、单眼失明、青光眼、高眼压者应避免从事屏前工作，屈光不正或老花眼应配戴合适的眼镜。

10.4.3 VDT 工作站安全人机系统设计

在对影响作业者安全健康的 VDT 工作站的各个因素分析的基础上，综合考虑 VDT 工作站安全设计应遵循的总体要求，依据本书安全人机系统设计所述内容及相关的标准规范，针对 VDT 工作站安全人机系统设计分别从以下几个方面进行阐述。

1. 视觉显示器的设计

(1) 设计视距。设计视距一般应不小于 400 mm。对于某些应用，例如，触摸屏上的软键盘，最小视距可减少至 300 mm；舒适的视距不仅仅与所显示的字符大小有关，而且还与人眼的聚焦和调节能力有关。频繁观察的不同显示表面宜安置在相同或相近的视距处。如果作业要求清晰地阅读，则设计应使字符高度的视角在 20′～22′ 范围内。

(2) 视线入射角。从入射角 θ (如图 10-12 所示)小于或等于 40° 的任何角度观察显示屏面，屏面上的图像应清晰、可辨。

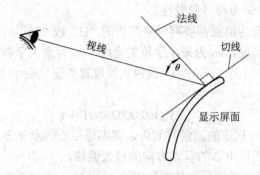

图 10-12　视线入射角

(3) 字体。字体形状会影响显示的清晰度和可读性。汉字一般采用仿宋或黑体，也可根据显示要求选择其他的字体。

(4) 字符高度。字符太小或太大都会难于判读。对清晰度和可读性有较高要求的作业，单个字符高度的视觉最好为 20′～22′，最小不宜小于 16′。当显示成组字符时，字符高度的视觉不宜大于 45′。

(5) 字符高宽比。对于间隔不变的字符显示，字符高宽比宜在 1∶0.7 至 1∶0.9 之间；而对于需要在一行内显示多于 80 个字符的情况，高宽比可减至 1∶0.5；对于成比例低间隔开的字符显示，某些字符(例如大写字母 M 和 W)的高度比可接近于 1∶1。

(6) 笔画宽度。笔画宽度宜在字符高度的 1/12～1/16 之间，可以大于一个像素的宽度。对于正像笔画可较宽，对于负像笔画可较窄。汉字的笔画宽度为字高的 1/16～1/8。

(7) 字符大小均匀度。不论字符显示在屏面何处，字符集内任一字符的高度与宽度的变化，都不应超过字符高度的 ±5%。

(8) 字符间距。字符间距最小应为字符高度的 10%(或一个像素)。可以是固定间距，也可以是成比例地间隔开。在某些情况下，增加字符间距(2 个像素)能提高可读性。

(9) 字间距。在外文单词之间应使用一个字符宽度的最小值(对于均衡的间距用大写 N)作为间距。汉字的字间距不小于一个笔画宽度，即不小于字高的 1/16～1/8。

(10) 行间距。行间距是指纵向相邻的标准的大写字母(例如 M)之间的距离。行间距的最小值约为字符高度的 15%。在实际应用中，行间距为字符高度的 50%～100%。汉字行间距也为字高的 50%～100%。

(11) 图像的线性度和稳定性。显示的图像在视觉上应当稳定，并且无几何变形。

① 线性度。字符位置相对于正上方和正下方字符位置的水平位移，应不超过字符框宽度的 5%；字符位置相对于左、右字符位置的垂直位移，应不超过字符框高度的 5%。行或列的长度差别，应不超过其长度的 2%。

② 正交性。在线性度要求的范围之内，行和列应各自平行、并相互正交，这可以表示为

$$0.04(较短的边/较长的边) \geqslant |(对角线_1/对角线_2) - 1|$$

③ 符号变形。显示屏任一位置上特定符号的大小变化不宜大于 10%，不管其位置是否位于图像区域。其表示如下：

$$\frac{2(h_2 - h_1)}{h_2 + h_1} \leqslant 0.1, \quad \frac{2(w_2 - w_1)}{w_2 + w_1} \leqslant 0.1 \qquad (10\text{-}1)$$

式中：h 为符号的高度；w 为符号的宽度。

当屏面上的所有字符的位置都被同一字符集的"H"或"M"所填充时，h_1 为最小字符的高度，h_2 为最大字符高度，w_1 为最小字符的宽度，w_2 为最大字符的宽度。

④ 几何稳定性(晃动)。在一秒钟内，图像几何位置的变化应小于或等于视距的 0.0002。这可以表示为

$$V_D \times 0.0002 \geqslant (H^2 + V^2)^{0.5} \qquad (10\text{-}2)$$

式中：V_D 为视距；H 为在规定的测量时间内，离图像中心的水平方向的最大偏移；V 为在规定的测量时间内，离图像中心的垂直方向的最大偏移。

如图 10-13 所示。最敏感的晃动频率范围为 1～3 Hz。当晃动频率高于 25 Hz 时，图像看起来就不再是晃动，而是模糊，即对比度降低。

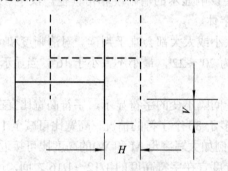

图 10-13　几何稳定性

(12) 亮度。字符或背景(取亮度高者)的亮度应大于 35 cd/m²。在环境照度较大时，此亮度为 100 cd/m² 是适宜的。对于反射型显示器，例如液晶显示器，屏面上的入射照度应大于 $35\pi/R$ lx，其中 R 为屏面的最大反射率。

(13) 亮度对比。字符亮度调制 C_m 应大于或等于 0.5(对比度 $C_R \geqslant 3 : 1$)，最好大于 0.75(对比度 $C_R \geqslant 7 : 1$)。

注：

亮度调制：

$$C_m = \frac{L_{max} - L_{min}}{L_{max} + L_{min}} \qquad (10\text{-}3)$$

对比度：

$$C_R = \frac{L_{max}}{L_{min}} \qquad (10\text{-}4)$$

对比：

$$C = \frac{L_{max} - L_{min}}{L_{min}} \qquad (10\text{-}5)$$

式中：L_{max} 为背景或字符中亮度较大者；L_{min} 为背景或字符中亮度较小者。

以上亮度均包括来自环境照明的作用。

(14) 图像极性。图像正极性是指明亮背景上的深色字符，负极性是指深色背景上的明亮字符，这两种极性的图像只要符合(12)及(13)条所规定的要求，就都是可用的。正极性图像边缘更明锐，容易满足亮度平衡要求，而且它也使分散注意力的光反射效应减弱，但是为了不出现闪烁，这类显示器需有较高的刷新速率。负极性图像中闪烁较少见，对视力差的人清晰度较好，字符看起来要比实际的大一些。

(15) 亮度均匀度。所有需要同一亮度的显示，其亮度应当是相同的。因此，从显示器有效画面的中心到边缘上的亮度变化不宜超过中心亮度的 50%。

(16) 亮度编码。使用不同亮度等级对显示信息进行编码。由于人的视觉系统对亮度绝对值的辨别不敏感，并需考虑环境照明条件对它的影响，所以使用亮度差异作为编码。

(17) 闪光编码。可以使用闪光，以引起对重要信息或者危险情况的注意。不应该使用多于两种的不同的闪光速率。在两种闪光速率之间的差值至少应该为 2 Hz。慢速闪光速率不宜小于 0.8 Hz。而快速闪光速率不宜大于 5 Hz。图像位于"亮"的时间宜大于或等于它处于"暗"的时间，亮、暗时间相等是最佳的。

(18) 颜色编码。根据编码的目的，可以使用颜色，并注意颜色对比。

对于文本、细线或者高分辨率的信息，宜避免在黑色背景上使用纯蓝色；如果纯红色和纯蓝色(或者纯度较小的红色和绿色，或蓝色和绿色)同时显示，则在黑色背景上可能导致彩色的立体感觉(三维效果)，故亦宜避免。

若使用颜色编码来使显示的信息具有可识别性或引人注意时，此套颜色每两种相互间最小色差 ΔE(CIE $L^*u^*v^*$)宜为 40，这样至少可以同时使用 7～10 种颜色。增加环境照度，会减少颜色的纯度，从而减少了颜色的可识别度。

为了具有足够的清晰度，有色符号与其有色背景的色差 ΔE(CIE $L^*u^*v^*$)应至少为 100。

(19) 闪烁。在实际使用中，应是使用者群体中 90%以上的人感到显示器屏面"无闪烁"。有闪烁的显示器是令人烦恼的，应当尽量消除屏面闪烁。

(20) 控制器。经常使用的控制器，应是 VDT 使用者从其正常的工作位置上容易看到和接触到的。设置的控制器一般应不能被意外地启动。对它们的作用和当前的设定应当给出明显的指示。

2. 工作台及座椅设计

将人机工程学准则应用于工作台及座椅的设计和选择时，需考虑许多相互影响的因素(例如，人体测量数据、作业需求、可能的工作姿势、VDT 硬件等)，应权衡得失。在工作岗位的规划和设计阶段，应对此全面考虑。

1) 一般原则

(1) 将 VDT、工作台、座椅以及工作环境作为一个整体系统来考虑。

(2) 根据人体测量数据及现有工作惯例制订各项建议。

(3) 各推荐值都是针对坐姿使用 VDT 人员规定的，用以适应从第 5 百分位数的女子身材、直到第 95 百分位数男子身材。

(4) 所列人机工程学要求一般与桌椅制造工艺技术无关。

2) 工作台面下的容膝空间

如果工作台面高度是不可调节的,容膝空间按男子第 95 百分位数尺寸确定,如图 10-14 所示。如果工作台面高度是可调节的, 则其容膝高度的调节范围为 520~640 mm。

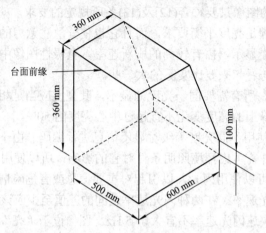

图 10-14　容膝空间最小范围

3) 键盘及显示器的支撑面

(1) 键盘的支撑面。键盘支撑面的高度应允许坐姿操作者采取前臂处于 $(70+Y/2)°\sim$ $(90+Y/2)°$ 之间的姿势,如图 10-15 所示。其中 Y 是座椅靠背和垂直面间的后倾角。上臂和前臂之间的角度宜为 70°~135°。

如果键盘支撑面高度是不可调节的,则应使此高度能适应大身材的人,而且宜向小身材的 VDT 使用者提供搁脚板或其他附件。如果用较低的固定式台面,大身材人可降低椅面高度,将腿前伸就座,并以超过 90° 的前臂角度来操作键盘。键盘支撑面的高度为 660~750 mm(即键盘工作面的高度为 680~770 mm)。

(2) 显示器的支撑面。显示器支撑面的高度应使整个显示屏位于使用者双眼水平面以下 0°~60° 之间的观察区域内,工作台面下的容膝空间应符合 "2)工作台台面下的容膝空间" 的规定,如图 10-16 所示。

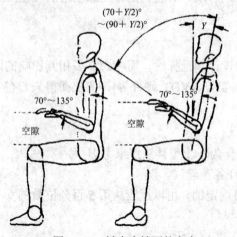

图 10-15　键盘支撑面的高度

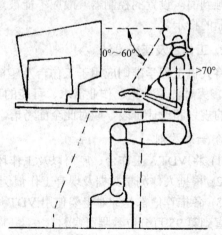

图 10-16　显示器支撑面的高度

4) 工作台面的宽度及深度

工作台面的宽度及深度取决于 VDT 硬件、作业情况、硬拷贝(如文件、资料)以及台面下的容膝空间。必须进行作业分析，以确定空间需求。工作台面的面积应足以容纳完成作业所需的一切物件，还应考虑与室内其他工作台、座椅的协调性。

5) 座椅

座椅是工作站整体中的一部分，座椅结构会影响使用者的舒适感和活动自由度。设计良好的座椅，对人的工作姿势、体内循环以及脊椎所受压力的大小都应是比较适宜的。座椅的设计与选择需要考虑人体测量尺寸、工作习惯，以及座椅部件和机构的可调节性、灵活性和安全性等。

(1) 座椅高度。座椅高度应让人的双脚可靠地放在支撑面上，以支撑小腿并使坐姿稳定。因此，座椅高度由下述因素决定：第 5 百分位数女子到第 95 百分位数男子的腘高、鞋跟高，由座椅所支撑的小腿的角度，以及脚部支撑物(如搁脚板)的高度和类型。

座椅高度的最小调节范围取 360～480 mm，如图 10-17 所示。

(2) 座椅深度。座椅的最大深度应使腰部区域能靠在座椅靠背上，并避免小腿后侧受压力。由于高大身材男子和矮小身材女子臀部——腘长度的变化很大，适合于矮小身材女子的座椅深度不可能给高大身材的男子提供合适的支撑。因此，宜采取折中办法，使座椅深度为使用者群体的大多数所接受。

据通用惯例，座椅深度可为 360～390 mm(推荐值 380 mm)。对于深度超过 375 mm 的座椅，建议将座椅前缘设计成凸弧式结构(如像"瀑布"状轮廓)，使它正好位于使用者膝部内侧面和大腿的下侧，使膝部内侧面能得到松弛，如图 10-18 所示。

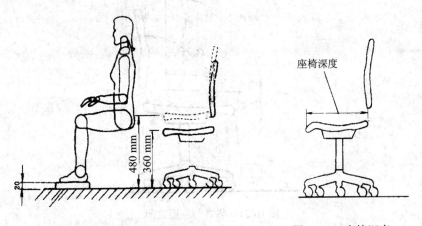

图 10-17　座椅高度的调节范围　　　　　　图 10-18　座椅深度

(3) 座椅宽度。座椅的最小宽度应为大身材人坐姿的两大腿宽度(约等于坐姿臀宽)，如图 10-19 所示。座椅边缘(不是蒙布边缘)间的宽度取 370～420 mm(推荐值 400 mm)。

(4) 座面倾角。对于那些要求使用者将脚平放在地面上或脚部支撑物上以调整其腘高的座椅，其座面倾角的设计应保证当小腿垂直于地面时，大腿与小腿间的夹角在 60°～100° 之间，如图 10-20 所示。那些提供小腿支撑物的座椅可能使大小腿间夹角大到 140°。座面倾角宜优先考虑使体重支持于大腿和臀部、而腰部靠在座椅背上的坐姿。

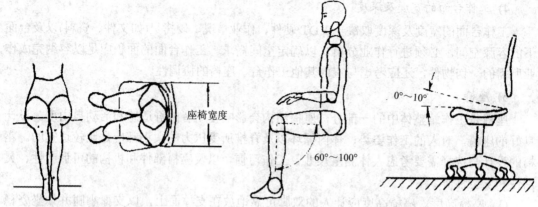

图 10-19　座椅宽度　　　　　　　图 10-20　座椅底盘角度

座面倾角如果是固定的，宜为 0°～10°；如可调，则调节范围宜为 0°～10° 之内。座椅可以具有向前倾或向后倾的座面，但向前倾的座面只在特殊作业时使用，并应保证座面蒙布提供足够的摩擦，以避免滑倒。

(5) 座椅靠背与座面之间的角度。座椅靠背和座面之间的夹角，应让使用者能采取驱干—大腿间夹角不小于 90° 的工作姿势；否则，坐的时间长了会导致疲劳和不适。座面前倾的座椅应不致迫使上体处于前倾状态。具有固定靠背的座椅，其靠背与座面之间的夹角 α 宜在 90°～105° 的范围内，如图 10-21 所示。

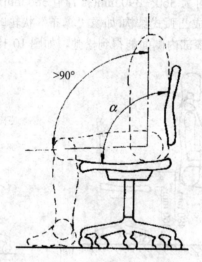

图 10-21　靠背与座面之间

(6) 靠背：

① 靠背高度。座椅应提供靠背，其高度取决于人的姿势、作业情况、个人爱好以及座椅的功能。坐姿作业时，腰部的脊柱最容易疲劳，靠背结构和尺寸应给予腰部以充分的支撑，使脊柱接近于正常自然弯曲状态。角度大于 105° 的靠背，宜具有足够的高度，以便适宜地支撑人的躯干、头部及颈部。

② 腰靠。座椅应在人腰部区域通过腰靠提供支撑，其中心宜位于第 3 腰椎(L_3)和第 5 腰椎(L_5)之间，其形状宜与腰部区域的脊柱前凸相适应(即采用仿形腰靠)，以利于减轻背部

与脊柱的疲劳与变形，增强人脊柱的支撑力，并使肌肉放松，如图 10-22 所示。

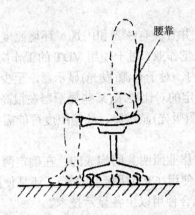

图 10-22   腰靠

　　腰靠在垂直方向的高度宜为 200～300 mm(推荐值 250 mrn)，在水平方向的宽度宜为 320～340 mm(推荐值 330 mm)，并且在垂直方向为凸面、在水平方向为凹面。腰靠中心的垂直高度可以是固定的或是可调的，通常调节范围为座椅基准点(座面中心点，如有坐垫则为加 45 kg 负载压缩后的中心点)以上 165～210 mm 之间。

　　③ 座椅靠背的宽度。座椅靠背在人腰部的宽度至少为 320 mm。

　　(7) 扶手。两扶手内缘间的水平距离应为 460～500 mm。扶手应不妨碍使用者进行作业，不限制其工作姿势。

　　6) 座椅脚轮

　　对于大多数工作站的布局，座椅都需安装脚轮，因为脚轮可便于使用者在工作站内移动而不离开座椅。应根据地面的类型来选择脚轮。对于硬质地面不宜用摩擦系数很小的脚轮。

　　7) 转椅

　　座面能旋转的转椅，能让使用者轻松而安全地转换身体方向，而不必扭动腰身。

　　8) 搁脚板

　　当座椅或工作台面的高度调节范围不能使使用者的双脚平放在地面上时，就应提供适当高度的搁脚板。

　　9) 辅助用具

　　VDT 使用者可据需要与爱好选用多种辅助用具，以有助于改善工作站作业的舒适性。辅助用具包括(但并不限于)：

　　(1) 手垫：手和前臂在键盘上的支撑物。

　　(2) 文件夹：用于数据输入和文本处理作业。

　　(3) 作业照明：为特定区域提供更合适的照度。

　　(4) 万向键盘托架：为分立的键盘提供调节高度(及其他安排)的便利。

3. 工作环境设计

　　本节规定了使用 VDT 进行文本处理、数据输入以及数据查询等作业的工作岗位的照明、噪声水平和热环境的设计要求。

1）照度

照明应足够明亮、均匀，并且没有眩光和闪烁。环境照度应保证图像质量要求。工作需要的照度取决于所进行的视觉作业。对于使用 VDT 的工作岗位，其工作台面上测得的照度通常应在 200～500 lx 范围内。对于有源(发光)显示器，至少应能达到以上关于视觉显示器的设计中"亮度对比"所规定的对比要求(某些显示器在很高的环境照度下，仍能保持可接受的图像质量)。对某些无源(吸光)显示器，环境照度可能需大于 200 lx 的才能达到所规定的亮度要求。

环境照度系由一般照明和作业照明共同构成的。在确定两者的比例时，应考虑工作岗位所使用的显示技术，例如是使用 CRT(阴极射线管)，还是使用 LCD(液晶显示)，或者是使用 EL(场致发光)，或者是混合使用以上各显示技术。

2）眩光

眩光随着光源的尺寸、亮度的增加而增加，随光源至眼睛的距离增加而减小。对任何视觉显示器表面，都应尽量避免或减少反射眩光所产生的不良影响。

减少眩光影响可选用下列方法：

(1) 室内的各项设备和光源合理布局，使得人在观察屏面时，视野内没有明亮光源，同时也没有文件或其他浅色物体反射到显示屏面上。

(2) 控制来自窗户的天然光，例如，采用透光少的玻璃、百叶窗、遮光板等。

(3) 采用能控制光线的照明设备，使光线经灯罩或天花板、墙壁等漫射到工作岗位。

(4) 使用屏面朝向可调节(如可倾斜或旋转，并自由定位)的显示器，以避免眩光。

(5) 对显示屏面进行防眩光处理(例如采用漫射表面或涂防反射涂层)，或使用滤光屏等。防眩光措施应保证图像仍符合所规定的亮度及对比度要求。不同的照明条件，宜采用不同的防眩光措施。

3）亮度平衡

应避免在视野的外周部分有高亮度的光源，因高亮度光源会引起失能眩光，它会使显示器上所显示的字符、符号或线条变得难于觉察或识别。

当注视点迅速从某亮度的区域转移到另一差异大的亮度区域时，由于瞳孔直径的调节，人眼的对比敏感度会短暂降低，因此，相继的两注视区的亮度比值不宜大于 10∶1，以免影响 VDT 使用者的工作绩效和舒适感。

4）设备外壳、工作台、座椅表面的光泽度

表面具有光泽的涂镀层，会在光线的照射下产生镜面反射，形成眩光源。建议表面的光泽度小于或等于 60 度光泽度仪(或等效测量仪)满量程的 45%。那些为改善设备或家具外观的小装饰物，也应注意满足此要求。

5）噪声

工作空间的声学设计宜考虑所有声源的综合效果。背景噪声声压级宜足够的低，以避免对作业活动或谈话产生干扰；但也宜有适当的背景噪声，以掩蔽自邻近空间侵入的声音。建议环境噪声声压级不大于 55 dB(A)(不包括使用者产生的噪声)。应避免明显高于环境声压级的脉冲噪声和听得见的窄带噪声。

6) 热环境

VDT 工作站热环境的舒适性要求与一般办公用工作站无明显区别，应注意以下各点：

(1) VDT 各部件的排风，不要直接朝向使用者或其他人员的工作位置。

(2) 操作时偶尔可能接触的外表面，其温度应低于 50℃；正常操作时接触的表面，其温度不宜超过 35℃。

(3) 在工作台面以下，VDT 使用者的容膝空间内，由设备的热蓄积产生的温度，不宜高于环境温度 3℃。

习　题

10-1　影响交通运输系统安全的人机工程内容主要有哪些方面？

10-2　驾驶员驾驶作业中的感知特性主要有哪些？

10-3　引起驾驶人员疲劳的主要因素有哪些？

10-4　为保证驾驶员驾驶中视野适宜，汽车的设计应注意哪些问题？

10-5　为保证驾驶人员和乘客的安全，目前车辆的安全设计主要有哪些方面？

10-6　安全人机工程学认为：人在占有经验以及分析、归纳、决策的特殊能力方面存在个体差异，人们处理相似问题时，因这种差异致使有的人获得成功而另一些人可能失败。如何理解？

10-7　桥式起重机作业是司机在变化的环境中，动员多种感知器官，处理大量信息，控制起重机在空中运行的过程。分析该人机系统特点及安全运行的基本条件。

10-8　分析影响 VDT 工作站系统安全设计的人—机—环境因素。

参 考 文 献

[1]　张力，廖可兵. 安全人机工程学[M]. 北京：中国劳动社会保障出版社，2007.

[2]　吕杰锋，陈建新，徐进波. 人机工程学[M]. 北京：清华大学出版社，2009.

[3]　王保国，王新泉，刘淑艳，等. 安全人机工程学[M]. 北京：机械工业出版社，2007.

[4]　丁玉兰. 人机工程学[M]. 4版. 北京：北京理工大学出版社，2011.

[5]　姚建，田冬梅. 安全人机工程学[M]. 北京：煤炭工业出版社，2012.

[6]　李建中，曾维鑫，李建华. 人机工程学[M]. 北京：中国矿业大学出版社，2009.

[7]　李红杰. 安全人机工程学[M]. 武汉：中国地质大学出版社，2006.

[8]　曹琦. 人机工程[M]. 成都：四川科学技术出版社，1991.

[9]　孙林岩. 人因工程[M]. 北京：科学出版社，2011.

[10]　朱序璋. 人机工程学[M]. 西安：西安电子科技大学出版社，2006.

[11]　袁修干，庄达民. 人机工程[M]. 北京：北京航空航天大学出版社，2002.

[12]　欧阳文昭. 安全人机工程学[M]. 北京：煤炭工业出版社，2006.

[13]　张汝果，徐国林. 航天生保医学[M]. 北京：国防工业出版社，1999.

[14]　祁章年. 航天环境医学基础[M]. 北京：国防工业出版社，2001.

[15]　白恩远，杨硕，王福生. 安全人机工程学[M]. 北京：兵器工业出版社，1996.

[16]　柯文棋. 现代舰船卫生学[M]. 北京：人民军医出版社，2005.

[17]　张立藩. 航空生理学[M]. 西安：陕西科学技术出版社，1989.

[18]　胡一本，周评. 事故预防心理学[M]. 人民教育出版社，2001.

[19]　杨宏刚，赵江平，郭进平. 人机系统功能分配方法研究[J]. 机械设计与制造，2007，7.

[20]　杨宏刚，朱序璋，李栋，等. 人—机系统事故预防理论研究[J]. 中国安全科学学报，2009，19(2).

[21]　王保国、王新泉，等. 安全人机工程学[M]. 机械工业出版社，2007.

[22]　黄元平，周心权. 试论安全人机工程学在矿业安全中的应用[J]. 中国安全科学学报，1991，3.

[23]　张国高，贺涵贞，张伟. 高温生理与卫生[M]. 上海：上海科学技术出版社，1989.

[24]　阿姆斯特郎 H G. 航空宇宙医学[M]. 朱德煌，缪其宏，译. 北京：中国人民解放军医学编译出版社，
　　　　1964.

[25]　SANDERS M S，ERNEST J. Human Factors in Engineering and Design (影印版) [M]. 北京：清华大学
　　　　出版社，2002.

[26]　周一鸣. 车辆人机工程学[M]. 北京：北京理工大学出版社，2007.

[27]　黄建华，张慧. 人与热环境[M]. 北京：科学出版社，2011.

[28]　左洪亮，吕文. 基于人机工程学的作业空间色彩设计[J]. 包装工程，2005，26(1).

[29]　BARNES R M. Motion and time study: design and measurement of work. [M].6thed. New York and
　　　　London: John Wiley &Sons Inc，1969.

[30]　DAN Z, JO SEPH S . Concurrent Durati on Producti on as a Workload Measure[J]. Ergonomics，1998，41(8).

[31]　谢燮正.人类工程学[M]. 杭州：浙江教育出版社，1987.

[32]　GB3896—1997.体力劳动强度分级标准[S]. 国家技术监督局，1997.

[33]　石英，王秀红，祁丽霞. 人因工程学[M]. 北京：北京交通大学出版社，2011.

[34]　徐久军. 机械可靠性与维修性[M]. 大连：大连海事大学出版社，2000.

[35]　杨瑞刚. 机械可靠性设计与应用[M]. 北京：冶金工业出版社，2008.

[36]　闫嘉琪. 机械设备维修基础[M]. 北京：冶金工业出版社，2009.

[37]　DLT 575.12—1999. 控制中心人机工程设计导则第 12 部分：视觉显示终端(VDT)工作站[S]. 国家技术监督局，1999.

[38]　李海龙，胡清华，于达仁. 安全人机工程及其在电力事故预防与分析中的应用[J]. 节能技术，2004，22(3).

[39]　楼霄翔. 安全人机工程学的应用[J]. 劳动保护，2010.

[40]　单文娟，景国勋，刘军.安全人机工程学在确定合理巷道断面尺寸的应用[J]. 中国职业安全健康协会 2008 年学术年会论文集，2008.

[41]　杨娟娟，马志强. 安全人机工程在建筑安全管理中的应用[J]. 榆林学院学报，2013，23(4).

[42]　GB/T12985—1991. 在产品设计中应用人体尺寸百分位数的通则[S]. 国家技术监督局，1991.

[43]　GB/T13547—1992. 工作空间人体尺寸[S]. 国家技术监督局，1992.

[44]　GB/T14775—1993. 操纵器一般人类工效学要求[S]. 北京：国家技术监督局，1993.

[45]　GB/T14776—1993. 人类工效学 工作岗位尺寸设计原则及其数值[S]. 北京：国家技术监督局，1993.

[46]　GB/T14779—1993.坐姿人体模板功能设计要求[S].北京.国家技术监督局，1993.

[47]　GB/T15241—1994. 人类工效学与心理负荷相关的术语[S]. 国家技术监督局，1994.

[48]　GB/T15241.2—1999. 与心理负荷相关的工效学原则 第 2 部分：设计原则[S]. 国家技术监督局，1999.

[49]　GB/T16252—1996. 成年人手部号型[S]. 国家技术监督局，1996.

[50]　GB/T17244—1998. 热环境根据 WBGT 指数(湿球黑球温度)对作业人员热负荷的评价[S]. 国家技术监督局，1998.

[51]　GB/T17245—2004. 成年人人体惯性参数[S]. 国家技术监督局，2004.

[52]　GB/T18049—2000. 中等热环境 PMV 和 PPD 指数的测定及热舒适条件的规定[S]. 国家技术监督局，2000.

[53]　GB/T18977—2003. 热环境人类工效学使用主观判定量表评价热环境的影响[S]. 国家技术监督局，2003.

[54]　GB/T2428—1998. 成年人头面部尺寸[S]. 国家技术监督局，1998.

[55]　JB/T5991—1992. 工位器具人机工程一般要求[S]. 国家技术监督局，1992.

[56]　GB/T10000—1998E. 中国成年人人体尺寸[S]. 国家技术监督局，1988.

[57]　GB/T5703—2010. 用于技术设计的人体测量基础项目[S]. 国家技术监督局，2010.

[58]　GB/T5704—2008. 人体测量仪器[S]. 国家技术监督局，2008.

[59]　GB/T23702.1—2010. 人类工效学计算机人体模型和人体模板 第 1 部分：一般要求[S]. 国家技术监督局，2010.

[60]　GB/T23702.2—2010. 人类工效学计算机人体模型和人体模板 第 2 部分：计算机人体模型系统的功能检验和尺寸校验[S]. 国家技术监督局，2010.

[61]　GB/T18717—2002. 用于机械安全的人类工效学设计[S]. 国家技术监督局，2002.

[62]　GBZ2.2—2007. 工业场所有害物质因素接触限值物理因素[S]. 国家技术监督局，2007.

[63]　GBT4200—2008. 高温作业分级[S]. 国家技术监督局，2008.

[64]　GB/T14440—1993. 低温作业分级[S]. 国家技术监督局，1993.

[65]　GBT13379—1992. 视觉工效学原则室内工作系统照明[S]. 国家技术监督局，1992.

[66]　GB/T 50033—2013. 建筑采光设计标准[S]. 北京：国家技术监督局，2013.

[67]　GB50034—2013. 建筑照明设计标准[S]. 北京：国家技术监督局，2013.

[68]　GB2893—2008. 安全色[S]. 北京：国家技术监督局，2008.

[69]　GBZ2.1—2007. 工作场所有害因素职业接触限值化学有害因素[S]. 国家技术监督局，2007.

[70]　GB3096—2008. 声环境质量标准[S]. 国家技术监督局，2008.

[71]　GB12348—2008. 工业企业厂界环境噪声排放标准[S]. 国家技术监督局，2008.

[72]　GBZ1—2010. 工业企业设计卫生标准[S]. 国家技术监督局，2008.

[73]　GB/T13442—1992. 人体全身振动暴露的舒适性降低界限和评价准则[S]. 国家技术监督局，1992.

[74]　Butt S E, Fredericks T K, Amin K S, Ramrattan S. Safety and Ergonomics Revisited: How has the Industry Changed in 10 Years? [J]. AFS Transactions-American Foundry Society，2009，117(3)：847-856.

[75]　Anonymity. Jobsite Safety: Ergonomics-Simple Solutions-How to prevent injuries when working on the job [J]. Elevator World，2009，57(2)：120-121.

[76]　Anonymity. EHS BUYERS GUIDE-EHS TODAY's 2009 EHS Buyers' Guide is your comprehensive source of products and services for ergonomics，industrial hygiene，occupational health，safety and security [J]. EHS Today，2009，2(1)：63.

[77]　Dul J，Neumann W P. Ergonomics contributions to company strategies [J]. Applied Ergonomics. 2009，40(4)：745-752.

[78]　Campbell-Kyureghyan N H, Cooper K N. Environmental，Health & Safety，Div. 10-Improving Ergonomics and Safety in Foundries (11-038)[J]. AFS Transactions—American Foundry Society，2011，119(32)，573-574.

[79]　Campbell-Kyureghyan N, Cooper K. Improve Safety at Your Facility—A safe work environment is key in the metalcasting industry. Improve your safety record by following this ergonomics training program [J]. Modern Casting，2011，101(10)：24-25.

[80]　Bridger R S. An International Perspective on Ergonomics Education [J]. Ergonomics in Design，2012：20(4)：12-15.

[81]　Budnick P, Kogi K, O'Neill D. Examples of Practical Ergonomics in Industrially Developing Countries [J]. Ergonomics in Design，2012，20(4). 5-9.

[82]　Sánchez-Lite A, García-García M. Simulation and Ergonomics Approach for Service & Manufacturing Process Improvement [J]. Key Engineering Materials，2012，1647(502)：121-124.

[83]　Kieran D. Occupational Ergonomics. Theory and Applications[J].Ergonomics，2013，56(1)：150-151.

[84]　Del Rio V D, Longo F, Monteil N R. A general framework for the manufacturing workstation design optimization: a combined ergonomic and operational approach [J]. Simulation，2013，89(3)：306-310.

[85]　王美然，张红波，左厉. 安全人机工程视角下冶金行业安全现状与对策[J]. 沈阳工程学院学报：社会科学版，2014，10(1).

[86]　朱虹，李妍，王云颂. 人机工程技术在机械安全设计的应用[J]. 林业劳动安全，2007，20(4).

[87]　杜子学，郭庆祥. 微型轿车后备厢人机工程评价[J]. 重庆交通大学学报：自然科学版，2011，30(1).

[88]　李珞铭，吴超. 人机工程评价研究概况[J]. 人类工效学，2010，16(2).

[89]　刘永锋. 人机工程在机械设备中的应用[J]. 黑龙江科技信息，2014，(11).

[90]　要闻链接：最新中国成年人人体尺寸调查完成[J]. 上海纺织科技，2009，37(8).